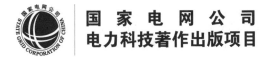

国家电网公司
电力科技著作出版项目

架空线路柔性直流电网
故障分析与处理

许建中　赵成勇　著

中国电力出版社
CHINA ELECTRIC POWER PRESS

内 容 提 要

本书围绕架空线路的模块化多电平换流器型柔性直流电网故障的分析与处理，以直流短路故障的演变机理为基础，从故障放电源和输电线路两个角度出发对柔性直流电网故障的主动控制方法进行详细论述。本书主要内容包括柔性直流电网的故障演变机理、换流器超前控制对故障电流的影响、柔性直流电网快速故障检测方法、基于换流器辅助断路的故障隔离、采用高压直流断路器的故障隔离、混合 MMC 无闭锁直流故障穿越、混合 MMC 的不对称分极控制、混合 MMC 子模块优化配置方法、具备局部自均压能力的双端口混合 MMC、具备完全自均压能力的双端口 MMC、新型 MMC 电磁暂态通用等效建模和实现等。

本书内容集合了华北电力大学直流输电团队近年来在柔性直流电网故障分析和保护方面的主要成果，适合从事该领域工作的学者及工程师阅读。

图书在版编目（CIP）数据

架空线路柔性直流电网故障分析与处理/许建中，赵成勇著 . —北京：中国电力出版社，2019. 4
ISBN 978-7-5198-3030-4

Ⅰ . ①架… Ⅱ . ①许…②赵… Ⅲ . ①架空线路-直流输电线路-电网-故障诊断②架空线路-直流输电线路-电网-故障修复 Ⅳ . ①TM727

中国版本图书馆 CIP 数据核字（2019）第 055824 号

出版发行：中国电力出版社
地　　址：北京市东城区北京站西街 19 号（邮政编码 100005）
网　　址：http://www.cepp.sgcc.com.cn
责任编辑：刘　薇（010-63412357）
责任校对：黄　蓓　常燕昆
装帧设计：郝晓燕
责任印制：石　雷

印　　刷：北京博图彩色印刷有限公司
版　　次：2019 年 9 月第一版
印　　次：2019 年 9 月北京第一次印刷
开　　本：787 毫米×1092 毫米　16 开本
印　　张：17.75
字　　数：435 千字
印　　数：0001—1500 册
定　　价：78.00 元

前　言

2001 年，德国联邦国防军大学的 R. Marquardt 和 A. Lesnicar 教授提出了模块化多电平换流器（Modular Multilevel Converter，MMC）拓扑，它具有便于工程制造、易于扩容和冗余设计、谐波含量低等技术优势。自 2010 年以来，MMC 逐渐成为国内外建设和规划中的柔性直流工程的首选拓扑，截至目前世界上已投运柔性直流输电工程 30 余项。我国自 2011 年上海南汇风电场柔性直流示范工程投运以来，已相继建成投运了南澳三端柔性直流工程、舟山五端柔性直流工程、厦门柔性直流工程、鲁西柔性直流异步联网工程、渝鄂柔性直流背靠背异步联网工程，这些工程的投运表明柔性直流输电系统有良好的持续可靠运行能力。为了实现大规模可再生能源的广域互补送出，乌东德特高压混合多端直流工程和张北四端柔性直流电网工程已经启动建设。

当前，我国在柔性直流输电系统电压等级、容量、端数、双极接线、故障自清除、直流组网等方面实现了全面引领。已投运的柔性直流工程大多采用半桥 MMC 拓扑和架空线路输电形式。因此，不具备故障自清除能力的"半桥 MMC"、故障概率较高的"架空线路"和相互之间快速耦合放电的"多换流站"这三个因素的叠加，对架空线路柔性直流电网的直流故障清除与隔离带来严峻的挑战。同时，由于直流故障电流上升速度快且没有过零点、电力电子设备耐受过流能力差等原因，如果不对故障进行快速检测和隔离，将严重威胁柔性直流电网乃至交流系统的安全稳定运行。

本书总结了华北电力大学直流输电团队在柔性直流电网方面的主要研究成果，包括柔性直流电网故障演变机理、柔性直流电网故障主动控制方法、新型柔性直流换流器拓扑的电磁暂态建模方法等内容。

本书由赵成勇教授、许建中副教授编著。其中，第 1 章由赵成勇教授和许建中副教授完成，第 2~4 章由赵成勇教授完成，第 5~12 章由许建中副教授完成。另外，特别感谢直流输电团队参与本书部分章节材料整理和编辑工作的博士研究生严俊、赵西贝，硕士研究生宋冰倩、张继元、吕煜、孙馨福、高晨祥、陆锋、李钰等，他们的工作在很大程度上保证了本书的按时出版。

本书的研究工作得到了国家自然科学基金项目（51607065，51777072）和国家重点研发计划（2016YFB0900900，2018YFB0904600）的资助，在此表示感谢！

由于作者水平的限制和时间仓促，书中难免存在错误和不当之处，敬请广大读者批评指正。

编　者

2019 年 8 月 15 日

目　录

前言

第1章　概述 ·· 1

1.1　架空线路柔性直流电网的发展前景 ·································· 1

1.2　柔性直流电网面临的主要问题 ··· 2

1.3　直流故障清除方案 ··· 3

1.4　本书的主要内容 ·· 4

第2章　柔性直流电网的故障演变机理 ··································· 5

2.1　直流电网故障电流计算方法 ··· 5

2.2　含限流设备动作的故障电流计算 ····································· 24

2.3　本章小结 ··· 33

参考文献 ··· 33

第3章　换流器超前控制对故障电流的影响 ·························· 34

3.1　直流侧故障过电流抑制 ·· 34

3.2　交流侧故障过电流抑制 ·· 39

3.3　过电流抑制的评价标准 ·· 41

3.4　仿真验证 ··· 42

3.5　本章小结 ··· 48

参考文献 ··· 48

第4章　柔性直流电网快速故障检测方法 ······························ 49

4.1　基于直流平波电抗器电压的检测方法 ································ 49

4.2　采用直流电流突变量的检测方法 ····································· 65

4.3　直流线路双极短路故障定位方法 ····································· 74

4.4　本章小结 ··· 78

参考文献 ··· 78

第5章　基于换流器辅助断路的故障隔离 ······························ 80

5.1　辅助断路型 MMC 拓扑 ·· 80

5.2　增强型辅助断路 MMC ··· 89

5.3　故障隔离型 DC-DC 变换器拓扑 ······································· 98

5.4　本章小结 ··· 109

参考文献 ··· 110

第6章　采用高压直流断路器的故障隔离 ······························ 111

6.1　混合式高压直流断路器概述 ··· 111

6.2 新型高压直流断路器拓扑 ·· 113

6.3 高压直流断路器时序配合方法 ··· 133

6.4 本章小结 ··· 140

参考文献 ··· 140

第7章 混合 MMC 无闭锁直流故障穿越 ························· 141

7.1 自励式闭锁启动方法 ··· 141

7.2 调制及均压方法 ··· 144

7.3 故障电流控制模式 ··· 153

7.4 混合 MMC 型柔性直流电网的协调控制策略 ···················· 157

7.5 本章小结 ··· 159

参考文献 ··· 159

第8章 混合 MMC 的不对称分极控制 ··························· 160

8.1 不对称数学模型的建立 ·· 160

8.2 半桥 MMC 分极控制策略 ··· 164

8.3 不对称结构混合 MMC 模块配置原则 ······························ 167

8.4 基于分极控制的不对称混合 MMC 的控制策略 ·················· 171

8.5 本章小结 ··· 172

参考文献 ··· 172

第9章 混合 MMC 子模块优化配置方法 ························ 174

9.1 子模块可靠性建模 ··· 174

9.2 子模块相关性直接耦合的可靠性建模 ······························ 177

9.3 相关性坐标变换解耦的可靠性建模 ································· 182

9.4 等微增率子模块冗余配置方法 ······································· 188

9.5 本章小结 ··· 194

参考文献 ··· 194

第10章 具备局部自均压能力的双端口混合 MMC ··············· 196

10.1 双半桥 MMC 拓扑 ··· 196

10.2 并联全桥 MMC 拓扑 ·· 197

10.3 双半桥和并联全桥混合 MMC 联合均压及故障处理策略 ······· 207

10.4 本章小结 ·· 214

参考文献 ··· 215

第11章 具备完全自均压能力的双端口 MMC ··················· 216

11.1 二极管钳位自均压型 MMC 拓扑 ·································· 216

11.2 新型换流器冗余方案 ··· 220

11.3 开关函数域及调制策略 ··· 225

11.4 仿真及实验验证 ·· 232

11.5 新型自均压钳位故障拓扑 ·· 238

11.6 本章小结 ·· 240

参考文献 ··· 240

第 12 章　新型 MMC 电磁暂态通用等效建模和实现 ·················· 242

　12.1　单端口子模块 MMC ··································· 242

　12.2　双端口子模块 MMC ··································· 249

　12.3　多类型 MMC 拓扑的自动识别 ······················· 261

　12.4　多类型 MMC 拓扑的通用等效建模 ··················· 264

　12.5　本章小结 ··· 267

　参考文献 ··· 267

附录 A　缩略词汇表 ··· 268

索引 ··· 269

第1章　概　　述

1.1　架空线路柔性直流电网的发展前景

目前，国际上关于直流电网的定义还没有统一的说法。2011 年，国际大电网会议 CIGRE B4.52 工作组在《HVDC Grid Feasibility Study》报告中定义，直流电网是换流器直流端互联所构成的网络化结构电网。2014 年，进一步定义直流电网是包含至少 3 个换流站和 1 个网孔的直流输电系统。

因此，如图 1-1（a）所示的系统只能称为多端直流系统，它从交流系统引出多个换流站，通过多个端对端直流输电线路连接不同交流系统，直流系统内不具备冗余功能，发生单一线路故障后故障线路两端换流站需要停运，因此只能称为多端直流系统。

直流电网是换流站在直流侧相连的系统，形成"一点对多点"和"多点对一点"网络拓扑结构，如图 1-1（b）所示。每个交流系统通过一个换流站与直流电网连接，换流站之间有多条直流线路通过直流断路器（Direct Current Circuit Breaker，DCCB）连接，当发生故障时可通过直流断路器进行选择性切除线路或换流站。

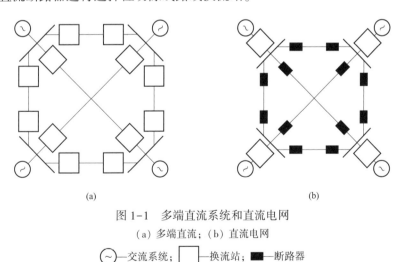

图 1-1　多端直流系统和直流电网
（a）多端直流；（b）直流电网
～—交流系统；□—换流站；■—断路器

直流电网是具有"网孔"的输电系统，它具有以下特点：①换流站之间有多回联络线路；②直流线路拥有冗余回路，可靠性高，换流站数量少；③可以通过 DC-DC 变换器连接不同电压等级的电网。

构成柔性直流电网的关键设备包括：①高压大功率电压源换流器；②直流断路器；③DC-DC 变换器；④故障限流器；⑤直流电缆及架空线路。其中，换流器和直流断路器是直流电网的核心设备，而 DC-DC 变换器可以用于连接两个或多个不同电压等级的直流电网，为更大范围的直流系统互联创造条件。限于直流电网的发展阶段，本书将重点介绍换流器和直流断路器设备。

柔性直流电网与两端柔性直流输电系统存在显著的不同：①有多个换流站通过并联连接，功率在多个换流站间动态平衡；②为满足远距离大容量输电要求，采用架空线路输电形式，因此必须具备故障线路的隔离能力，单一线路故障不应导致全网停运；③直流电网设备拓扑多样性大大增加，不仅换流站存在多种子模块拓扑，直流变压器、潮流控制器、直流断路器、故障限流器等均存在多种不同的拓扑设计方案，其灵活性和复杂度远高于两端直流系统。

在建的张北柔性直流电网工程是世界上第一个直流电网工程，目的在于将张北地区的新能源送入华北电网，工程将于 2020 年投入运行，可以为 2022 年冬奥会提供电力保障。同时，欧洲也有类似直流电网的"超级电网"计划，以直流电网为骨干网架将海上风电场电能输送至大陆。

直流输电在传输损耗、占地面积等方面都有显著优势。同样的输电线路，使用直流传输功率比交流大 50%左右，而线路走廊占地面积减小 1/3，可以大幅节约成本，适应集约型经济发展方向。从绝缘水平来看，相同电压等级的线路，直流系统所需绝缘水平仅为交流线路的 50%左右，绝缘投资则仅为 1/3。从输电距离看，直流线路在 700km 以上输电线路中占据优势，满足我国资源中心和负荷中心逆向分布的远距离送电需求。

直流电网可以满足未来电源和负荷随机波动的输电需求。从源侧看，新能源发电具有间歇性特点，功率波动大，需要一个高度灵活可调的电源支撑才能保证新能源机组的安全。从负荷侧看，电动汽车、工业机器人等负荷均具有随机波动的特点，也需要一个高度可控的电源供电才能保证稳定运行。目前仅有柔性直流组成的直流电网可以实现高度的灵活可控特性，通过直流电网的调节作用，可以适应具有高度随机变化特性的新能源发电和电力电子负荷需求。因此，直流电网的建设和发展非常适应未来电力系统的发展需求，具备长足的发展潜力。

1.2 柔性直流电网面临的主要问题

直流电网作为一个新生事物，还存在诸多不足，现阶段部分问题已经有了较好的解决办法，还有部分问题有望在未来一段时间内得到解决。目前最迫切需要解决、严重制约直流电网发展的就是直流侧故障电流的清除问题。

采用架空线路输电的直流电网，在应对雷击、接地等故障时均需要隔离故障线路来保证换流器安全运行，但是直流故障电流没有过零点，无法通过交流断路器隔离故障线路，需要新的适用于直流故障清除的设备。现有半桥子模块不具备直流故障清除能力，换流站闭锁后交流侧仍然可以通过子模块中的二极管续流，此时换流站等效为一个不可控整流电路，需要通过交流断路器动作才能清除故障电流。然而，如果直流故障清除依赖交流断路器，就大幅降低了直流电网冗余设计的意义，同时使得直流电网规模难以扩大。

直流电网通常要求在直流故障发生后仅隔离故障线路，健全换流站继续运行，因此故障检测速度、响应速度和故障清除能力都面临严峻考验。这是由于直流故障后电流上升速度快，过电流峰值可以达到额定值数十倍，而电力电子设备构成的直流换流站故障电流耐受能力有限，需要在数毫秒内隔离故障线路，否则电流热效应会损坏半导体器件。

因此，直流电网对于故障清除措施的要求可以概括为以下几个方面：①检测、动作速度要快，在数毫秒内完成；②尽可能仅隔离故障线路，防止故障扩大；③尽可能降低对换流站的影响，避免故障传导至交流系统。

1.3 直流故障清除方案

从直流电网的结构而言，故障清除方式可以分成网侧和源侧两类。如图1-2所示，以直流母线为边界，如果故障清除方案仅隔离故障线路，则可以称为网侧清除方案；如果故障清除方案需要换流器的配合并且会短时影响换流站对外功率传输，则可以称为源侧清除方案。

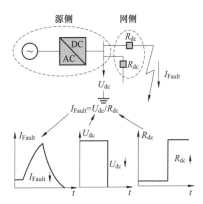

图1-2 源侧—网侧故障清除方案示意图

直流断路器方案是最典型的网侧故障清除方案，目前已有若干种直流断路器的拓扑方案，但是仍然无法解决断路器成本和占地等突出矛盾。因此，低成本、高可靠性的直流断路器成为目前该领域的研究热点。截至目前，直流断路器在工程应用层面进展较慢。2013年，ABB公司完成了320kV混合式直流断路器实验，该研究成果被麻省理工学院评为2013年世界十大科技进展之一。2016年12月，国家电网公司在舟山直流工程试验投运了2台±200kV混合式直流断路器。2017年11月，中国南方电网有限责任公司在南澳工程投运了±160kV机械式直流断路器，初步验证了直流故障电流的快速切断能力。将于2020年建成的张北直流电网，计划在每条直流极线两端安装±500kV混合式直流断路器，可以在3ms内切断25kA故障电流。然而，以上示范工程仅仅是直流断路器的初步应用，其成本较高，可靠性需要经受运行时间的检验，仍然需要持续优化才能满足大规模工程应用的要求。

使用换流站穿越直流故障是源侧故障清除方案的主要思路。在同一直流母线有多条直流线路相连时，依靠换流站的改造清除故障比直流断路器方案有较大的成本优势。然而，该类方案同样存在一些难点：①故障清除过程中换流器承担电气应力增加，换流器控制失效时的后备保护方案设计困难，往往需要更多换流站退出运行来保证系统安全；②故障清除过程中会导致部分换流站功率短时丢失，因此需要尽可能减少短时扰动对交流系统造成的冲击；③若重合闸失败，换流站需要再次运行在故障穿越模式以清除故障电流，因此需要尽可能减少对换流站的影响。

目前国际上还没有直流电网源侧故障清除方案的工程实践。乌东德±800kV多端直流工程计划采用半全混合的模块化多电平换流器（Modular Multilevel Converter，MMC）来清除直流故障，由于其采用辐射式接法，未形成网状结构，因此其在直流电网中的应用还有待继续探索。然而，考虑到柔性直流输电系统的拓扑结构及组合方式灵活多变，未来源侧故障清除方案可能成为一种有效的手段。

总体而言，源侧和网侧故障清除方案都具备发展潜力，也都面临一定的限制因素。在未来数年之内，两条技术路线仍将处于共存和竞争地位，两种思路都具备较高的研究价值。

1.4 本书的主要内容

本书的主要内容包括：第 1 章为概述；第 2、3 章分析直流电网故障传播特性和演变机理，通过分析和计算推导故障电流的发展过程；第 4~8 章分别介绍直流电网的故障检测和故障清除手段，从源侧、网侧等角度探讨直流电网故障隔离的可行性方案；第 9 章基于混合 MMC 的结构特点和运行原理，介绍两类不同子模块的优化冗余配置方法；第 10~12 章介绍两种适用于大规模直流电网的新型换流器拓扑及其等效建模方法，并提出针对任意子模块拓扑的高精度建模等效策略。

第2章 柔性直流电网的故障演变机理

柔性直流电网直流侧短路故障严重威胁直流电网乃至交直流混联系统的安全稳定运行，因此研究直流短路故障的演变规律是直流电网保护的基础。然而，直流故障的传播特性非常复杂，尚无可行方法求取解析解。为解决该问题，本章在单端 MMC 短路故障放电模型的基础上，提出一种通用的直流电网故障网络矩阵列写方法，可以通过求解微分方程组求取故障电流。在此基础上，为考虑限流设备的动作过程，对所提出的故障电流计算方法进行了合理修正。本章将作为后续章节直流故障保护理论和方法的基础。

2.1 直流电网故障电流计算方法

为了研究柔性直流电网短路故障电流传播规律，评估严重短路情况下的电流水平，需要对严重的直流侧故障进行分析计算。本节主要针对双极系统单极接地故障、双极短路故障以及对称单极系统的双极短路故障展开研究。在发生上述直流侧短路故障后，故障电流包含两个部分：①MMC 中电容放电电流；②交流侧经桥臂电抗和反并联二极管向直流侧故障点馈入电流。在故障发生后的初始阶段（1~8ms 内），MMC 电容放电是故障电流的最主要成分，也是直流电网故障冲击的主要来源，故在此假设交流侧馈入电流相较而言可忽略不计。

2.1.1 故障等效电路与网络节点定义

2.1.1.1 故障等效电路

1. MMC 换流站等效电路

如图 2-1（a）所示为通用三相 MMC 拓扑。其中 U_{dc} 为直流侧电压，I_{dc} 为直流线路电流，R_0 和 L_0 分别为桥臂电阻和桥臂电感，子模块（Sub-Module，SM）可以是多种形式的子模块拓扑[1]。在故障后若不采取特殊控制措施使 IGBT 闭锁，MMC 换流站的放电模型可以等效为 RLC 电路，如图 2-1（b）所示。

图 2-1（b）中 R_c、L_c 和 C_c 分别为 MMC 换流站等效电路的电阻、电感与电容，其值可以表示为

$$R_c = \frac{2(R_0 + \sum R_{ON})}{3} \tag{2-1}$$

$$L_c = \frac{2L_0}{3} \tag{2-2}$$

$$C_c = \frac{6C_0}{N_{SM}} \tag{2-3}$$

式中，N_{SM}为每个桥臂的子模块个数；$\sum R_{ON}$为导通的开关器件（包含 IGBT 和反并联的二极管）的电阻之和；C_0为子模块电容值。

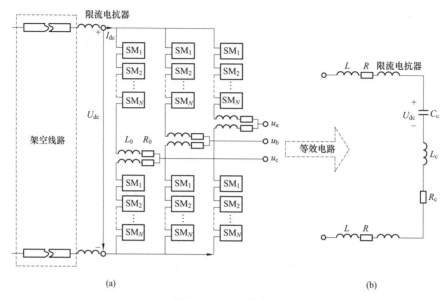

图 2-1 MMC 拓扑

（a）详细 MMC 结构；（b）等效模型

为了验证等效模型及假设的正确性，选取单端 MMC 详细模型与等效模型进行故障电流对比。在 $t=1s$ 时设置双极短路故障，故障电流结果如图 2-2 所示。

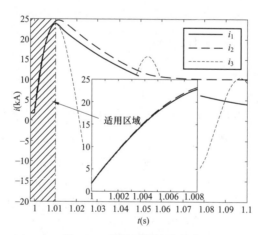

图 2-2 双极短路故障电流

图 2-2 中，i_1 表示忽略交流馈入后的详细模型故障电流，i_2 为考虑交流馈入时的电流，i_3 表示由 RLC 等效电路得到的故障电流。i_1 和 i_2 是 PSCAD 仿真结果，i_3 是 RLC 等效模型数值计算结果。由于 RLC 电路模拟的是振荡电路的暂态过程，故波形在 1.01s 后出现了振荡现象，但是在故障后的几个毫秒内仿真具有较高的精度。从 3 个故障电流的对比结果可以看出，在故障后 8ms 内交流侧故障电流馈入可以忽略，且 RLC 等效模型具有较高的精度，可以用于模拟 MMC 直流侧严重故障后几个毫秒内的暂态特性。

2. 直流架空线路等效电路

在柔性直流电网中，多采用架空线路实现大功率传输[3]。在电磁暂态仿真中，直流架空线路多采用依频传输线模型，该模型能较精确地仿真直流故障后行波的折反射过程，但是详细建模复杂，不便于解析。本节的研究针对直流电网的故障电流计算，分析故障电流发展状况，用以评估直流故障电流的危害程度，故架空线路可以使用等效 RL 串联电路来模拟。如图 2-1（b）所示，R 和 L 分别为从输电线路依频模型提取的等效电阻和电感参数。

在 $t=1\mathrm{s}$ 时发生双极短路故障，对比采用依频输电线路模型与等效 RL 线路模型的故障电流，结果如图 2-3 所示。

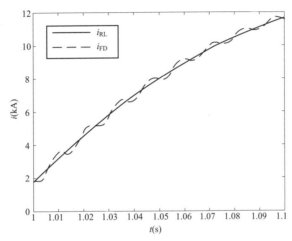

图 2-3 依频线路模型与等效 RL 线路模型双极短路故障电流对比

图 2-3 中，i_{FD} 表示依频线路模型下的直流故障电流，i_{RL} 表示 RL 线路模型下的直流故障电流。可以看出，由于线路上行波的折反射，采用依频线路模型的直流故障电流呈阶梯上升趋势，而采用 RL 模型的故障电流为平滑的曲线。i_{RL} 具有和 i_{FD} 相同的增长演变趋势，并有较高的吻合度。故可以采用 RL 线路模型研究故障电流幅值与发展趋势。若无特殊说明，本节的故障电流演变研究都将采用 RL 模型模拟架空线路。

2.1.1.2 故障网络节点定义

为了能更清晰地描述直流电网的故障电流计算方法，首先需要对直流电网中的网络节点和支路进行定义。本节以如图 2-4 所示直流电网拓扑为例，对节点分类进行说明。

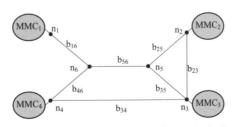

图 2-4 用于节点分类说明的直流电网拓扑

图 2-4 所示的直流电网内共有 7 条直流线路和 6 个直流节点。其中 4 个节点 n_1、n_2、n_3、n_4 不仅连接到了直流线路，而且直接与 MMC 换流站相连，定义该类型节点为"实节

点"。而另外 2 个节点 n_5、n_6 没有与 MMC 换流站直接相连,仅起到连接直流线路的作用,定义为"虚节点"。这类节点也可能是与之直接相连的换流站退出运行后直流电网中出现的母线节点。一个含有 n 个节点与 m 个换流站的直流电网中,应有 m 个实节点,$n-m$ 个虚节点。将节点之间的传输线定义为支路,用 b_{ij} 表示节点 n_i 与节点 n_j 之间方向由 n_i 指向 n_j 的支路,并且电流正方向规定与支路方向一致。

需要指出的是图 2-4 所展示的仅是直流电网的平面结构,实际的直流电网是一个立体电路,包含正极、负极与接地极。在不考虑故障线路时,三端环状直流电网可以表示为图 2-5(a)所示结构。需要说明的是,为了展示简洁,图 2-5 中的支路电感(如 L_{12})包含了该支路上限流电抗器与线路的等效阻抗。

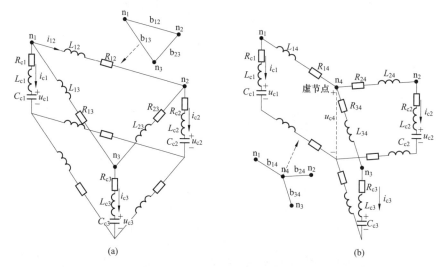

图 2-5 三端 RLC 直流电网等效电路
(a) 环状;(b) 辐射状

图 2-5 所示的直流电网等效电路可分为正极层、负极层及其之间的连接等效电路(换流站等效 RLC 支路)。考虑到直流电网的对称性,根据基尔霍夫定律,发生双极故障后,正极层和负极层的电流绝对值大小相等,故本方法仅对直流电网正极层的节点和支路进行编号。

图 2-5(a)所示环状直流电网等效电路中,节点 n_1、n_2 和 n_3 是实节点,R_{ij} 和 L_{ij}($i=$1、2、3,$j=$1、2、3)表示支路 b_{ij} 的电阻和电感,i_{ij} 为支路 b_{ij} 上的电流,方向为由 n_i 指向 n_j。R_{ci}、L_{ci} 和 C_{ci} 是换流站 MMC_i 的等效电阻、电感和电容,i_{ci} 表示流过换流站 MMC_i 的电流,也可以理解为节点 n_i 注入直流网络的电流,该电流正方向为由正极指向负极。u_{ci} 为等效电容 C_{ci} 上的直流电压,同时也是换流站 MMC_i 的稳态直流电压。

如图 2-5(b)所示为三端辐射状直流电网等效电路。节点 n_1、n_2 和 n_3 仍然是实节点,新出现的节点 n_4 并未与换流站直接相连因而为虚节点,该节点没有正负极层之间的连接等效电路,故 R_{c4}、L_{c4} 和 C_{c4} 设置为 0。

值得说明的是,本节给出的节点和支路的定义同样适用于不对称单极系统与双极系统。图 2-6 给出了对称单极与双极系统发生严重直流侧的故障后的故障电流回路。

发生图 2-6 所示的对称单极系统双极短路故障、双极系统单极接地短路故障与双极系统极间短路故障后,MMC 中电容都迅速放电,这些情况下都有类似的放电回路,可以统一计算故障电流。同时，在分析计算严重短路故障暂态电流时，需要针对多种不同的运行工况、网架主要接线情况展开讨论。对于同一个柔性直流电网，短路故障位置变换、主网架线路增减或者网络主接线由双极转为单极运行，网络只是发生了局部的变化。此时若能对主体网络矩阵进行存储，进行少量的局部矩阵与初始值修正，就可以大大减少计算量，提高分析速率，增大柔性直流电网故障分析计算的规模。

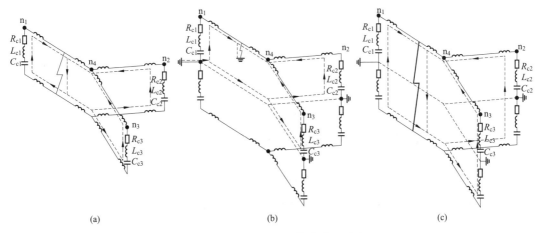

(a)　　　　　　　　　　(b)　　　　　　　　　　(c)

图 2-6　不同拓扑下的故障放电回路

（a）对称单极系统双极短路；（b）双极系统单极接地短路；（c）双极系统极间短路

2.1.2　故障电流计算

2.1.2.1　通用计算方法

1. 故障前初始网络矩阵构建

以图 2-5（a）所示等效电路为例，根据 KVL 与 VAR 定律，由节点 n_1 与节点 n_2 之间的正负极线路与 MMC 等效电路可列写回路方程[1]

$$u_{c1} - u_{c2} = -R_{c1}i_{c1} - L_{c1}\frac{\mathrm{d}i_{c1}}{\mathrm{d}t} + 2R_{12}i_{12} + 2L_{12}\frac{\mathrm{d}i_{12}}{\mathrm{d}t} + R_{c2}i_{c2} + L_{c2}\frac{\mathrm{d}i_{c2}}{\mathrm{d}t} \tag{2-4}$$

根据 KCL，可将节点注入电流用支路电流表示为

$$i_{c1} = -i_{12} - i_{13} \tag{2-5}$$

$$i_{c2} = i_{12} - i_{23} \tag{2-6}$$

结合式（2-4）~式（2-6）可得

$$u_{c1} - u_{c2} = (R_{c1} + R_{c2} + 2R_{12})i_{12} + R_{c1}i_{13} - R_{c2}i_{23}$$

$$+ (L_{c1} + L_{c2} + 2L_{12})\frac{\mathrm{d}i_{12}}{\mathrm{d}t} + L_{c1}\frac{\mathrm{d}i_{13}}{\mathrm{d}t} - L_{c2}\frac{\mathrm{d}i_{23}}{\mathrm{d}t} \tag{2-7}$$

由此可以看出，支路 b_{12} 的回路方程已经全部由各支路电流和节点电容电压表示。图 2-5（a）中的支路 b_{13} 和 b_{23} 也能得到同样的回路方程表达式。为了求得直流电流，需要列写每条支路的 KVL 方程，然后联立求解各支路的电流大小。需要注意的是，直流电网与交流

电网不同，此处的支路 KVL 方程指的是由正极所确定的支路和与其对应的负极回路列写的 KVL 方程。但当直流电网规模较大时，单独列写每条支路的 KVL 方程会非常繁琐。以下将提出一种 KVL 方程组初始矩阵的统一列写方法。

首先在不考虑直流电网故障节点与支路时，将直流电网中各个节点进行编号。假设柔性直流电网中有 n 个节点，b 条支路。其中，"实节点" N 个，"虚节点" M 个，$N+M$ 等于节点总数 n。实节点编号由 1 到 N，虚节点编号由 $N+1$ 至 $N+M$。

支路电流矩阵 $\boldsymbol{i}_0$、节点电容电压矩阵 $\boldsymbol{u}_0$ 以及节点注入电流矩阵 $\boldsymbol{i}_{c0}$ 分别为

$$\boldsymbol{i}_0 = \left[i_{12} \cdots i_{ij} \cdots \right]_b^{\mathrm{T}} \tag{2-8}$$

$$\boldsymbol{u}_0 = \left[u_{c1} u_{c2} \cdots u_{cN} u_{cN+1} \cdots u_{cN+M} \right]_n^{\mathrm{T}} \tag{2-9}$$

$$\boldsymbol{i}_{c0} = \left[i_{c1} i_{c2} \cdots i_{cn} \right]_n^{\mathrm{T}} \tag{2-10}$$

根据 KVL 和 VAR，整个柔性直流电网各支路的回路方程可以表示为

$$\boldsymbol{A}_0 \boldsymbol{u}_0 = \boldsymbol{R}_0 \boldsymbol{i}_0 + \boldsymbol{L}_0 \frac{\mathrm{d} \boldsymbol{i}_0}{\mathrm{d} t} \tag{2-11}$$

式（2-11）中，$\boldsymbol{A}_0$ 为支路与节点的关联矩阵，且其阶次是 $b \times n$，$\boldsymbol{A}_0$ 中的元素定义如下

$$a_{ki} = \begin{cases} 1 & \text{节点 n}_i \text{ 是支路 } k \text{ 的发点} \\ -1 & \text{节点 n}_i \text{ 是支路 } k \text{ 的收点} \\ 0 & \text{节点 n}_i \text{ 不是支路 } k \text{ 的端点} \end{cases} \tag{2-12}$$

各节点注入电流 $\boldsymbol{i}_{c0}$ 可用支路电流 $\boldsymbol{i}_0$ 表示为

$$\boldsymbol{i}_{c0} = -\boldsymbol{A}_0^{\mathrm{T}} \boldsymbol{i}_0 \tag{2-13}$$

$\boldsymbol{R}_0$ 是 $b \times b$ 阶的电阻矩阵，假设支路 b_{ij} 上的电流方向与支路发收方向一致，即由 i 指向 j，且支路的方向在计算中确定后不更改，则 $\boldsymbol{R}_0$ 遵循如下的列写规则：

（1）对角线元素。对角线元素为对应支路在列写 KVL 方程时的回路中全部电阻之和。例如：对于对称单极柔性直流电网，支路 b_{ij} 的对角元素为 $2R_{ij}+R_{ci}+R_{cj}$；对于双极柔性直流电网，支路 b_{ij} 的对角元素为 $R_{ij}+R_{ci}+R_{cj}$。需要指出的是，对于双极系统，发生双极短路故障后各故障回路上的电阻是单极接地故障各回路上电阻的 2 倍，此处仅列写了单极接地故障的故障回路电阻，若发生双极故障，电阻矩阵将变为 2 倍。

（2）非对角线元素。以行为例，非对角元素为对应支路电流与其他支路共用节点换流站的等效电阻。非对角元素体现的是支路电流在其他支路 KVL 方程列写时的耦合。根据支路电流与支路的正方向规定，非对角线元素的正负号跟支路标号有关。若公共节点同为支路电流与其他支路的发点或者同为收点，则符号为正；如果某公共节点分别为支路电流与其他支路的发点和收点，则符号为负。以支路 b_{ij} 可能出现的非对角元素为例，结果如表 2-1 所示，其中 k、p 为非 i、j 的任意节点。

表 2-1 $\qquad\qquad\qquad\qquad$ $\boldsymbol{R}_0$ 矩阵非对角元素列写规则

非对角对应支路	b_{ik}	b_{ki}	b_{kj}	b_{jk}	b_{pk}	b_{kp}
$\boldsymbol{R}_0$ 内对应元素	R_{ci}	$-R_{ci}$	R_{cj}	$-R_{cj}$	0	0

如图 2-5（a）所示三端环状网络，其 $\boldsymbol{R}_0$ 矩阵可以表示为

$$\boldsymbol{R}_0 = \begin{bmatrix} 2R_{12} + R_{c1} + R_{c2} & R_{c1} & -R_{c2} \\ R_{c1} & 2R_{13} + R_{c1} + R_{c3} & R_{c3} \\ -R_{c2} & R_{c3} & 2R_{23} + R_{c2} + R_{c3} \end{bmatrix} \tag{2-14}$$

由式（2-11）可知，在回路方程里电阻和电感是成对出现的，故 $\boldsymbol{L}_0$ 矩阵的列写规则与 $\boldsymbol{R}_0$ 矩阵一致，只是将电阻换为电感。

建立初始矩阵是计算故障电流的初始步骤，当柔性直流电网扩建或者减少运行的线路后，网络拓扑发生改变，初始矩阵也需要相应变更。当直流电网增加换流站时，支路数必定增加，矩阵的维数增加，需要按照前述的列写规则增加矩阵的行和列；当直流电网线路退出运行时，矩阵维数减少，除了删除矩阵中该支路，还需修正其他支路与该支路的耦合项（非对角线元素）。

2. 故障后网络矩阵修正

当直流侧发生短路故障后，在初始网络上需要增加故障支路，并对初始网络矩阵进行修正。假设直流故障发生在支路 b_{ij} 上，故障增加的节点为 n_0，如图 2-7 所示。

直流电网节点数由 n 变为 $n+1$，支路数由 b 变为 $b+1$，支路 b_{ij} 被分成了新支路 b_{i0} 和 b_{j0}。支路电阻 R_{ij} 和支路电感 L_{ij} 分别变为 R_{i0}、R_{j0} 和 L_{i0}、L_{j0}，其中 R_{i0} 为故障过渡电阻。初始电流矩阵 $\boldsymbol{i}_0$ 修正为

$$\boldsymbol{i}_0 = \begin{bmatrix} i_{12} \cdots i_{i0} i_{j0} \cdots \end{bmatrix}^{\mathrm{T}}_{b+1} \tag{2-15}$$

在式（2-15）中，支路电流 i_{ij} 被修正为电流 i_{i0} 和 i_{j0}。与此同时，初始电阻矩阵 $\boldsymbol{R}_0$ 和电感矩阵 $\boldsymbol{L}_0$ 中支路 b_{ij} 对应的行和列修改成关于新故障支路 b_{i0} 和 b_{j0} 的 2 行 2 列，记修正后的电阻和电感矩阵为 $\boldsymbol{R}_t$ 和 $\boldsymbol{L}_t$。关联矩阵 $\boldsymbol{A}_0$ 中故障支路对应的行将扩增为 2 倍，对应元素也需更新，图 2-8 展示了关联矩阵的修正过程。定义修正后的关联矩阵为 $\boldsymbol{A}_t$，其行列数分别为 $b+1$、n。

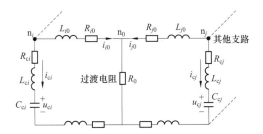

图 2-7　故障后新增支路 b_{i0} 和 b_{j0} 的 RLC 等效电路

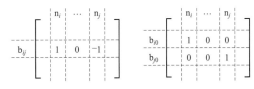

图 2-8　关联矩阵修正

通过修正，式（2-11）可以写成

$$\boldsymbol{A}_t \boldsymbol{u}_0 = \boldsymbol{R}_t \boldsymbol{i}_0 + \boldsymbol{L}_t \frac{\mathrm{d}\boldsymbol{i}_0}{\mathrm{d}t} \tag{2-16}$$

考虑到虚节点向柔性直流电网注入的电流为 0，且仅有实节点有电容支路，此处将关联矩阵 $\boldsymbol{A}_t$ 分为两个部分。将 $\boldsymbol{A}_t$ 的 $1\sim N$ 列定义为 $\boldsymbol{A}_{t1}$，$N\sim N+M$ 列定义为 $\boldsymbol{A}_{t2}$（N 为实节点个数，M 为虚节点个数）。实节点注入电流与支路电流的关系可以表示为

$$\begin{bmatrix} i_{c1} \\ i_{c2} \\ \vdots \\ i_{cN} \end{bmatrix}_{N \times 1} = -\boldsymbol{A}_{t1}^{\mathrm{T}} \boldsymbol{i} \tag{2-17}$$

实节点对应的电容电压与注入电流的关系为

$$\begin{bmatrix} \dot{u}_{c1} \\ \dot{u}_{c2} \\ \vdots \\ \dot{u}_{cN} \end{bmatrix}_{N \times 1} = \begin{bmatrix} 1/C_{c1} & & & \\ & 1/C_{c2} & & \\ & & \ddots & \\ & & & 1/C_{cN} \end{bmatrix}_{N \times N} \begin{bmatrix} i_{c1} \\ i_{c2} \\ \vdots \\ i_{cN} \end{bmatrix}_{N \times 1} \tag{2-18}$$

定义电容矩阵 $\boldsymbol{C}$ 为

$$\boldsymbol{C} = -\begin{bmatrix} 1/C_{c1} & & & \\ & 1/C_{c2} & & \\ & & \ddots & \\ & & & 1/C_{cN} \end{bmatrix}_{N \times N} \times \boldsymbol{A}_{t1}^{\mathrm{T}} \tag{2-19}$$

同时定义实节点电压矩阵为

$$\boldsymbol{u} = \begin{bmatrix} u_{c1} & u_{c2} \cdots u_{cN} \end{bmatrix}_{N}^{\mathrm{T}} \tag{2-20}$$

结合式（2-18）~式（2-20），可以得到各实节点电容电压与支路电流的关系为

$$\dot{\boldsymbol{u}} = \boldsymbol{C} i_0 \tag{2-21}$$

由于并未与 MMC 换流站直接相连，虚节点缺少电容电压与支路电流的关系，导致式（2-16）和式（2-21）组成的微分方程组含有（$b+n+1$）个未知量但仅能列写（$b+N+1$）个微分方程，所以虚节点的电压 $u_{cN+1} \sim u_{cn}$ 需要被消去。可以利用虚节点到故障节点间各支路组成的路径上的电压降来替换虚节点电压。

$$\begin{bmatrix} 0 \\ \vdots \\ 0 \\ u_{cN+1} \\ \vdots \\ u_{cN+M} \end{bmatrix}_{n \times 1} = \boldsymbol{R}_1 \times \begin{bmatrix} i_{12} \\ \vdots \\ i_{i0} \\ i_{j0} \\ \vdots \end{bmatrix}_{(b+1) \times 1} + \boldsymbol{L}_1 \times \begin{bmatrix} \dot{i}_{12} \\ \vdots \\ \dot{i}_{i0} \\ \dot{i}_{j0} \\ \vdots \end{bmatrix}_{(b+1) \times 1} \tag{2-22}$$

式（2-22）中，$\boldsymbol{R}_1$ 和 $\boldsymbol{L}_1$ 分别为虚节点到故障点各支路路径上的电阻和电感矩阵，$\boldsymbol{R}_1$ 和 $\boldsymbol{L}_1$ 均为 $n \times （b+1）$ 矩阵。该式等号左侧节点电压矩阵为 n 行 1 列，将非虚节点电压元素置 0，相应地等式右边的 $\boldsymbol{R}_1$ 和 $\boldsymbol{L}_1$ 中与实节点对应的前 N 行元素都为 0。

当直流电网规模较大时，虚节点到故障点之间的支路路径可能不唯一，将导致 $\boldsymbol{R}_1$ 和 $\boldsymbol{L}_1$ 具有不确定性，同一虚节点的电压可能由两条或以上的回路表示。为了提高计算机处理微分方程组的效率，采用最短路径算法选择故障点到每个虚节点经过最少支路数的故障回路，这样可以使得矩阵 $\boldsymbol{R}_1$ 和 $\boldsymbol{L}_1$ 尽可能地稀疏，减小虚节点替换过程中的计算量，提高计算效率。

将式（2-22）等号左右同时左乘矩阵 $-\boldsymbol{A}_1$ 后与式（2-16）相加，即可消去全部的虚节

点电容电压。将删去全部虚节点电压元素后的电压矩阵记为 u，并将变化后的电阻和电感矩阵定义为 R_2 和 L_2，则

$$R_2 = R_t - A_t R_1 \quad\quad\quad (2-23)$$
$$L_2 = L_t - A_t L_1 \quad\quad\quad (2-24)$$

虚节点的代换，虽然消去了方程中不需要求解的 M 个虚节点电压，但是产生了线性相关的冗余方程，使得 R_2 和 L_2 不为满秩矩阵，这导致方程无法求解。

虚节点代换时所走路径的第一条线路的微分方程在之前的回路方程中已经使用过，故成为了冗余方程。这时便可引入虚节点的 KCL 定律，利用与虚节点相连支路的电流和为 0，增加方程个数，使矩阵满秩。将 R_2 和 L_2 中对应这些线路的行替换为 A_{12}^T 中对应的虚节点的行（由元素 0、1、-1 组成），记为 R 和 L。同时将 A_{t1} 中对应的冗余线路的行改成全 0 行，记为 A。由此消去过程可以看出，为了保证修正的矩阵满秩，当存在两个虚节点相连时，应避免替换路径经过的第一条线路为两虚节点之间的支路。

最终需求解的方程组可以表示为

$$\begin{cases} Au = Ri_0 + L\dfrac{\mathrm{d}i}{\mathrm{d}t} \\ \dot{u} = Ci_0 \end{cases} \quad\quad\quad (2-25)$$

微分方程组的初值可以由稳态直流潮流计算得到。发生短路故障前后，各支路由于电感的存在，电流不能突变，故同一工况下的不同故障位置或不同故障类型的电流计算，初值不需更改；对于不同工况下的故障电流计算，仅需要改变运算初值即可。因此该计算方法能较方便地计算多种工况、故障位置及严重故障类型下的故障电流以分析故障传播特征，进而有利于有针对性地提出保护措施。

2.1.2.2 含 DC/DC 变换器的计算方法

在未来柔性直流电网的发展中，将会出现多电压等级的情况[5]，需要 DC/DC 变换器将直流网络分成不同直流电压等级的区域。如图 2-9（a）所示直流电网，DC/DC 变换器将一个较大的直流电网分成了三个不同电压的区域，设直流电压分别为 U_{dc1}、U_{dc2} 和 U_{dc3}。

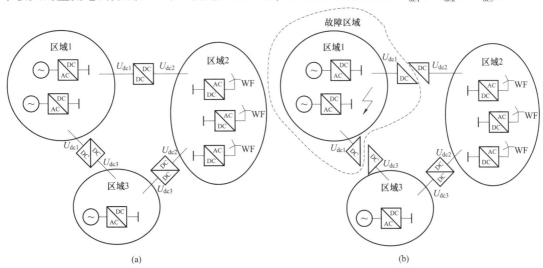

图 2-9 直流电网示意图

（a）直流电网分区；（b）采用故障电流计算方法的故障区域

13

目前，在高压大容量柔性直流电网领域，MMC 型 DC/DC 变换器具有较好的发展潜力。典型 MMC 型 DC/DC 变换器的拓扑结构如图 2-10 所示，连接变压器将背靠背连接两个不同电压等级的 MMC 换流器。需要指出的是，当直流电压变比不大的时候，交流变压器可以不配置，但无论交流变压器配置与否，本节所提的故障电流计算方法同样适用。

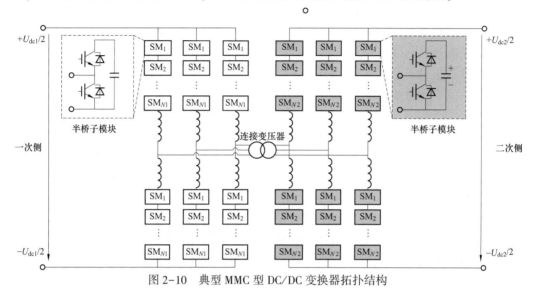

图 2-10   典型 MMC 型 DC/DC 变换器拓扑结构

根据直流短路故障的分析，当直流侧发生严重故障后，交流侧馈入直流侧的故障电流在短时间内可以忽略不计。故无论 DC/DC 变换器中是否有连接变压器，都会阻碍故障电流从非故障区域流向故障区域。此时，DC/DC 变换器起到了隔离故障区域的作用，将整个柔性直流电网隔离成故障区域和非故障区域。

本节所提的故障电流计算方法可以在故障区域使用。如图 2-9（b）所示，当 U_{dc1} 电压等级区域发生严重直流故障后，由于 DC/DC 变换器的隔离作用，其他区域不会有故障电流馈入到该区域，此时 DC/DC 变换器仅有 U_{dc1} 电压等级的那一侧 MMC 电容因为故障迅速放电。因此，在发生故障后，以 DC/DC 变换器为分界，通过本节所提故障电流计算方法，能精确计算故障区域内的故障电流，可以用于含 DC/DC 变换器的柔性直流电网故障传播的研究。

2.1.3   计算方法验证

本节将对所提出的柔性直流电网故障电流计算方法与 PSCAD/EMTDC 离线电磁暂态仿真进行精度对比，验证所提计算方法的准确性。分别针对张北直流电网工程的双极柔性直流电网与 CIGRE B4 工作组提出的对称单极柔性直流电网测试系统进行验证。

2.1.3.1   张北双极柔性直流电网

1. 张北直流电网模型

张北柔性直流电网工程是世界首个 ±500 kV 直流电网，将在河北康宝、张北、丰宁以及北京建设柔性直流换流站，康宝、张北换流站分别汇集大规模光伏和风电，丰宁换流站接入抽水蓄能机组，北京换流站消纳负荷。张北直流电网采用双极系统，其结构如图 2-11 所示，为了清晰展示，仅体现了双极中的一极。其 MMC 换流器参数与直流线路参数分别如表 2-2 和表 2-3 所示。

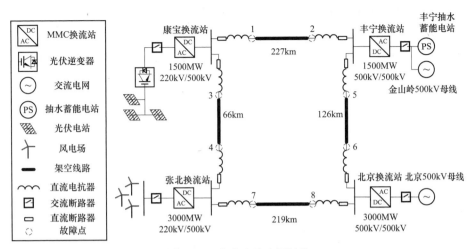

图 2-11 张北直流电网结构

表 2-2   张北四端直流电网 MMC 参数

换流站	控制策略	桥臂电抗 （mH）	桥臂电阻 （Ω）	单桥臂子模块数量 （不含冗余）	子模块电容 （μF）
康宝换流站	$Q=0\mathrm{Mvar}$ $P=1500\mathrm{MW}$	100	0	233	7000
丰宁换流站	$Q=0\mathrm{Mvar}$ $U_{\mathrm{DC}}=1000\mathrm{kV}$	100	0	233	7000
张北换流站	$Q=0\mathrm{Mvar}$ $P=3000\mathrm{MW}$	75	0	233	15 000
北京换流站	$Q=0\mathrm{Mvar}$ $P=-3000\mathrm{MW}$	75	0	233	15 000

表 2-3   直 流 线 路 参 数

直流线路	R_{dc} （Ω/km）	L_{dc} （mH/km）	限流电抗 （mH）
±500kV 架空线路	0.01	0.82	150

为了描述方便，现将康宝换流站、丰宁换流站、张北换流站、昌平（北京）换流站依次记为 1、2、3、4，本节中故障点选取在康宝—丰宁线路（故障靠近康宝换流站）和康宝—张北线路（故障靠近张北换流站）上。对比故障发生后 6ms 内各条直流线路电流的电磁暂态仿真值与数值计算值，并分析误差。定义此处误差绝对值百分比 e 为

$$e = \frac{|\text{仿真值} - \text{计算值}|}{\text{计算值}} \times 100\% \qquad (2-26)$$

2. 张北直流电网单极与双极接地故障

以康宝—张北线路单极短路故障为例，按照 2.1.2 故障电流计算所提的矩阵列写与修正

15

方法，可以得到修正后的故障矩阵（i、u、A、R、L、C）如下所示

$$\boldsymbol{i} = [i_{10}, \ i_{30}, \ i_{12}, \ i_{24}, \ i_{34}]^{\mathrm{T}} \tag{2-27}$$

$$\boldsymbol{u} = [u_1, \ u_2, \ u_3, \ u_4]^{\mathrm{T}} \tag{2-28}$$

$$\boldsymbol{A} = \begin{bmatrix} 1 & 0 & 1 & 0 & 0 \\ 0 & 0 & -1 & 1 & 0 \\ 0 & 1 & 0 & 0 & 1 \\ 0 & 0 & 0 & -1 & -1 \end{bmatrix}^{\mathrm{T}} \tag{2-29}$$

$$\boldsymbol{R} = \begin{bmatrix} R_{10}+R_{c1} & 0 & R_{c1} & 0 & 0 \\ 0 & R_{30}+R_{c3} & 0 & 0 & R_{c3} \\ R_{c1} & 0 & R_{12}+R_{c1}+R_{c2} & -R_{c2} & 0 \\ 0 & 0 & -R_{c2} & R_{24}+R_{c2}+R_{c4} & R_{c4} \\ 0 & R_{c3} & 0 & R_{c4} & R_{34}+R_{c3}+R_{c4} \end{bmatrix} \tag{2-30}$$

$$\boldsymbol{L} = \begin{bmatrix} L_{10}+L_{c1} & 0 & L_{c1} & 0 & 0 \\ 0 & L_{30}+L_{c3} & 0 & 0 & L_{c3} \\ L_{c1} & 0 & L_{12}+L_{c1}+L_{c2} & -L_{c2} & 0 \\ 0 & 0 & -L_{c2} & L_{24}+L_{c2}+L_{c4} & L_{c4} \\ 0 & L_{c3} & 0 & L_{c4} & L_{34}+L_{c3}+L_{c4} \end{bmatrix} \tag{2-31}$$

$$\boldsymbol{C} = \begin{bmatrix} -1/C_1 & 0 & -1/C_1 & 0 & 0 \\ 0 & 0 & 1/C_2 & -1/C_2 & 0 \\ 0 & -1/C_3 & 0 & 0 & -1/C_3 \\ 0 & 0 & 0 & 1/C_4 & 1/C_4 \end{bmatrix} \tag{2-32}$$

根据直流电网稳态潮流计算，可以得到各线路电流与各换流站的电压初始值，如表 2-4
所示。

表 2-4　　　　　　　　　　各支路电流和各换流站电压的初始值

康宝—丰宁线路（故障靠近康宝换流站）				
符号	i_{10}	i_{20}	i_{13}	i_{24}	i_{34}
数值（kA）	1.8644	-1.8644	-0.4102	0.6804	2.4492
符号	u_{c1}	u_{c2}	u_{c3}	u_{c4}	
数值（kV）	504.402	500.188	504.778	499.462	
康宝—张北线路（故障靠近张北换流站）				
符号	i_{10}	i_{30}	i_{12}	i_{24}	i_{34}
数值（kA）	-0.4102	0.4102	1.8644	0.6804	2.4492
符号	u_{c1}	u_{c2}	u_{c3}	u_{c4}	
数值（kV）	504.402	500.188	504.778	499.462	

将故障矩阵以及计算前的电流电压初始值按式（2-25）计算即可得到各线路故障电流值和电磁暂态仿真结果以及计算误差。类似方法用于计算康宝—张北线路与康宝—丰宁线路的单、双极故障电流，结果如图 2-12~图 2-15 所示。

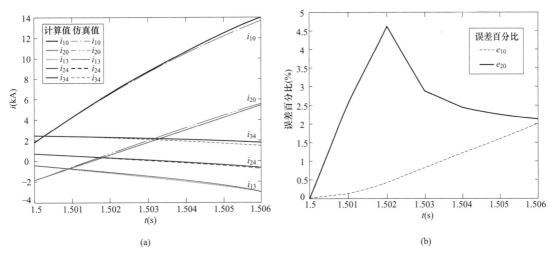

(a) (b)

图 2-12　康宝（节点 1）—丰宁（节点 2）线路单极短路故障
（a）各线路电流；（b）故障电流误差百分比

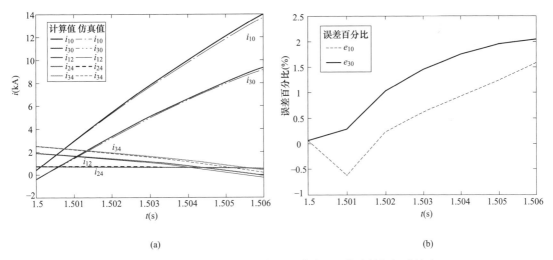

(a) (b)

图 2-13　康宝（节点 1）—张北（节点 3）线路单极短路故障
（a）各线路电流；（b）故障电流误差百分比

对比可知，数值计算和电磁暂态仿真结果在故障后 6ms 内具有较高的重合度，最大误差在 5% 以内。误差随着故障时间的推移有增大的趋势，这是由换流器电容放电的减弱与交流馈入的增加引起的。故障电流误差百分比 e 会在故障发生约 1ms 后突然增大，这是因为故障电流在此时反向过零，但因为此处的电流值接近 0，所以虽然计算误差百分比较大，但实际绝对误差很小。

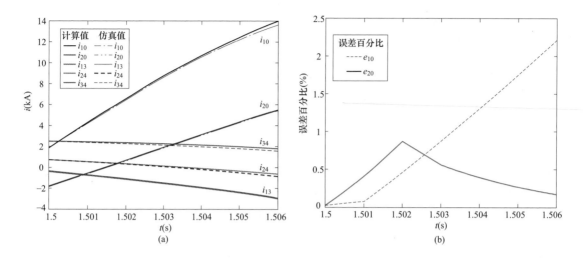

图 2-14 康宝（节点 1）—丰宁（节点 2）线路双极短路故障

（a）各线路电流；（b）故障电流误差百分比

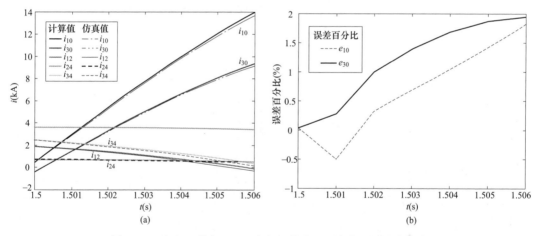

图 2-15 康宝（节点 1）—张北（节点 3）线路双极短路故障

（a）各线路电流；（b）故障电流误差百分比

2.1.3.2 对称单极直流电网

本小节将对 CIGRE B4 工作组所提的柔性直流电网测试模型进行故障电流计算，以验证计算方法在对称单极直流电网中的适用性。

1. 对称单极直流电网测试模型

如图 2-16 所示的对称单极测试系统，换流站 Cb-A1 与换流站 Cb-A2 间有线路连接，拓扑结构比图 2-11 所示四端直流电网复杂。使用详细 MMC 整体等效模型，以提高仿真精度与仿真速度。各端 MMC 参数与线路参数如表 2-5 和表 2-6 所示。

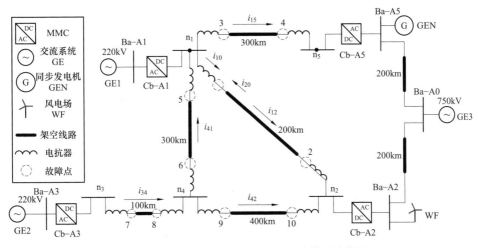

图 2-16　对称单极柔性直流电网测试模型结构图

表 2-5　MMC 换流站参数

换流站	控制模式	桥臂电抗（mH）	桥臂电阻（Ω）	子模块个数（个）	子模块电容（μF）
Cb-A1	$Q=0\text{Mvar}$ $P=-1800\text{MW}$	96	5	250	7500
Cb-A2	$Q=0\text{Mvar}$ $U_{\text{dc}}=1000\text{kV}$	48	5	250	14 000
Cb-A3	$Q=0\text{Mvar}$ $P=-1500\text{MW}$	96	5	250	7500
Cb-A5	$Q=0\text{Mvar}$ $P=2000\text{MW}$	96	0	250	7500

表 2-6　直流线路参数

参　数	数　值
额定电压（kV）	±500
单位长度电阻（Ω/km）	0.014
单位长度电感（mH/km）	0.82
初始直流电感（mH）	200

　　交流母线 Ba-A5 所连接的同步发电机的额定有功功率为 3000MW，与交流母线 Ba-A2 相连接的风电场（双馈式感应电机）额定功率为 200MW。与 2.1.3.1 中张北柔性直流电网仿真算例不同，图 2-16 直流电网含有虚节点 n_4，在列写故障矩阵时需要利用该节点到故障节点的电压降方程消去。

　　2. 对称单极直流电网双极短路故障计算

　　在图 2-16 所示直流电网测试系统里，节点 n_1、n_2、n_3 和 n_5 是与换流站直接相连接的实节点，而节点 n_4 没有直接与换流站相连，是虚节点。在故障点 1 设置直流双极短路故障。

按照 2.1.2 节提出的理论，消去虚节点后的故障电流计算矩阵为

$$\boldsymbol{i} = \begin{bmatrix} i_{10} & i_{20} & i_{15} & i_{34} & i_{41} & i_{42} \end{bmatrix}^{\mathrm{T}} \tag{2-33}$$

$$\boldsymbol{u} = \begin{bmatrix} u_{c1} & u_{c2} & u_{c3} & u_{c5} \end{bmatrix}^{\mathrm{T}} \tag{2-34}$$

$$\boldsymbol{A} = \begin{bmatrix} 1 & 0 & 1 & 0 & 0 & 0 \\ 0 & 1 & 0 & 0 & 0 & -1 \\ 0 & 0 & 0 & 1 & 0 & 0 \\ 0 & 0 & -1 & 0 & 0 & 0 \end{bmatrix}^{\mathrm{T}} \tag{2-35}$$

$$\boldsymbol{R} = \begin{bmatrix} 2R_{10} + R_{c1} & 0 & R_{c1} & 0 & -R_{c1} & 0 \\ 0 & 2R_{20} + R_{c2} & 0 & 0 & 0 & -R_{c2} \\ R_{c1} & 0 & 2R_{15} + R_{c1} + R_{c5} & 0 & -R_{c1} & 0 \\ 2R_{10} & 0 & 0 & 2R_{34} + R_{c3} & 2R_{41} & 0 \\ 0 & 0 & 0 & -1 & 1 & 1 \\ -2R_{10} & -R_{c2} & 0 & 0 & -2R_{41} & 2R_{42} + R_{c2} \end{bmatrix} \tag{2-36}$$

$$\boldsymbol{L} = \begin{bmatrix} 2L_{10} + L_{c1} & 0 & L_{c1} & 0 & -L_{c1} & 0 \\ 0 & 2L_{20} + L_{c2} & 0 & 0 & 0 & -L_{c2} \\ L_{c1} & 0 & 2L_{15} + L_{c1} + L_{c5} & 0 & -L_{c1} & 0 \\ 2L_{10} & 0 & 0 & 2L_{34} + L_{c3} & 2L_{41} & 0 \\ 0 & 0 & 0 & -1 & 1 & 1 \\ -2L_{10} & -L_{c2} & 0 & 0 & -2L_{41} & 2L_{42} + L_{c2} \end{bmatrix} \tag{2-37}$$

$$\boldsymbol{P} = \begin{bmatrix} -1/C_{c1} & 0 & -1/C_{c1} & 0 & 1/C_{c1} & 0 \\ 0 & -1/C_{c2} & 0 & 0 & 0 & 1/C_{c2} \\ 0 & 0 & 0 & -1/C_{c3} & 0 & 0 \\ 0 & 0 & 1/C_{c5} & 0 & 0 & 0 \end{bmatrix} \tag{2-38}$$

支路电流初始矩阵 $\boldsymbol{i}$ 与电容电压初始矩阵 $\boldsymbol{u}$ 的值如表 2-7 所示。

表 2-7 支路电流与电容电压初始值

支路电流 （kA）	i_{10}	i_{20}	i_{15}	i_{41}	i_{42}
	0.355	−0.355	2.046	0.711	0.709
电容电压 （kV）	u_{c1}	u_{c2}	u_{c3}	u_{c5}	
	1002.40	1001.98	1012.04	986.11	

通过求解式（2-25），可以得到故障后 10ms 内的故障电流计算值。在 PSCAD/EMTDC 中设置故障发生在 $t = 5\text{s}$，仅选取故障线路电流和非故障线路电流 3 个典型电流（电流 i_{10}、i_{20} 和 i_{41}）进行展示，所得数值计算与电磁暂态仿真结果如图 2-17 所示。

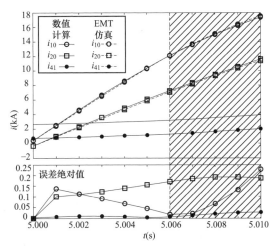

图 2-17　直流故障电流数值计算值与仿真值对比

由图 2-17 可以得到，电流 i_{10}、i_{20} 和 i_{41} 误差百分比平均值分别为 1.25%、3.26% 和 0.77%，均在 5% 以内，这表明文中所提故障电流计算方法具有较高的精度。

图 2-17 直流故障电流数值计算值与仿真值对比虽然展现了故障后 10ms 内的故障电流，但在实际的柔性直流电网中，保护应在 2ms 内检测到故障，并触发直流断路器动作，在 6ms 时切除故障。因此保护不会考虑图中阴影部分的故障电流波形，此处波形展示只是为了验证所提计算方法的精度。

3. 计算效率

不计直流电网的初始启动过程，仿真计时从 $t = 5\text{s}$ 时刻开始，至 $t = 5.01\text{s}$ 结束。数值计算与电磁暂态仿真在同一计算机上进行，数值计算用时以及加速比如表 2-8 所示。

表 2-8　　　　　　　　　　　　　　　计 算 用 时 对 比

计算方法	数值计算	EMT 仿真	加速比
用时（ms）	417	33 884	81.3

可以看出，本节所提的故障电流数值计算方法的计算速度约是电磁暂态离线仿真速率的 81 倍。对于一个实际的直流电网系统，如果分析多种故障情况，需要进行多次故障计算，所提的计算方法将大大节约计算时间，提高分析效率。

4. 直流故障电流特性分析

前述验证过程说明了所提故障电流计算方法的精确性与高效性，本小节将采用故障电流计算方法对直流故障电流的特性进行分析，研究网络参数，如电阻值、电感值对故障电流发展的影响，为后续的直流电网故障检测、故障电流限制、故障隔离研究提供基础。

（1）单一故障情况下故障限流器电阻、电感对故障电流的影响。

在大规模直流电网中，严重直流故障可能会导致故障电流超过高压直流断路器的切断容量，需要加装故障限流器或者限流电抗器（平波电抗器）抑制故障电流。如图 2-16 所示，假设故障限流器加装在每条线路的两侧，电阻和电感值为故障限流器的关键参数，会影响故障电流的上升速率与幅值。

利用 2.1.2 所提故障计算矩阵，可以很方便地分析电阻、电感参数对故障电流的影响。双极短路故障发生在图 2-16 的故障点 1 处，观察最大的故障线路电流 i_{10}。需要指出的是，本小节不考虑故障限流器的投入过程，仅考虑故障限流器或者限流电抗器的典型参数对故障电流的影响。设置所有故障限流器电阻值为 0Ω，电感值从 140mH 至 240mH 变化，变化间隔 20mH，故障电流 i_{10} 如图 2-18（a）所示；设置所有故障限流器电感值为 200mH，电阻值从 0Ω 至 20Ω 变化，故障电流 i_{10} 如图2-18（b）所示。

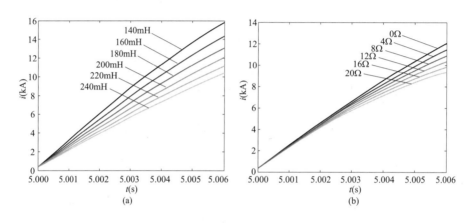

图 2-18　故障电流随参数变化曲线
（a）电感变化；（b）电阻变化

由图 2-18（a）可知，在没有电阻限流的情况下，所有故障限流器电感值至少需要达到 160mH，才能在 6ms 时故障电流小于 15kA，满足直流断路器的切断容量要求。从图2-18（b）中还可知，从故障发生的初始时刻到换流器电容放电的前2ms内，限流电抗器的电阻参数对故障电流变化速率影响不大。

（2）多故障情况下故障限流器电阻、电感对故障电流最大值的影响。

对直流电网中的每个 MMC 换流器而言，最大故障电流出现在其线路出口发生双极短路故障时。在图 2-16 所示的柔性直流电网中选定一个故障点，故障限流器电阻和电感同时变化，计算每个故障状态下各支路故障电流，并记录下 6ms 时刻的电流最大值，最终可以得到图 2-19 所示的三维图。

从图 2-19 中可以清晰地看到，故障限流器电阻和电感参数变化时直流电网故障电流最大值的敏感程度。利用 2.1.2 提出的故障电流计算方法，可以方便地分析全直流电网故障电流水平，为故障限流器与直流断路器的选型提供基础，也能为故障限流器参数优化选择提供计算工具。

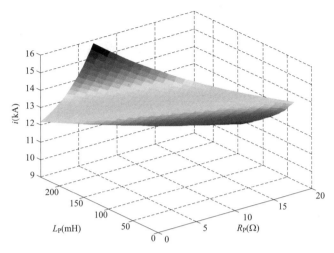

图 2-19　故障电流随电阻和电感值变化的最大值

2.1.3.3　含 DC/DC 变换器的计算方法验证

在图 2-16 所示的柔性直流电网基础上，在节点 n_4 处接入 DC/DC 变换器，连接一个三端直流电网，其结构如图 2-20 所示。

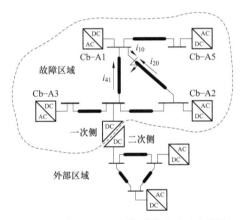

图 2-20　含 DC/DC 变换器的直流电网结构

图 2-20 中的直流电网已有部分参数在表 2-5、表 2-6 中展示，DC/DC 变换器参数如表 2-9 所示。

表 2-9　DC/DC 变换器参数

DC/DC	控制模式	桥臂电抗（mH）	桥臂电阻（Ω）	子模块个数	子模块电容（μF）
一次侧	$f = 50Hz$ $U_{ac} = 500kV$	48	5	250	7500
二次侧	$Q = 0Mvar$ $P = 1500MW$	96	5	250	14 000

如图 2-20 所示，在换流站 Cb-A1 与换流站 Cb-A2 连线间设置故障。根据 2.1.2 所描

述的计算准则，在故障后 DC/DC 变换器将整个直流电网分为故障区域与非故障区域，可以针对故障区域进行故障电流计算。需要指出的是，此处由于 DC/DC 变换器的接入，n_4 节点变为了实节点，故障电流计算也需要考虑 DC/DC 变换器一次侧换流器的电容放电。线路故障电流（i_{10}、i_{20} 和 i_{41}）计算与仿真结果如图 2-21 所示。

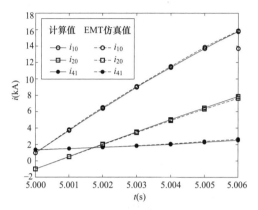

图 2-21　直流故障电流计算值与仿真值

由图 2-21 的结果对比可知，i_{10}、i_{20} 和 i_{41} 的数值计算与仿真结果具有较高的重合度，更进一步计算可得数值计算与仿真结果间的绝对误差百分比平均值分别为 0.69%、1.60% 和 1.33%。这说明在含有 DC/DC 变换器的直流电网中，所提故障电流计算方法依然具有较高的计算精度。

2.2　含限流设备动作的故障电流计算

2.1 节探究了柔性直流电网短路故障电流的演变，并提出故障电流计算方法。本节分析多种限流设备投入前后故障电流变化情况，并在此基础上改进计算方法。

2.2.1　考虑电感型限流器动作的故障电流分析

2.2.1.1　电感型限流器投入对故障电流的影响

柔性直流电网发生故障后的短时间内，各换流站可以等效为 RLC 放电电路，直流电网的故障电流近似为电容放电电流。当检测到线路电流超过整定的过电流阈值时，将投入故障限流器。故障限流器分为电阻型和电感型，在电阻型故障限流器投入瞬间，故障电流不会发生瞬变，只是在限流器投入后，各放电回路中的电阻值增大。等效增大的放电时间常数减缓了各电容的放电从而起到限制故障电流的作用。当电感型故障限流器投入时，相当于在原有的放电电路中增加了初始电流为 0 的电感，由于电路遵守磁链守恒定律，故障电流有突变的趋势，但也由于故障限流器中的金属氧化物避雷器（Metal-Oxide Arrester，MOA）防止过电压产生，起到能量吸收作用，因此不会出现故障电流突变[6]。

为了简化分析过程，本节将以换流站单端故障电流放电为例，对电感型故障限流器投入对故障电流的影响进行分析。此处并未考虑故障限流器中的 MOA。

假设在 t_0 时刻发生故障，单端 MMC 故障放电回路可以等效为 RLC 串联回路，等效电路如图 2-22 所示。L_m 为直流限流电抗器的电感值，R_L 和 L_L 分别为故障回路上的线路电阻和电感。在 t_1 时刻投入故障限流器，为了突出分析重点，故障限流器的投入阶段不考虑其自身的动作逻辑，忽略故障限流器动作过程对故障电流的影响，相当于在 t_1 时刻等效投入电感 L_F。

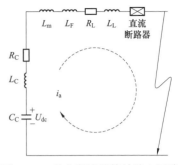

图 2-22 投入限流器等效放电回路

故障限流器投入电抗器前，由于故障瞬间电容电压 U_{dc} 和电感电流 I_1 均不为零。令 $R = R_C + R_L$，$L = L_C + L_m + L_L$，$C = C_C$，实际系统中，$R \ll 2\sqrt{L/C}$，因此闭锁前的放电过程是一个已知电路初始条件的振荡放电过程，则电容电压的计算公式为

$$u_C = \mathrm{e}^{-\alpha t}\left[\frac{U_{dc}\omega_0}{\omega}\sin(\omega t + \beta) - \frac{I_1}{C\omega}\sin(\omega t)\right] \tag{2-39}$$

I_1 为故障时刻的初始电流值，即稳态电流值，式中的其他变量可以表示为

$$\begin{cases} \alpha = \dfrac{R}{2L}; \quad \beta = \arctan\dfrac{\omega}{\alpha} \\ \omega = \sqrt{\dfrac{1}{LC} - \left(\dfrac{R}{2L}\right)^2}; \quad \omega_0 = \sqrt{\omega^2 + \alpha^2} = \sqrt{\dfrac{1}{LC}} \end{cases} \tag{2-40}$$

一般情况下，$\left(\dfrac{R}{2L}\right)^2 \ll \dfrac{1}{LC}$，可以认为 $\omega \approx \omega_0$，继而由式（2-39）和式（2-40）可求得回路电流计算公式为

$$i_a = \mathrm{e}^{-\alpha t}\left[U_{dc}\sqrt{\frac{C}{L}}\sin(\omega t) + I_1\cos(\omega t)\right] \tag{2-41}$$

为了计算故障限流器投入瞬间故障电流的变化，需要利用磁链守恒定律。如图 2-22 所示，在 t_1 时刻投入电抗器 L_F 瞬间，可得瞬时的磁链

$$\psi_L(t_{1-}) = (L_C + L_m + L_L)i_a(t_{1-}) \tag{2-42}$$

$$\psi_L(t_{1+}) = (L_C + L_m + L_L + L_F)i_a(t_{1+}) \tag{2-43}$$

根据磁链守恒定律，$\psi_L(t_{1-}) = \psi_L(t_{1+})$，可以得到

$$i_a(t_{1+}) = \frac{L_C + L_m + L_L}{L_C + L_m + L_L + L_F}i_a(t_{1-}) \tag{2-44}$$

式（2-44）表明了故障电流在故障限流器投入前后的潜在关系，可以看出直流侧限流电抗 L_m 与限流器中电抗 L_F 会直接影响限流器投入后的故障电流。

2.2.1.2 不同直流电抗器和限流器电抗配置下的电流分析

在线路直流电抗器和限流器的电抗总和不变的前提下，分析直流电抗器 L_m 和限流器中电抗 L_F 在不同配置下的故障电流情况。

在 t_1 时刻限流器投入电抗，L_{m1}、L_{F1} 和 L_{m2}、L_{F2} 分别为两组直流电抗器和限流器的电抗值，其中，满足 $L_{m1}+L_{F1}=L_{m2}+L_{F2}$，且 $L_{m1}<L_{m2}$，$L_{F1}>L_{F2}$。A、B 和 A′、B′分别对应 L_{m1} 和 L_{m2} 直流电抗器下的限流器投入后故障电流的两个拐点，i_1 和 i_2 分别表示投入电抗瞬间 t_{1-} 时刻 A 和 A′点处的电流值，i_1' 和 i_2' 分别表示投入电抗瞬间 t_{1+} 时刻 B 和 B′点处的电流值。根据磁链守恒定律，可以得到

$$i_1(L_{m1} + L_C + L_L) = i_1'(L_{m1} + L_{F1} + L_C + L_L) \tag{2-45}$$

$$i_2(L_{m2} + L_C + L_L) = i_2'(L_{m2} + L_{F2} + L_C + L_L) \tag{2-46}$$

由式（2-40）~式（2-46）可得，i_1' 和 i_2' 均为 I_1，L_m 的函数，所以在图 2-22 所示的放电回路下，通过研究 i_1'/i_2' 的比值特性，从而得到不同 L_m 配置下故障限流器的投入对故障电流特性的影响。

RLC 放电电路的 C_C、R_C、L_C 参数分别可取 300μF、1.5Ω、0.075H，U_{dc} 可取 500kV。Δt 为故障时刻与限流器中电抗器生效时刻之间的时间，考虑故障检测和限流器自身动作逻辑，Δt 可取 3.5ms。假设张北柔性直流电网的直流侧配置电抗值总和不变，即保持 $L_m+L_F=0.15$H 不变，研究直流出口侧故障，即 $R_L=L_L=0$。

为了研究不同 L_m 配置下 i_1' 和 i_2' 的变化趋势，可计算 i_1'/i_2'。根据故障电流初值的情况不同，可分 3 种情况：$I_1>0$、$I_1=0$、$I_1<0$。L_m 取值范围为 0.02~0.13H，令 L_{m1} 为 0.02H（即 i_1' 保持恒定），L_{m2} 从 0.02 开始逐渐增大到 0.13H，电流初值 I_1 由 -3kA 逐渐变为 3kA。对比不同 I_1 初值下的 i_1'/i_2' 比值的特性，如图 2-23 所示。

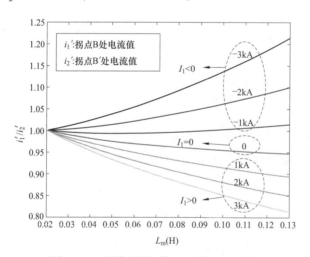

图 2-23　不同电流初值 I_1 下的 i_1'/i_2' 特性

由图 2-23 可得，当 I_1 取值在 -3kA~3kA 范围内变化时，存在一个电流值 I_{th}（I_{th} 约为零附近的一个值），当 $I_1>I_{th}$ 时，i_1'/i_2' 的比值随着 L_m 的配比增大而递减（直流电抗器和限流器电抗值总和不变），且递减的幅度随着 I_1 的增大而增大，即 i_1' 恒定，i_2' 的值随着 L_m 的配比增大不断增大，且增大的幅度随着 I_1 的增大而增大；反之，当 $I_1<I_{th}$ 时，i_1'/i_2' 的比值随着 L_m 的配比增大而增大，且递增的幅度随着 I_1 的减小而增大，同时也说明 i_2' 的值随着 L_m 的配比增大不断减小，且减小的幅度随着 I_1 的减小而增大。从而可得不同电流初值 I_1 下，投入限流

电抗器后的故障电流如图 2-24 所示。

图 2-24 中 A、A′和 B、B′分别对应 i_1、i_2 和 i'_1、i'_2 的电流拐点。图 2-24（a）所示的情况为 $I_1>I_{th}$，虚线所示的直流电抗器 L_m 的配比较大，所以故障限流器投入之前，故障电流抑制效果增大，拐点 A′较拐点 A 要更低，但是由于 i'_2 电流较 i'_1 增大，拐点 B′对应的电流值相较于拐点 B 要更高一些。

图 2-24（b）所示的情况为 $I_1<I_{th}$，虚线所示的直流电抗器 L_m 的配比较大，由于 i'_2 电流较 i'_1 减小，拐点 B′对应的电流值相较于拐点 B 要更低一些。

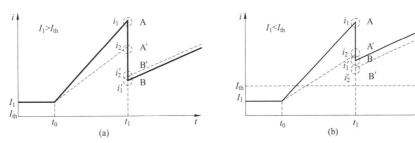

图 2-24　不同电流初值 I_1 下投入限流电抗器后的电流

（a）$I_1 > I_{th}$；（b）$I_1 < I_{th}$

2.2.2　考虑避雷器特性下的故障电流分析

2.2.2.1　考虑限流器中 MOA 特性的故障电流

本章 2.2.1 考虑电感型限流器动作分析了电抗器直接投入时故障电流的特性，但若直接投入零状态的电抗，理论上会在电抗器上产生无穷大的电压。实际情况中，在电抗投入过程中，故障限流器两端并联的保护避雷器会被触发，能吸收一部分的能量，防止产生过电压。

MOA 可以有效地保护电力系统电气设备避免遭受过电压而发生故障甚至损坏，金属氧化物压敏电阻是 MOA 中的限压元件，它吸收过电压能量的能力和限制过电压的效果决定了 MOA 的主要性能，故本节中耗能元件缩写采用 MOA。MOA 的动作电压 U_{MOAn} 一般设置为直流电压的 1.5 倍。

考虑限流器并联 MOA 特性的简化等效电路如图2-25所示，在放电回路中增加了故障限流器 MOA（作为可变电阻）回路。MOA 支路的电流记为 i_{MOA}，限流器中电抗的电流记为 i_F，线路故障电流记为 i_b。

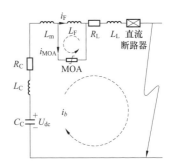

图 2-25　考虑并联 MOA 时投入限流电抗器的简化等效电路图

根据磁链守恒定律

$$\begin{cases} \psi'_L(t_{1-}) = (L_C + L_m + L_L)i_b(t_{1-}) \\ \psi'_L(t_{1+}) = (L_C + L_m + L_L)i_b(t_{1+}) + L_F[i_b(t_{1+}) - i_{MOA}] \\ \psi'_L(t_{1-}) = \psi'_L(t_{1+}) \end{cases} \quad (2-47)$$

由式（2-47）可以得到

$$i_b(t_{1+}) = \frac{L_C + L_m + L_L}{L_C + L_m + L_L + L_F} i_b(t_{1-}) + \frac{L_F}{L_C + L_m + L_L + L_F} i_{MOA} \qquad (2\text{-}48)$$

其中，根据 KCL，MOA 支路电流 i_{MOA} 与故障电流 i_b 满足

$$i_b = i_{MOA} + i_F \qquad (2\text{-}49)$$

由于在 t_{1-} 时刻 $i_F = 0$，且存在电感 L_F 和并联 MOA 的回路，t_{1+} 时刻 i_F 不会发生突变，即此时满足

$$\begin{cases} i_{MOA}(t_{1+}) = i_b \\ i_F(t_{1+}) = 0 \end{cases} \qquad (2\text{-}50)$$

又由于 MOA 与电抗 L_F 处于并联状态，可得

$$u_{MOA} = L_F \frac{d(i_b - i_{MOA})}{dt} \qquad (2\text{-}51)$$

由于并联 MOA 的作用，故障限流器内的电抗在 t_1 时刻不会发生故障电流的突变。此后的过程中，电抗 L_F 中的电流逐渐增大，MOA 中的电流 i_{MOA} 逐渐减小，当 i_{MOA} 小于某个值后，$u_{MOA} < u_{MOAn}$ 时（假设该时刻为 t_2），MOA 退出作用，不再吸收能量，而此时放电电路转变为 RLC 电路，只是整个电路中的电抗值发生了变化。

不同直流电抗器和限流器配置下的故障限流情况示意图如图 2-26 所示，图中虚线所示为电流曲线直流电抗 L_m 配置大于实线所示电流的情况。图 2-26（a）所示的情况为 $I_1 > I_{th}$，图 2-26（b）所示的情况为 $I_1 < I_{th}$。其中 i_P 表示限流器投入电抗时刻的电流值，i_L 表示限流器的 MOA 退出运行时的电流值，i_B 表示直流断路器切断时刻的电流值。

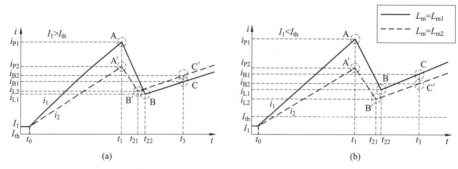

图 2-26　不同直流电抗器和限流电抗配置下的故障电流
(a) $I_1 > I_{th}$；(b) $I_1 < I_{th}$

在图 2-26 中，t_1 时刻，限流器同时投入电抗，在 $t_0 \sim t_1$ 时间内，由于 $L_{m1} < L_{m2}$，可知 $di_1/dt > di_2/dt$，所以有 $i_{P1} > i_{P2}$。在 t_{1-} 时刻，$i_{MOA} = 0$。在 t_{1+} 时刻，由式（2-50）可知，$i_{MOA1} > i_{MOA2}$，$u_{MOA1} > u_{MOA2}$。当 $u_{MOA} < u_{MOAn}$ 时，MOA 即刻退出运行，此时 i_1 和 i_2 对应的限流器的 MOA 退出时刻分别为 t_{21} 和 t_{22}，且有 $t_{21} < t_{22}$，即故障电流 i_2 先于 i_1 重新开始呈现上升趋势。当经过拐点 B 和拐点 B′后，i_1 和 i_2 回路中的 MOA 都已退出运行，故障电流演变过程又回到

了电容放电的情况。此时两者电路参数相同，$\mathrm{d}i_1/\mathrm{d}t = \mathrm{d}i_2/\mathrm{d}t$。

根据电流初值 I_1 与电流阈值 I_th 的比较，i_{L1} 和 i_{L2} 的大小会有不同。当 $I_1 > I_\mathrm{th}$ 时，如图 2-26（a）所示，会有 $i_{L1} < i_{L2}$，当在 t_3 时刻切断故障电流，则有 $i_{B1} < i_{B2}$；反之，若 $I_1 < I_\mathrm{th}$ 时，会有 $i_{L1} > i_{L2}$，当在 t_3 时刻切断故障电流，则有 $i_{B1} > i_{B2}$。

2.2.2.2 考虑直流断路器动作的故障电流特性分析

以 ABB 公司提出的混合式高压直流断路器为例，该断路器的工作原理与图 2-25 中限流器并联 MOA 的不同在于，其主断路器分断故障电流的过程可以近似地等效为分断时直接将主断路器的避雷器组（MOA）串联接入故障回路，而没有串入电抗的过程，此过程的简化等效电路如图 2-27 所示。

2.2.3 含限流器和直流断路器动作的故障电流计算

2.2.2 分析了在考虑 MOA 特性情况下，单端换流站线路出口短路后故障电流在故障限流器和直流断路器动作情况下的特性。下面将 MOA 特性的故障限流投入过程引入直流电网故障电流计算中。

柔性直流电网短路故障电流发展迅速，需要及时检测到故障并投入故障限流装置，并触发直流断路器切断故障线路[7]。假设从故障发生到故障线路切除过程时间仍然较短，交流系统的故障电流馈入忽略不计。那么，考虑含限流器和直流断路器动作的柔性直流电网故障电流计算过程可分为 6 个阶段，计算过程如图 2-28 所示。以下将以单极接地故障为例，对各阶段进行解析并列写方程。

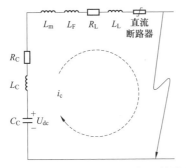

图 2-27　直流断路器分断过程的简化等效电路图

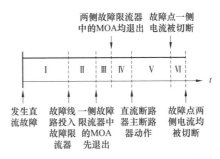

图 2-28　考虑限流器和直流断路器
动作的直流电网故障电流计算过程

图 2-28 中所示的各个阶段分别为：

阶段 I：发生直流故障到限流器投入电抗阶段。

此过程为短路故障发生后，各换流站电容放电的过程，该过程已在第 2 章详细描述。通过对直流电网的电阻、电抗矩阵等相关矩阵的列写与修正，并通过求解微分方程组，可以得到计算的故障电流。这一阶段最后时刻的各支路电流值与各实节点等效电容电压值将作为第 II 阶段故障电流计算的初始值。

阶段 II：故障线路投入故障限流器时刻至一端故障限流器 MOA 退出。

考虑限流器中并联 MOA 的情况，线路故障点两侧故障电流大小不一致，将导致故障限流器中的 MOA 退出运行的快慢也不一致，会出现故障线路一侧限流器 MOA 先退出运行的情况。本阶段考虑两侧故障限流器都投入且两侧限流器 MOA 都未退出运行。

如 2.2.2 所述，MOA 被激活后与限流器中的电抗并联。在直流电网故障线路两侧投入限流器，相当于增加了两个包含 MOA 的回路。考虑与 MOA 并联的新投入电抗会在微分方程中增加新的限流器电抗电流，更新后的状态变量用向量 i_F 表示，所以应当对原有的直流电网矩阵进行修正，增加相应的状态方程。根据式（2-51）和 MOA 的 $V\text{-}I$ 特性，对式（2-25）修正得

$$\begin{cases} \boldsymbol{Au} = \boldsymbol{Ri} + \boldsymbol{L}\dfrac{\mathrm{d}i}{\mathrm{d}t} + \begin{bmatrix} u_{MF1} & u_{MF2} & 0 & \cdots & 0 \end{bmatrix}^T \\[2mm] \dfrac{\mathrm{d}u}{\mathrm{d}t} = \boldsymbol{Ci} \\[2mm] \dfrac{\mathrm{d}i_F}{\mathrm{d}t} = \mathrm{diag}\begin{pmatrix} 1/L_{F1} & 1/L_{F2} \end{pmatrix}\begin{bmatrix} u_{MF1} & u_{MF2} \end{bmatrix}^T \end{cases} \tag{2-52}$$

式中，u_{MF1}，u_{MF2} 分别表示故障点近侧和对侧的限流器中 MOA 的电压；非故障线路上的限流器不动作。为了保证矩阵维数一致，将非故障线路限流器中 MOA 电压用 0 表示。L_{F1}、L_{F2} 分别为故障点近侧和对侧故障限流器中的电抗值。随着故障电流发展，故障点近侧或对侧限流器中 MOA 电流逐渐减小，当 MOA 上的电压低于触发电压时，该侧 MOA 退出运行，第Ⅱ阶段结束。

同时，这一阶段最后时刻的各支路电流值与各实节点等效电容电压值将作为第Ⅲ阶段的故障电流计算的初始值。

阶段Ⅲ：故障线路一侧限流器中 MOA 失效时刻至另一侧限流器中 MOA 也失效。

在第Ⅲ阶段中，由于一侧限流器中 MOA 退出，需要将式（2-52）进行修正，使阶段Ⅱ结束时退出的 MOA 相应的 u_{MF} 置零。假设 u_{MF2} 对应的 MOA 先退出，则微分方程可以修正为

$$\begin{cases} \boldsymbol{Au} = \boldsymbol{Ri} + \boldsymbol{L}_m\dfrac{\mathrm{d}i}{\mathrm{d}t} + \begin{bmatrix} u_{MF1} & 0 & \cdots & 0 \end{bmatrix}^T \\[2mm] \dfrac{\mathrm{d}u}{\mathrm{d}t} = \boldsymbol{Ci} \\[2mm] u_{MF1} = L_{F1}\dfrac{\mathrm{d}i_{F1}}{\mathrm{d}t} \end{cases} \tag{2-53}$$

需要指出的是，式（2-53）中直流电网电抗矩阵 $\boldsymbol{L}_m$ 已经进行了一次修正，将一侧 MOA 退出运行后的该侧限流电抗器的电抗值添加到了直流电网电抗矩阵中。

随着另一侧限流器中未失效的 MOA 电流逐渐减小，直至两侧限流器中的 MOA 均退出，阶段Ⅲ结束。

阶段Ⅳ：两侧故障限流器中 MOA 全部退出运行至直流断路器开始切除故障线路。

阶段Ⅳ过程中，故障限流器中电抗器 L_F 已经完全投入放电回路。该阶段与阶段Ⅰ类似，仅需要对式（2-25）中相应的 $\boldsymbol{L}$ 矩阵进行修正，在相应的故障线路两侧支路的电感值加上 L_F，修正后的电抗矩阵记为 $\boldsymbol{L}_{IV}$。所以阶段Ⅳ的微分方程组可以表示为

$$\begin{cases} \boldsymbol{Au} = \boldsymbol{Ri} + \boldsymbol{L}_{IV}\dfrac{\mathrm{d}i}{\mathrm{d}t} \\[2mm] \dfrac{\mathrm{d}u}{\mathrm{d}t} = \boldsymbol{Ci} \end{cases} \tag{2-54}$$

利用阶段Ⅲ最后时刻各状态变量的值作为初值，求解式（2-54）可以得到阶段Ⅳ过程中故障电流的值。

阶段Ⅴ：直流断路器开始动作时刻至故障线路一侧被断开。

阶段Ⅴ过程中，直流断路器开始切断故障电流，相当于在电路中串联接入主断路器的MOA直至故障点某一侧的电流先耗散为零，较小的剩余电流由隔离开关断开。与阶段Ⅱ不同，直流电网此状态下并未有电抗器与MOA并联，不需要新增加新串联接入的电抗电流作为状态变量。

但是同样地，由于故障点两侧的故障电流大小不同，直流断路器最终切断故障电流所需的时间不同，即线路两侧直流断路器中MOA退出运行的时间不同。对式（2-54）修正得到

$$
\begin{cases}
\boldsymbol{Au} = \boldsymbol{Ri} + \boldsymbol{L}_{\text{IV}} \dfrac{\mathrm{d}i}{\mathrm{d}t} + \begin{bmatrix} u_{\text{MC1}} & u_{\text{MC2}} & 0 & \cdots & 0 \end{bmatrix}^{\text{T}} \\
\dfrac{\mathrm{d}u}{\mathrm{d}t} = \boldsymbol{Ci}
\end{cases}
\tag{2-55}
$$

式中，u_{MC1}、u_{MC2}分别为故障点侧和对侧的直流断路器中MOA的电压，电抗矩阵与阶段Ⅳ过程中一致。

阶段Ⅵ：故障线路一侧直流断路器完全断开至故障线路完全被切除。

阶段Ⅵ过程与前述其他不同，此时由于故障点某一侧的线路已经被切断，原有的柔性直流电网等效计算模型拓扑发生变化，相当于减少了整体的支路数。需要对相应的 $\boldsymbol{i}$、$\boldsymbol{u}$、$\boldsymbol{A}$、$\boldsymbol{R}$、$\boldsymbol{L}$、$\boldsymbol{C}$ 矩阵进行修正，更新后的故障计算矩阵为 $\boldsymbol{i}_{\text{VI}}$、$\boldsymbol{u}_{\text{VI}}$、$\boldsymbol{A}_{\text{VI}}$、$\boldsymbol{R}_{\text{VI}}$、$\boldsymbol{L}_{\text{VI}}$、$\boldsymbol{C}_{\text{VI}}$，并把式（2-55）中相应的已退出的直流断路器MOA电压 u_{MC} 置零。假设 u_{MC2} 对应的MOA先退出，则阶段Ⅵ的微分方程为

$$
\begin{cases}
\boldsymbol{A}_{\text{VI}}\boldsymbol{u}_{\text{VI}} = \boldsymbol{R}_{\text{VI}}\boldsymbol{i}_{\text{VI}} + \boldsymbol{L}_{\text{VI}} \dfrac{\mathrm{d}i_{\text{VI}}}{\mathrm{d}t} + \begin{bmatrix} u_{\text{MC1}} & 0 & \cdots & 0 \end{bmatrix}^{\text{T}} \\
\dfrac{\mathrm{d}u_{\text{VI}}}{\mathrm{d}t} = \boldsymbol{C}_{\text{VI}} \cdot \boldsymbol{i}_{\text{VI}}
\end{cases}
\tag{2-56}
$$

随着另一侧未被切断的电流逐渐耗散为零，故障线路被切除。至此，故障电流演变完全结束，剩余的直流线路重新分配潮流，系统重新进入稳态。

上述6个阶段可以完整分析从故障发生、到故障检测之后限流器动作、再到断路器动作后故障电流变化的计算过程。需要指出的是，本节所描述的故障限流器为理想型模型，针对实际的限流器拓扑以及投入机理，需要对其中的步骤Ⅱ进行修正。

2.2.4 考虑限流器的故障电流计算方法验证

下面仍采用2.1.3计算方法验证所用测试模型及关键参数，在此不再赘述。设置直流故障发生在$t_0 = 1.5\text{s}$时刻，考虑到保护的可靠性，只需要故障线路两侧的限流器动作。考虑到故障限流器本身也有机械低损耗回路，快速机械开关的打开需要动作时间，假设故障发生后3.5ms两侧故障限流器投入限流电抗，即$t_1 = 1.5035\text{s}$。在检测到故障后，即可给直流断路器分闸指令，直流断路器中的快速机械开关开断一般需要2ms。为实现故障限流器和直流断路器的协调配合，断路器等待故障限流器动作后，即在MOA失效、故障电流开始恢复增长后不久就断开故障电流。u_{MOAn}选取为1.5倍的直流系统额定电压，即750kV。设置在$t_4 = 1.505\text{s}$时刻断开故障电流，即在1.503s时刻给直流断路器触发动作信号。令故障线路两侧的限流电抗器$L_{\text{m}} = 0.05\text{H}$，故障限流器中电抗$L_{\text{F}} = 0.10\text{H}$。

相应的计算值和仿真值对比以及计算误差如图2-29所示。在整个过程中，故障电流最

大误差不超过 0.4 kA，且故障电流切除前 5ms 内故障点两侧电流的最大误差百分比不超过 3.5%。阴影部分区域为故障线路切除后直流电网重新进入稳态，此时由于故障线路已经被隔离，不属于本节故障电流演变分析的范畴，所以误差为零。

保持直流线路一侧限流电抗器（平波电抗器）与限流器中电抗总和为 0.15H 恒定，计算不同直流电抗值下的限流器投入电抗时的电流值 i_P、限流器的 MOA 退出运行时的电流值 i_L、直流断路器切断时的电流值 i_B。限定直流电抗器 L_m 范围为 0.2~0.13H。选取故障点 1（$I_1 = 1.8644\text{kA} > 0$）和故障点 8（$I_1 = -2.4492\text{kA} < 0$），以 0.001H 为步长，分别得到计算结果如图 2-30 所示。

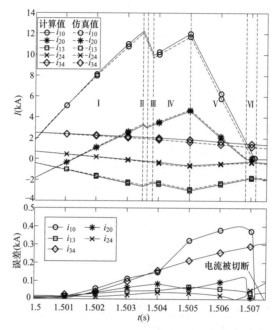

图 2-29　考虑故障限流器和直流断路器动作的直流故障电流

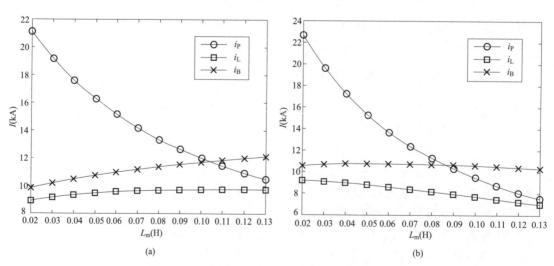

图 2-30　不同直流电抗器值下的 i_P、i_L、i_B 电流值

（a）故障点 1；（b）故障点 8

随着直流电抗 L_m 不断增大，i_p 随之减少，但是由于直流电网网架拓扑不同，故障点电流不仅仅是由故障点两侧的换流站电容的放电电流组成，同时还有其他远端换流站的电容电流馈入，且各换流站电容放电过程是耦合的。根据不同的电流初值 I_1，随着直流电抗的增大，i_L 和 i_B 均会出现图 2-26 所示的两种情况。

如图 2-30 所示，四端双极结构直流电网单极换流站 MMC 子模块个数为 233，求解不同直流电抗下各个时刻的电流特性时，计算与仿真所耗时间如表 2-10 所示。

表 2-10　　　　　　　　　　　　计算与仿真的时间对比

计算方式	数值计算	EMT 仿真
总共耗时（s）	37.787	6 7786.368

由表 2-10 可得，该计算方法在保证计算精度的基础上，计算速度较仿真提高了约 1800 倍，极大地提高了计算效率。

2.3　本章小结

本章提出了一种包括列写初始矩阵、矩阵修正以及方程求解的柔性直流电网故障电流计算方法。在直流电网测试模型中对比数值计算与电磁暂态仿真结果，表明所提方法具有较高的精度与计算效率。在此基础上，综合考虑限流器、直流断路器及其避雷器的运行特性，提出了一种考虑限流设备对故障电流影响的计算方法，为柔性直流电网中多设备之间故障限流协调配合提供了理论依据。

参 考 文 献

［1］Li C, Zhao C, Xu J, et al. A Pole-to-Pole Short-Circuit Fault Current Calculation Method for DC Grids［J］. IEEE Transactions on Power Systems, 2017, 32（6）：4943-4953.

［2］Nami A, Liang J, Dijkhuizen F, et al. Modular Multilevel Converters for HVDC Applications: Review on Converter Cells and Functionalities［J］. IEEE Transactions on Power Electronics, 2015, 30（1）：18-36.

［3］许建中，赵成勇，Aniruddha Gole，等. 模块化多电平换流器戴维南等效整体建模方法［J］. 中国电机工程学报，2015, 35（8）：1919-1929.

［4］徐政. 柔性直流输电系统［M］. 北京：机械工业出版社，2012.

［5］汤广福，罗湘，魏晓光. 多端直流输电与直流电网技术［J］. 中国电机工程学报，2013, 33（10）：8-17.

［6］朱思丞，赵成勇，李承昱，等. 考虑故障限流器动作的直流电网限流电抗器优化配置［J］. 电力系统自动化，2018, 42（15）：142-149, 281-283.

［7］何俊佳，袁召，赵文婷，等. 直流断路器技术发展综述［J］. 南方电网技术，2015, 9（2）：9-15.

第 3 章　换流器超前控制对故障电流的影响

根据故障发生位置，MMC-HVDC 输电系统的故障大致可以分为三类：直流侧故障、交流侧故障、换流器内部故障。在发生直流侧和交流侧故障的瞬间均会引发子模块内部的过电压与过电流，其过压过流程度直接影响子模块电力电子器件（主要为 IGBT）的选型及整体输电容量的提升。因此，有效地降低 IGBT 在故障瞬间的过电流程度，为闭锁保护动作赢得时间，对于降低 IGBT 等器件的选型标准、提升其稳态输送容量、提高系统的安全运行具有重要意义。

本章将分别对 MMC 直流、交流侧故障产生的过电流机理进行分析，得出不同电路参数对故障过电流程度的影响；通过将实际电路元件的特性映射入控制系统，设计基于虚拟阻抗的过电流抑制策略；同时提出相应的评价指标用于评估系统故障瞬间过电流水平。

3.1　直流侧故障过电流抑制

3.1.1　双极短路故障过电流机理分析

MMC 系统中最为严重的故障类型是直流侧的双极短路故障，此种故障在桥臂子模块中引起的过电流水平最高，因此本书选取此种故障进行分析。

对于桥臂结构仅包含半桥型子模块（Half-Bridge Sub-Module，HBSM）的 MMC-HVDC 系统，在直流双极短路故障发生后，故障的发展分为子模块闭锁前及闭锁后两个阶段。

（1）闭锁前。故障发生后，放电回路如图 3-1 所示。短路电流通过 D2 从交流侧流入短路点，相当于交流侧三相短路，同时子模块电容器通过 T1 放电。

（2）闭锁后。由于 T1 闭锁，子模块电容器放电通路阻断；但交流侧电流仍可通过 D2 注入短路点，直流侧将产生持续的馈入电流，直流电流不能自动降为零，即不具备直流故障电流嵌位能力。同时，子模块出口的保护晶闸管动作，将 D2 旁路，故障电流通路由通过 D2 变为通过保护晶闸管，直流电流仍不为 0。

为降低子模块闭锁前的故障过电流水平，因此本书主要关注故障发展的第一阶段。由于全桥型子模块（Full-Bridge Sub-Module，FBSM）在闭锁前故障电流演变过程与 HBSM 中类似，本书以仅包含 HBSM 的 MMC 为例进行分析。

图 3-2 为子模块电容器放电的单相等值电路。对应图 3-1 所示 MMC 系统，电路中 L_{sum_B}、R_{sum_B} 为 U_{dc} 测量点前（S1、S2 处）的等效电抗、等效电阻，主要为桥臂电抗器电抗、电阻；L_{sum_A}、R_{sum_A} 为 U_{dc} 测量点后（S3 处）的等效电抗、等效电阻，主要为直流平波电抗器及故障点阻抗等。

依据文献［1］的分析方法，图 3-2 中的电路关系可以表示为

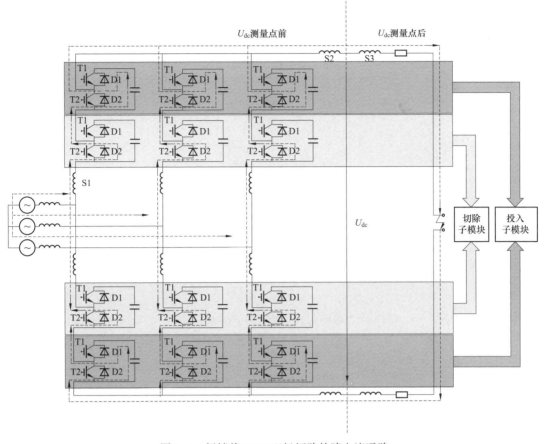

图 3-1 闭锁前 MMC 双极短路故障电流通路

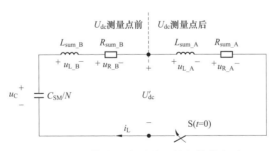

图 3-2 子模块电容器放电单相等值电路

$$L_{sum}C_{SM}\frac{d^2u_C}{dt^2} + R_{sum}C_{SM}\frac{du_C}{dt} + Nu_C = 0 \qquad (3-1)$$

其中，L_{sum} 为 L_{sum_A}、L_{sum_B} 之和，R_{sum} 为 R_{sum_A}、R_{sum_B} 之和，C_{SM} 为单个子模块电容值，N 为单个桥臂串联子模块个数。初始条件为

$$\begin{cases} u_C(0_+) = u_C(0_-) = U_{dc} \\ i_L(0_+) = i_L(0_-) = I_L \end{cases} \qquad (3-2)$$

解得

$$u_{C} = e^{-\frac{t}{\tau}} \left[\frac{U_{dc}\omega_0}{\omega}\sin(\omega t + \alpha) - \frac{NI_L}{2\omega C_{SM}}\sin(\omega t) \right] \qquad (3-3)$$

其中

$$\tau = \frac{4L_{sum}}{R_{sum}} \qquad (3-4)$$

$$\omega_0 = \frac{1}{2}\sqrt{\frac{N}{L_{sum}C_{SM}}} \qquad (3-5)$$

$$\omega = \frac{1}{2}\sqrt{\frac{N}{L_{sum}C_{SM}} - \left(\frac{R_{sum}}{2L_{sum}}\right)^2} \qquad (3-6)$$

$$\alpha = \arctan\sqrt{\frac{4NL_{sum}}{C_{SM}R_{sum}^2} - 1} \qquad (3-7)$$

由于 $\frac{R_{sum}}{2L_{sum}} \ll \frac{N}{L_{sum}C_{SM}}$，可以认为 $\omega = \omega_0$，则放电电流为

$$i_L = e^{-\frac{t}{\tau}} \left[U_{dc}\sqrt{\frac{C_{SM}}{NL_{sum}}}\sin(\omega t) + I_L\cos(\omega t) \right] \qquad (3-8)$$

式（3-8）可写作

$$i_L = e^{-\frac{t}{\tau}} \left[i_{Lpeak}\sin(\omega t + \beta) \right] \qquad (3-9)$$

其中，$\beta = \arctan\left(\frac{I_L}{U_{dc}}\sqrt{\frac{NL_{sum}}{C_{SM}}}\right)$，$i_{Lpeak} = \sqrt{\frac{C_{SM}}{NL_{sum}}U_{dc}^2 + I_L^2}$。

由以上推导过程可知，闭锁前故障回路经历振荡放电过程。根据实际工程中的相关设计标准，放电回路中的各电路参数都有一定的限制。例如，若采用表 3-1 中的换流器参数，其固有频率 ω［由式（3-6）解得］约为 240rad/s，即放电电流的振荡周期约为 30ms，故闭锁动作将发生在其振荡过程的第一个四分之一周期内，故障电流将始终处于上升阶段。因此可知，闭锁时刻桥臂电流的大小与固有周期 ω、电流峰值 i_{Lpeak} 有关。

据式（3-6）可知，在子模块电容功率密度一定（电容电压稳态振幅不变、C_{SM}/N 恒定）时，L_{sum} 越大，ω 越小，电流振荡周期越大，i_L 到达峰值的速度就越慢，即上升斜率越小；同理可得，L_{sum} 越大，i_{Lpeak} 越小，在相同上升速度、相同闭锁时刻的条件下放电电流值越小。以上参数的变化都将有益于降低桥臂过电流水平。

3.1.2 故障过电流抑制策略

经分析，故障放电回路中较大的 L_{sum} 可以有效抑制直流故障过电流的上升。L_{sum} 为图3-1中 S1、S2、S3 三处等效电抗之和，为了保证控制系统的测点不受影响，理论上增大 L_{sum} 可以通过增大 U_{dc} 测点前 S1、S2 处的电抗值来实现。由于桥臂电抗器（S1 处）嵌在换流器内

部，电气环境较为复杂，与各交流量联系紧密，并且有可能会影响到系统的稳态特性，不便于分析，因此适当增大直流母线出口处的电抗值（S3 处）是一种看似更为可行的思路。如图3-3（a）所示为在直流侧附加阻抗的示意图。

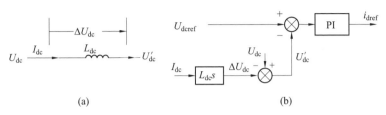

图 3-3　MMC 直流侧故障过电流抑制示意图
（a）直流侧附加阻抗；（b）基于虚拟直流侧附加阻抗的控制框图

实际工程中，由于 MMC 在直流侧的电压源的特性，以及换流站本身的建设成本问题，在 MMC 直流侧出口配置一个较大的电抗器难以实现，因此可以引入虚拟元件的思想，考虑将该电抗器的特性通过一定的数学表达映射入控制器中进而发挥类似的作用。通过图3-3（a）可以看出，由于 I_{dc} 在稳态时可认为是常数，MMC 的直流侧电抗器在稳态时并不发挥作用；而在 I_{dc} 变化率较大时，该电抗器将会感应出一个电压降增量 ΔU_{dc}，该增量与原测量量 U_{dc} 叠加进而影响到直流电压测量量的反馈值 U'_{dc}，如图3-3（b）所示，可将这一特性映射入控制器中。该电压降增量 ΔU_{dc} 可看作是对原有 dq 解耦双闭环控制器中有功类控制外环（d 轴）的一个修正，此时 d 轴有功外环的反馈值 U'_{dc} 为原直流电压测量值 U_{dc} 与电压降增量 ΔU_{dc} 之和，即

$$U'_{dc} = U_{dc} + \Delta U_{dc} = U_{dc} + I_{dc}L_{dc}s \tag{3-10}$$

由式（3-10）可以看出，附加的 MMC 直流侧阻抗的数学表达可以看作是一个对于直流电流的微分环节，其数学模型的理想形式应为式（3-11）所示的微分，其中微分环节的强弱可以由 T_d（电抗 L）来调整。即

$$G(s) = T_d s \tag{3-11}$$

但在实际控制模型中，微分环节通常需要修正为式（3-12）所示形式，其微分作用的强弱将由 k_d、T_d 的配合取值来调整

$$G(s) = \frac{k_d T_d s}{T_d s + 1} \tag{3-12}$$

图3-4（a）中的电路可实现式（3-12）所示的功能，其作用相当于一个电阻和电抗的并联电路，式中 k_d、T_d 由电阻 R_{virdc} 和电抗 L_{virdc} 决定，表示为

$$\begin{cases} k_d = \dfrac{1}{R_{virdc}} \\[2mm] T_d = R_{virdc}L_{virdc} \end{cases} \tag{3-13}$$

这种微分的表达形式不管是在控制系统中还是实际电路中都将具有更好的稳定性。

因此，电压降增量 ΔU_{dc} 可修正为

$$\Delta U_{\mathrm{dc}} = I_{\mathrm{dc}} \frac{R_{\mathrm{virdc}} L_{\mathrm{virdc}} s}{R_{\mathrm{virdc}} + L_{\mathrm{virdc}} s} \tag{3-14}$$

修正后的控制框图如图 3-4（b）所示。

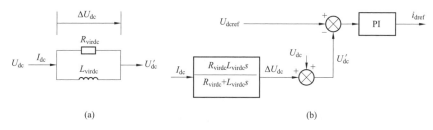

图 3-4　修正后的 MMC 直流侧故障过电流抑制示意图

（a）直流侧附加阻抗；（b）基于虚拟直流侧附加阻抗的控制框图

图 3-4（a）中所示的阻抗电路在不同的频率下将会表现出不同的响应特性。设 $s = \mathrm{j}\omega_i$，则在某一特定频率 ω_i 下，加入放电回路中的等效阻抗为

$$Z_{\mathrm{virdc}}(\mathrm{j}\omega_i) = R_{\mathrm{virdc\_equ}}(\mathrm{j}\omega_i) + \mathrm{j}L_{\mathrm{virdc\_equ}}(\mathrm{j}\omega_i)$$

$$= \frac{R_{\mathrm{virdc}}}{\left(\dfrac{R_{\mathrm{virdc}}}{\omega_i L_{\mathrm{virdc}}}\right)^2 - 1} + j\,\frac{\omega_i}{1 - \left(\dfrac{\omega_i}{R_{\mathrm{virdc}}}\right)^2 L_{\mathrm{virdc}}} \tag{3-15}$$

由 3.1.1 节分析可知，新加入的阻抗电路对于故障过电流的抑制作用主要与阻抗虚部 $L_{\mathrm{virdc\_equ}}$ 的大小有关，而基于不同的频率 ω_i，$L_{\mathrm{virdc\_equ}}$ 取值也将随之发生变化。在 MMC 直流侧发生双极短路故障时，故障电流迅速升高，其上升斜率包含了大量不同频率的分量，不易对其进行精确的解析计算，但是可以考虑将其转化为类似于 PI 控制器的参数优化问题。因此，针对某一确定参数的系统，可以选取该系统中可能发生的最严重的故障类型，对式（3-15）所示微分传递函数进行 k_{d}、T_{d} 的参数优化设计。此类参数优化设计方法有 PSO 算法、单纯形法、ACO 算法等，已有大量文献对其具体应用方式进行描述，在此不再展开。

以上分析和设计均是基于定直流电压控制的直流故障过电流抑制策略，对于 d 轴有功控制外环为定有功功率控制的控制器，相应的过电流抑制策略类似。此时，有功功率的反馈值将变为

$$P'_{\mathrm{s}} = P_{\mathrm{s}} + \Delta P_{\mathrm{s}} = P_{\mathrm{s}} + I_{\mathrm{dc}} \Delta U_{\mathrm{dc}} = P_{\mathrm{s}} + I_{\mathrm{dc}} \frac{R_{\mathrm{virdc}} L_{\mathrm{virdc}} s}{R_{\mathrm{virdc}} + L_{\mathrm{virdc}} s} I_{\mathrm{dc}} \tag{3-16}$$

相应的控制框图如图 3-5 所示。

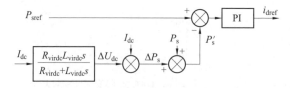

图 3-5　MMC 定有功功率控制时直流侧故障过电流抑制示意图

通过以上分析可知，对于定直流电压控制或者定有功功率控制，由于所加修正量均作用于d轴上的有功类控制外环，直流侧故障过电流抑制策略均通过调整换流器有功功率的输出来达到抑制故障过电流水平的目的。在稳态运行时，I_{dc}可以被认为无变化，因此各有功类控制量对于外环的反馈值仍为原测量值，附加的控制基本不影响系统的稳态运行。

3.2　交流侧故障过电流抑制

3.2.1　三相接地短路故障过电流机理分析

MMC 交流侧的故障类型繁多，并且故障成因复杂，此外各种短路故障将会引发 MMC 内部的过电流，其中交流出口 PCC 处三相接地短路故障的过电流最为严重。忽略 MMC 桥臂内部的环流，上、下桥臂电流可由直流分量和交流分量两部分表示

$$\begin{cases} i_{up} = \dfrac{1}{2}i_s - \dfrac{1}{3}I_{dc} \\[2mm] i_{down} = -\dfrac{1}{2}i_s - \dfrac{1}{3}I_{dc} \end{cases} \tag{3-17}$$

当图 3-6 所示 MMC 系统发生交流侧短路故障时，交流电流 i_s 将会升高，从而引发桥臂中的过电流。由于同一相单元桥臂电流的交流分量大小相等、方向相反，其电感上的压降可以相互抵消，故可将 P_j 和 P'_j（$j=$a，b，c）看作虚短连接，则同相的上、下桥臂电抗可认为是先并联后再接入 MMC 交流出口处的主回路[2]，因此换流站变压器二次侧的等效阻抗可看作是换流变压器的漏抗与上、下桥臂电抗并联后的等效电抗之和，即

$$L_{sec} = L_T + \frac{1}{2}L_{arm} \tag{3-18}$$

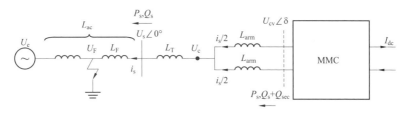

图 3-6　交流故障短路电流示意图

交流系统发生短路故障时，其短路电流大小的计算相比于直流侧故障更为复杂，为抑制故障瞬时过电流，最重要的是初始短路电流 I''_K，即短路发生瞬间，预期短路电流对称交流分量的有效值。采用等效电源法进行短路电流计算，则换流器等效出口电压 U_{cv} 可作为故障点在换流器侧电网的唯一有效电压。不考虑电路中的负序、零序阻抗，则系统的初始短路电流为

$$I''_K = \frac{U_{cv}}{\sqrt{3}Z_F} \tag{3-19}$$

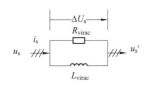

图 3-7 交流侧附加虚拟阻抗

由式（3-19）可以看出，短路电流的大小由故障点与电源之间的阻抗值 Z_F 直接影响：等效短路阻抗 Z_F 越大，则短路电流越小。图 3-6 中 $j\omega(L_F+L_{sec})$ 即为其等效短路阻抗，因此，参照 MMC 直流侧故障过电流抑制策略的思路，可以通过适当增加 L_{sec} 有效抑制交流侧故障时的过电流水平，如图 3-7 为 MMC 交流侧附加阻抗电路的示意图。

如果在实际电路中加入交流侧的阻抗，将会改变 MMC 的稳态运行点，且同时增加换流站的投资和运行成本。因此，MMC 交流侧故障过电流的抑制仍可参照直流侧的过电流抑制策略，采用将虚拟阻抗特性映射入控制器的方式实现。

3.2.2 故障过电流抑制策略

交流侧过电流抑制策略应该尽量不影响 MMC 的稳态运行，对于稳态时的基波电流分量不产生作用，因此，可以考虑在 dq 旋转坐标系下变换成直流量。

由于交流系统中电压与无功功率的关系密切，PCC 处换流站无功功率的输出将会被所增加交流侧虚拟阻抗产生的电压增量直接影响，因此，在抑制交流侧故障过电流时，还需要对无功功率的 q 轴外环控制反馈量进行修正，无功外环的反馈值 Q'_s 应为原测量值 Q_s 与电压降增量引起的无功功率变化 ΔQ_s 之和，即

$$Q'_s = Q_s + \Delta Q = Q_s + \frac{3}{2}k\left(i_{sd}\frac{R_{virac}L_{virac}s}{R_{virac}+L_{virac}s}\times i_{sq} - i_{sq}\frac{R_{virac}L_{virac}s}{R_{virac}+L_{virac}s}\times i_{sd}\right) \quad (3-20)$$

其中 k 的取值满足 $k=\begin{cases}1, & I_{dc}<0 \\ -1, & I_{dc}>0\end{cases}$，表明虚拟阻抗对于 Q_s 的影响趋势根据有功功率传输方向的不同会有相反的影响效果。

针对无功类控制为定交流电压控制的情况，需要先由定交流电压控制外环生成无功功率参考值 Q_{sref}，再对 Q_s 进行修正。由此可得 MMC 交流侧故障过电流抑制控制框图如图 3-8 所示。

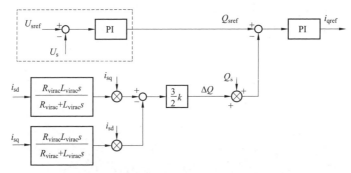

图 3-8 基于交流侧附加虚拟阻抗的控制框图

对应于直流侧故障过电流抑制，由于所加修正量均作用于 q 轴上的无功类控制外环，其作用是通过调整换流器的无功功率输出来抑制交流侧故障过电流水平，虚线框中的控制添加与否决定于无功类控制为定交流电压控制还是定无功功率控制。

类似于3.1.2节所述，MMC交流侧虚拟阻抗参数也可转化为传递函数的参数优化问题进行选取。综上分析研究，基于虚拟阻抗的交、直流故障过电流抑制的完整控制框图如图3-9所示。

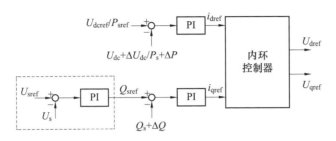

图3-9 交、直流故障过电流抑制控制框图

针对交、直流侧故障电流的抑制是对原有 dq 解耦双闭环控制器 q 轴、d 轴被控量的分别修正，且修正量添加在控制器外环，因此两种过电流抑制之间的相互影响非常小，直流故障过电流抑制控制几乎不会影响到交流侧发生故障时的过电流水平，反之亦然。

3.3 过电流抑制的评价标准

本节提出的过电流抑制策略及相应的过电流评价指标，能更直观地评价其有效性。由于本章尤为关心故障过电流水平对于IGBT等桥臂器件的影响，因此结合故障瞬间过电流的发展特点及IGBT故障期间对于过电流耐受能力的要求，在此提出三项指标，且此三项指标均与桥臂电流 i_{j_up} 和 i_{j_down}（j=a，b，c）相关。

3.3.1 桥臂瞬时电流

通过分析式（3-9）可知，故障发生瞬间桥臂电流的初值对于故障过电流的发展有着重要影响，六个桥臂的过电流程度也会因此而各不相同。故障发生的时间具有随机性，所以故障发生后某一时刻桥臂电流最大值可能发生在任意桥臂上，不同故障时刻各个桥臂的瞬时电流均需关注并进行比较。

3.3.2 桥臂平均峰值电流

如式（3-17）所示，桥臂电流中包含交流电流分量与直流电流分量。可以认为，桥臂电流周期性的峰值可以在一定程度上代表六个桥臂平均最大电流水平，所以在此定义桥臂平均峰值电流 i_{armmax}，将其作为一种较为直观的平均意义上的过电流评价指标，表示为

$$i_{armmax} = i_{ac\_peak} + i_{dc} = \frac{1}{2}\sqrt{i_{sd}{}^2 + i_{sq}{}^2} + \frac{1}{3}|I_{dc}| \tag{3-21}$$

3.3.3 电流产热系数

IGBT对温度十分敏感，过电流产生的热会使得器件温度升高，直接影响器件的安全运行，甚至造成不可逆的破坏。某段时间（设为 t_0 到 t_h）电流与其产生热量 Q_H 的关系为

$$Q_{\mathrm{H}} = \int_{t_0}^{t_h} I^2 R \mathrm{d}t \tag{3-22}$$

式中，I 为电流的有效值，R 为电流流经的电阻。

对于一个参数固定的 MMC，R 通常确定，因此可以认为发热电流 I 和发热时间 t 决定了该段时间内产生的热量。忽略桥臂环流，基于式（3-21）所示的 MMC 桥臂电流，定义桥臂电流产热系数为

$$G_{\mathrm{h}} = \int_{t_0}^{t_h} I^2 \mathrm{d}t = \int_{t_0}^{t_h} \left[\left(\frac{1}{3} I_{\mathrm{dc}} \right)^2 + \left(\frac{1}{2\sqrt{2}} i_{\mathrm{d}} \right)^2 + \left(\frac{1}{2\sqrt{2}} i_{\mathrm{q}} \right)^2 \right] \mathrm{d}t \tag{3-23}$$

该系数的单位是 J/Ω。类似于桥臂平均峰值电流，电流产热系数也可作为过电流水平的平均评价指标。

3.4 仿真验证

在 PSCAD/EMTDC 环境下搭建 11 电平双端 MMC-HVDC 系统，详细的系统参数如表3-1所示。

表 3-1　　　　　　　　　　　　11 电平 MMC-HVDC 系统参数

参　　数	取　　值
交流电压（RMS）（kV）	230
基波频率（Hz）	50
变压器接线，变比	Ｙ/△，230/210kV
变压器额定容量（MVA）	450
变压器漏抗	15%
额定有功功率（MW）	400
额定直流电压（kV）	400
桥臂电抗器（H）	0.09
平波电抗器（H）	0.02
桥臂子模块（FBSM）数量	10
桥臂子模块额定电压（kV）	40
桥臂子模块电容（μF）	480

图 3-10 为仿真系统接线图及故障示意图，其中 MMC1（整流站）的控制策略为定直流电压和定交流电压控制，MMC2（逆变站）为定有功功率和定交流电压控制。各控制参考值为：$U_{\mathrm{dc}} = 400\mathrm{kV}$，$P_{\mathrm{ref}} = 400\ \mathrm{MW}$，$U_{\mathrm{ac}} = 230\mathrm{kV}$。

仿真过程中将电气测量量离散化，并将系统的控制频率设置为 10kHz。在系统运行过程中，分别运行两组仿真：对照组采用原有 dq 解耦双闭环控制，改进组的 MMC1 与 MMC2 都将投入交、直流侧虚拟阻抗过电流抑制策略，两组仿真的基本控制参数（原有 dq 解耦双闭

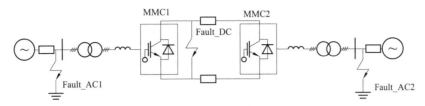

图 3-10　MMC 仿真系统示意图

环控制器）在运行期间完全相同。

　　所提出的过电流抑制策略的目的在于降低子模块闭锁前的过电流水平，因此子模块本身的直流故障箝位能力与该抑制控制策略无关，对于不同的子模块拓扑结构该抑制策略具有同样的效果。为了能够快速隔离直流侧故障，仿真模型中 MMC 子模块全部由 FBSM 构成。根据表 3-1 所示参数计算可得，稳态运行时桥臂电流的额定最大值约为 1.23kA，考虑到轻微的电流波动，设其标称电流为 1.25kA，即 $I_C = 1.25$ kA，则峰值电流可选 2.5kA。这意味着 IGBT 必须在桥臂电流到达 2.5kA 之前实施闭锁动作。

3.4.1　直流侧双极短路故障

　　仿真过程中有如下设置，在 $t = 1s$ 时在 MMC1 直流出口处设置永久性双极短路故障，故障电阻 4Ω；$t = 1.003s$，即故障发生后 3ms 后实施闭锁。依据 3.3 节所提各项指标进行对比。

1. 桥臂平均峰值电流比较

图 3-11 为 MMC1 和 MMC2 的平均桥臂峰值电流。图 3-11（a）中 A1、A2 两点分别表

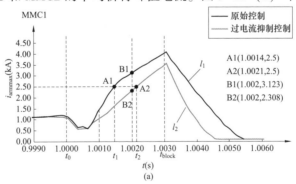

(a)

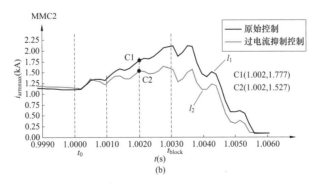

(b)

图 3-11　MMC1 直流出口故障时两端平均桥臂峰值电流

（a）MMC1 平均桥臂峰值电流；（b）MMC2 平均桥臂峰值电流

示使用原始控制（l_1）和添加过电流抑制控制后（l_2）平均桥臂峰值电流到达 IGBT 峰值电流 2.5kA 所需的时间。经分析可知，原始控制策略下桥臂电流到达 IGBT 的峰值电流仅需 1.4ms，这要求子模块的闭锁保护非常迅速；而加入过电流抑制控制后到达峰值的时间延长为 2.1ms，为故障的识别与保护动作赢得了较为可观的时间。B1、B2 两点表示假设在故障发生 2ms 后（$t=1.002$s 时）闭锁保护生效时 MMC1 的平均桥臂峰值电流，可以看出添加过电流抑制控制后平均桥臂电流的峰值仅为 2.3kA，明显低于原始控制下的峰值电流（3.123kA）。

图 3-11（b）中，C1、C2 两点分别表示 $t=1.002$s 时，MMC2 在两种控制下的平均桥臂峰值电流值，对照组和改进组的值分别为 1.777kA 和 1.527kA。由于 MMC2 离直流故障点较远，故其内部过电流水平较低。

2. 电流产热系数比较

由图 3-11 可以看出，当故障发生 6ms 后，对照组和改进组的桥臂电流均衰减为 0。对于 MMC1，使用原始控制时 6ms 内的桥臂电流发热系数为 16.6J/Ω，而加入过电流抑制控制后为 14.8J/Ω，在故障回路等效电阻相同的情况下，可以减少约 10.84% 热量的产生；此段时间内改进组相较于对照组 MMC2 桥臂电流降低发热约 4.29%。因此，对故障过电流的抑制在一定程度上提高了 IGBT 运行的安全裕度。

3. 桥臂瞬时电流比较

图 3-11 着重于平均指标的比较，但是如 3.3 节所述，各桥臂瞬时电流值仍为关注重点。图 3-12 所示为 $t=1$s 时，在 MMC1 直流出口处设置永久性双极短路故障后 MMC1A 相上桥臂电流的瞬时值。对比图 3-11 与图 3-12 可以看出，桥臂电流瞬时值并不完全与平均指标走势相同。

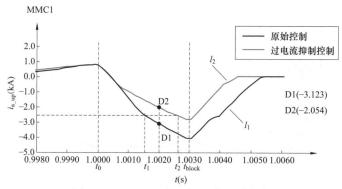

图 3-12　MMC1A 相上桥臂电流瞬时值

考虑到故障瞬间各桥臂电流初始值的随机性，在 $t=1\sim1.02$s 一个基波周期内平均选取 9 个时间点分别设置永久性双极短路故障，分别记录各桥臂电流在故障发生后 2ms 时的瞬时电流值及平均桥臂峰值电流值，汇总于表 3-2 和表 3-3。

表 3-2　　　　MMC1 各桥臂在故障 2ms 后电流瞬时值（原始控制）

桥臂电流（kA）	i_{a_up}	i_{a_down}	i_{b_up}	i_{b_down}	i_{c_up}	i_{c_down}	i_{armmax}
$t_F=1$s	−3.11	−1.09	−1.59	−3.04	−1.72	−2.29	3.13
$t_F=1.0025$s	−3.17	−1.54	−2.12	−2.00	−1.20	−2.94	3.08
$t_F=1.005$s	−2.48	−2.93	−2.68	−1.36	−1.37	−3.25	3.10

桥臂电流（kA）	i_{a_up}	i_{a_down}	i_{b_up}	i_{b_down}	i_{c_up}	i_{c_down}	i_{armmax}
$t_F = 1.0075s$	−1.52	−2.50	−3.21	−1.22	−1.72	−2.73	3.11
$t_F = 1.01s$	−1.17	−3.13	−2.99	−1.62	−2.28	−1.70	3.10
$t_F = 1.0125s$	−1.54	−3.15	−1.98	−2.13	−2.94	−1.20	3.06
$t_F = 1.015s$	−1.93	−2.34	−1.23	−2.71	−3.26	−1.36	3.09
$t_F = 1.0175s$	−2.44	−1.45	−1.26	−3.24	−2.79	−1.81	3.08
$t_F = 1.02s$	−3.11	−1.14	−1.65	−3.06	−1.76	−2.32	3.11

由表 3-2、表 3-3 可以看出，加入过电流抑制控制后，改进组的桥臂电流在直流双极短路故障后的过电流水平相比于对照组有了明显的下降，其中灰底的数值大于零。

表 3-3　　　　MMC1 各桥臂在故障 2ms 后电流瞬时值（加入过电流抑制控制）

桥臂电流（kA）	i_{a_up}	i_{a_down}	i_{b_up}	i_{b_down}	i_{c_up}	i_{c_down}	i_{armmax}
$t_F = 1s$	−2.16	−2.35	−2.44	−2.14	−1.94	−2.04	2.28
$t_F = 1.0025s$	−2.02	−2.68	−2.19	−1.94	−2.32	−1.90	2.47
$t_F = 1.005s$	−1.888	−2.28	−2.21	−2.33	−2.55	−1.90	2.43
$t_F = 1.0075s$	−2.05	−2.00	−2.15	−2.50	−2.25	−1.94	2.28
$t_F = 1.01s$	−2.35	−2.11	−2.05	−2.42	−2.10	−1.99	2.27
$t_F = 1.0125s$	−2.58	−2.07	−1.83	−2.10	−2.14	−2.40	2.37
$t_F = 1.015s$	−2.28	−1.85	−2.17	−1.90	−2.08	−2.76	2.45
$t_F = 1.0175s$	−2.04	−2.13	−2.44	−2.02	−2.02	−2.28	2.37
$t_F = 1.02s$	−2.07	−2.41	−2.46	−2.06	−2.01	−2.05	2.35

评价指标中的瞬时指标与平均指标均显示该抑制策略的良好效果，其中平均指标可以部分地反映出瞬时指标的变化趋势，故在下文仿真中的故障过电流比较以平均指标为主。

3.4.2　整流侧交流三相短路故障

仿真中，当 $t = 1s$ 时在 MMC1 交流出口处设置暂时性三相金属性接地短路故障，故障持续时间为 0.02s。图 3-13 分别为对照组、改进组的 MMC1 平均桥臂峰值电流、直流电流、直流电压和有功功率的波形。MMC2 远离故障点，相对于 MMC1 其各波形变化很小。

1. 桥臂平均峰值电流比较

由图 3-13 可以看出：

（1）故障期间，对照组 l_1 的平均桥臂峰值电流小幅升高并有继续上升的趋势，而改进组 l_2 中的电流则波动较为平缓，保持在额定值附近。

（2）故障清除后，由于故障过程中功率传输中断，在故障恢复过程中对照组 l_1 的桥臂上产生了一个非常明显的冲击电流，几乎接近 IGBT 的峰值电流 I_M，这对于器件的安全是严重的威胁；而加入过电流抑制控制后，恢复过程中的冲击电流明显弱于前者。而直流电压、直流电流和有功功率波形也显示改进组的 MMC 系统从故障中的恢复更加迅速且和缓。

2. 电流产热系数比较

约 $t = 1.4$s 后，系统逐渐恢复稳定，计算 $t = 1 \sim 1.4$s 时间内对照组和改进组 MMC1 桥臂电流的发热系数分别为 1921.3 J/Ω 和 1755.7 J/Ω，减少了约 8.62% 热量的产生，因此，对故障过电流的抑制在一定程度上提高了 IGBT 运行的安全裕度。

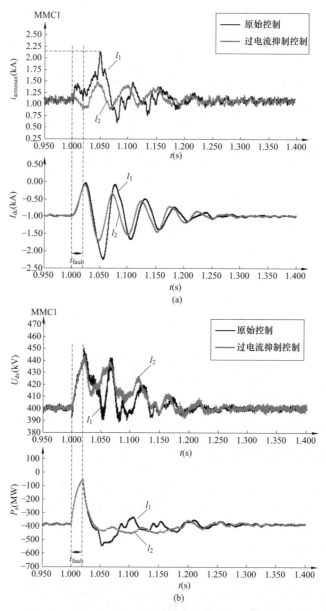

图 3-13　MMC1 交流出口三相接地短路故障及恢复波形
（a）平均桥臂峰值电流和直流电流波形；（b）直流电压和有功功率的波形

3.4.3　逆变侧交流三相短路故障

在仿真中，当 $t = 1$s 时，在 MMC2 交流出口处设置暂时性三相金属性接地短路故障，故障持续时间为 0.02s。图 3-14 分别为对照组和改进组 MMC2 平均桥臂峰值电流、直流电流、直流电压和有功功率的波形。

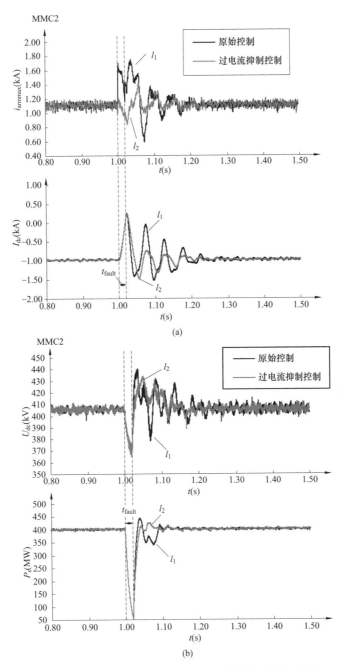

图 3-14　MMC2 交流出口三相接地短路故障及恢复波形
（a）平均桥臂峰值电流和直流电流波形；（b）直流电压和有功功率的波形

1. 桥臂平均峰值电流比较

由图 3-14 可以看出：

（1）故障期间，不同于 MMC1 交流出口发生故障，MMC2 作为逆变站其对照组 l_1 的平均桥臂峰值电流迅速升高并有继续上升的趋势，而 l_2 中的电流则保持在额定值附近，甚至有下降的趋势。

（2）故障清除后，恢复过程中 l_1 的桥臂上仍然有一个明显的冲击电流，而加入过电流抑制控制后，类似于图 3-13 的趋势，系统从故障中的恢复更加迅速且和缓。

2. 电流产热系数比较

约 $t=1.4\mathrm{s}$ 后，系统已逐渐恢复稳定。计算 $t=1\sim1.4\mathrm{s}$ 时间内 MMC2 桥臂电流的发热系数，添加过电流抑制前后分别为 1941.6J/Ω 和 1681.8 J/Ω，并减少了约 13.4% 热量的产生。因此，应用在逆变侧时的控制策略对过电流抑制效果更加明显，在一定程度上提高了 IGBT 运行的安全裕度。

3.5 本章小结

本章首先对 MMC 直流侧双极短路故障机理进行分析，设计了基于虚拟阻抗的直流侧故障过电流抑制策略，同理，通过分析 MMC 交流侧三相短路故障的故障机理，设计了基于虚拟阻抗的交流侧故障过电流抑制策略；其次，提出三项过电流评价指标——桥臂瞬时电流、桥臂平均峰值电流和电流产热系数，其中，桥臂平均峰值电流作为平均性指标可以在一定程度上代表桥臂瞬时电流的平均水平，具有评估故障过电流水平的普遍意义；最后，基于 PSCAD/ EMTDC 搭建了双端 11 电平仿真模型，参考所提评价指标，仿真结果验证了所提过电流抑制策略可以显著降低故障期间过电流水平，且使得系统更加迅速且平缓地由故障状态向正常状态过渡。

参 考 文 献

［1］王珊珊，周孝信，汤广福，等．模块化多电平换流器 HVDC 直流双极短路子模块过电流分析［J］．中国电机工程学报，2011，31（1）：1-7.

［2］张帆，许建中，苑宾，等．基于虚拟阻抗的 MMC 交、直流侧故障过电流抑制方法［J］．中国电机工程学报．2016，36（8）：2103-2113.

第4章 柔性直流电网快速故障检测方法

直流电网发生短路故障后故障电流迅速增大，在给换流器中的电力电子设备带来安全隐患的同时，还给电网的正常运行带来巨大冲击。因此，快速和准确的故障检测有助于加速故障线路的断开，进而降低故障引起的损失；并且，对故障位置的准确定位有助于提高巡线效率，加快故障点清除的速度。本章首先基于限流电抗器电压变化值提出一种直流侧故障快速检测方法，进而在分析故障电流突变量特性的基础上提出一种运用夹角余弦的纵联保护方案，最后针对直流侧双极短路提出精确定位方法。

4.1 基于直流平波电抗器电压的检测方法

本节所提的故障检测方法基于直流侧故障限流器电压变化值，结合第2章的短路故障演变机理，验证了该保护机理的适用性。

4.1.1 限流电抗器边界效应机理分析

故障线路上的限流电抗器电压值明显高于非故障线路，此特征量可用于故障线路选择与故障极判断。

图 4-1 所示为三端环状柔性直流电网。在线路 L12 中点发生金属双极短路故障后，由2.2.2 节的分析可知，在故障后的短时间内，各端 MMC 换流站可以等效为 RLC 的放电电路。三端环状柔性直流电网可以等效为图 4-2 所示网络。

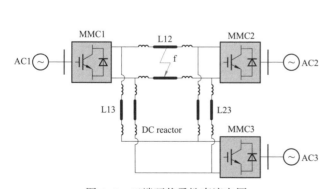

图 4-1　三端环状柔性直流电网

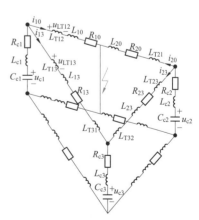

图 4-2　三端直流电网故障时的 RLC 等效网络

在图 4-2 中，R_{mk} 和 L_{mk}（m，$k=0$，1，2，3）分别为对应线路的电阻和电感值。i_{mk} 为线路上的电流，方向为 MMCm 指向 MMCk。L_{Tmk} 是线路上在 MMCm 侧的限流电抗器。R_{cm}，

L_{cm} 和 C_{cm} 分别是等效换流站 MMCm 的电阻、电感和电容，u_{cm} 表示电容 C_{cm} 的电压。

由第 2 章可知，在故障后的短时间内，各线路的故障电流可以由微分方程求解，该方程表示为

$$\begin{cases} \boldsymbol{D} \cdot \boldsymbol{u} = \boldsymbol{R} \cdot \boldsymbol{i} + \boldsymbol{L} \cdot \dot{\boldsymbol{i}} \\ \dot{\boldsymbol{u}} = \boldsymbol{C} \cdot \boldsymbol{i} \end{cases} \tag{4-1}$$

式中，$\boldsymbol{D}$、$\boldsymbol{R}$、$\boldsymbol{L}$、$\boldsymbol{C}$ 为由等值电路的参数构成的矩阵，可以表示为

$$\boldsymbol{D} = \begin{bmatrix} 1 & 0 & 1 & 0 \\ 0 & 1 & 0 & 1 \\ 0 & 0 & -1 & -1 \end{bmatrix}^{\text{T}} \tag{4-2}$$

$$\boldsymbol{R} = \begin{bmatrix} R_{\text{c1}} + 2R_{10} & 0 & R_{\text{c1}} & 0 \\ 0 & R_{\text{c2}} + 2R_{20} & 0 & R_{\text{c2}} \\ R_{\text{c1}} & 0 & R_{\text{c1}} + R_{\text{c3}} + 2R_{13} & R_{\text{c3}} \\ 0 & R_{\text{c2}} & R_{\text{c3}} & R_{\text{c2}} + R_{\text{c3}} + 2R_{23} \end{bmatrix} \tag{4-3}$$

$$\boldsymbol{L} = \begin{bmatrix} L_{\text{c1}} + 2(L_{\text{T12}} + L_{10}) & 0 & L_{\text{c1}} & 0 \\ 0 & L_{\text{c2}} + 2(L_{\text{T21}} + L_{20}) & 0 & L_{\text{c2}} \\ L_{\text{c1}} & 0 & L_{\text{c1}} + L_{\text{c3}} + 2(L_{\text{T31}} + L_{\text{T13}} + L_{13}) & L_{\text{c3}} \\ 0 & L_{\text{c2}} & L_{\text{c3}} & L_{\text{c2}} + L_{\text{c3}} + 2(L_{\text{T23}} + L_{\text{T32}} + L_{23}) \end{bmatrix} \tag{4-4}$$

$$\boldsymbol{C} = \begin{bmatrix} -1/C_{\text{c1}} & 0 & -1/C_{\text{c1}} & 0 \\ 0 & -1/C_{\text{c2}} & 0 & -1/C_{\text{c2}} \\ 0 & 0 & 1/C_{\text{c3}} & 1/C_{\text{c3}} \end{bmatrix} \tag{4-5}$$

电流向量 $\boldsymbol{i}$ 与电压向量 $\boldsymbol{u}$ 表示为

$$\boldsymbol{i} = \begin{bmatrix} i_{10} & i_{20} & i_{13} & i_{23} \end{bmatrix}^{\text{T}} \tag{4-6}$$

$$\boldsymbol{u} = \begin{bmatrix} u_{\text{c1}} & u_{\text{c2}} & u_{\text{c3}} \end{bmatrix}^{\text{T}} \tag{4-7}$$

为了描述方便，定义状态变量

$$\boldsymbol{x}(t) = \begin{bmatrix} \boldsymbol{i} & \boldsymbol{u} \end{bmatrix}^{\text{T}} \tag{4-8}$$

由于忽略故障后短时内的交流故障电流的馈入，电容放电过程可以看作一个零输入电路的响应过程。式（4-1）可以由状态方程表示为式（4-9）。因为没有输入变量项，也就没有 $\boldsymbol{Bu}$ 这一项。

$$\dot{\boldsymbol{x}} = \boldsymbol{Ax} \tag{4-9}$$

式中，$A = \begin{bmatrix} -L^{-1} \cdot R & L^{-1} \cdot D \\ C & 0 \end{bmatrix}$。

式（4-9）状态方程的解可以表示为

$$\boldsymbol{x}(t) = e^{At} \cdot \boldsymbol{x}(0) \tag{4-10}$$

式中，$\boldsymbol{x}(0)$ 为状态变量的初始值，包括各支路电流初始值与电容电压初始值；e^{At} 为状态转移矩阵。

在电容放电瞬间，流过限流电抗器的电流将使电抗器电压迅速升高。在这一很小的时间尺度内，式（4-10）可以利用泰勒级数一阶展开，简化为

$$\boldsymbol{x}(t) = At \cdot \boldsymbol{x}(0) \tag{4-11}$$

故障线路限流电抗器 L_{T12} 上的电压可以表示为

$$u_{\mathrm{LT12}} = L_{\mathrm{T12}} \frac{\mathrm{d}i_{10}}{\mathrm{d}t} = L_{\mathrm{T12}} \cdot \dot{\boldsymbol{x}}_1 \tag{4-12}$$

式中，$\boldsymbol{x}_1 = [A_{11} \cdot \boldsymbol{x}_1(0) + A_{12} \cdot \boldsymbol{x}_2(0) + \cdots + A_{15} \cdot \boldsymbol{x}_5(0)] \cdot t$，$\boldsymbol{x}_1$ 表示 $\boldsymbol{x}$ 向量矩阵的第一项。与故障线路最邻近的线路上限流电抗器上的电压可以表示为

$$u_{\mathrm{LT13}} = L_{\mathrm{T13}} \frac{\mathrm{d}i_{13}}{\mathrm{d}t} = L_{\mathrm{T13}} \cdot \dot{\boldsymbol{x}}_3 \tag{4-13}$$

其中，$\boldsymbol{x}_3 = [A_{31} \cdot \boldsymbol{x}_1(0) + A_{32} \cdot \boldsymbol{x}_2(0) + \cdots + A_{35} \cdot \boldsymbol{x}_5(0)] \cdot t$。

假设图 4-2 所示的等效电路中各线路长度、限流电抗器、各 MMC 换流站的参数相同。由于故障电流看作是故障前电流与故障后放电电流的叠加，而限流电抗器上的电压是由故障后电流变化引起的，以下分析中，设置初始电流值为 0，相应参数可表示为

$$\boldsymbol{x}_0 = [0 \quad 0 \quad 0 \quad 0 \quad u \quad u \quad u]^\mathrm{T} \tag{4-14}$$

$$L_{\mathrm{T12}} = L_{\mathrm{T13}} = L_{\mathrm{T21}} = L_{\mathrm{T31}} = \cdots = L_{\mathrm{T}} \tag{4-15}$$

$$L_{\mathrm{c1}} = L_{\mathrm{c2}} = L_{\mathrm{c3}} = L_{\mathrm{c}} \tag{4-16}$$

$$L_{13} = L_{23} = 2L_{10} = 2L_{20} = L_{\mathrm{line}} \tag{4-17}$$

由式（4-11）~式（4-17）可以得到，故障线路上限流电抗电压与邻近的非故障线路限流电抗电压的比值 $|u_{\mathrm{LT12}}/u_{\mathrm{LT13}}|$ 为

$$\left| \frac{u_{\mathrm{LT12}}}{u_{\mathrm{LT13}}} \right| = \frac{3L_{\mathrm{c}} + 4L_{\mathrm{T}} + 2L_{\mathrm{line}}}{L_{\mathrm{c}}} = 3 + \frac{4L_{\mathrm{T}} + 2L_{\mathrm{line}}}{L_{\mathrm{c}}} \tag{4-18}$$

在式（4-18）中，限流电抗电压比值 $|u_{\mathrm{LT12}}/u_{\mathrm{LT13}}|$ 至少为 3，且在一般情况下限流电抗器的值 L_{T} 大于桥臂电抗等效电抗值 L_{c}，因此，实际比值一般大于等于 7。

如果将图 4-2 中的线路 L23 移去，该三端环状柔性直流电网变为一个三端的辐射型多端系统，根据上述计算过程，限流电抗电压比值 $|u_{\mathrm{LT12}}/u_{\mathrm{LT13}}|$ 变化为

$$\left| \frac{u_{\mathrm{LT12}}}{u_{\mathrm{LT13}}} \right| = \frac{2L_{\mathrm{c}} + 4L_{\mathrm{T}} + 2L_{\mathrm{line}}}{L_{\mathrm{c}}} = 2 + \frac{4L_{\mathrm{T}} + 2L_{\mathrm{line}}}{L_{\mathrm{c}}} \tag{4-19}$$

该结果说明限流电抗器可以看作区别故障线路与非故障线路的边界，在柔性直流电网中的该种特征可以用于故障线路的识别。

4.1.2 基于单端测量的快速主保护

本节针对 4.1.1 节的理论证明，提出基于单端测量的快速主保护来应对直流电网的严重短路故障。该故障检测包含启动判据、故障识别判据[1]。

定义线路一端的正、负极侧限流电抗器组成电抗器组，规定正极限流电抗器电压正方向为从母线指向线路，负极限流电抗器电压正方向为从线路指向母线。如无特殊说明，本节均以此规定的正方向为基准进行分析。以一端的电抗器组为例，主保护的全局方案流程图如图 4-3 所示。

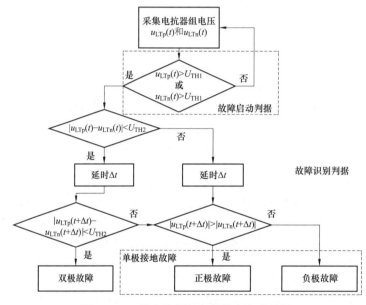

图 4-3　一端电抗器组主保护方案流程图

主保护方案由故障启动和故障识别两部分组成。

1. 故障启动判据

故障启动判据用于判断直流电网中是否发生故障，随即启动后续故障识别保护算法。故障启动判据包括限流电抗器组的电压大小和方向。主保护的故障启动判据如下所示

$$u_{\mathrm{LTp}}(t) > U_{\mathrm{TH1}} \quad \| \quad u_{\mathrm{LTn}}(t) > U_{\mathrm{TH1}} \tag{4-20}$$

式中，$u_{\mathrm{LTp}}(t)$ 和 $u_{\mathrm{LTn}}(t)$ 分别表示正极和负极限流电抗器电压；U_{TH1} 为故障启动阈值。

为了准确识别故障线路，故障启动的阈值选取需要大于其他同线路故障时本线路两端可能出现的最大电抗器电压值，并且需要小于本线路故障时两端可能出现的最小电抗器电压值。为了获得更稳定的阈值，需要针对如下场景进行仿真测试：

（1）分别在各线路两端与中点处设置金属性双极短路故障，获得非故障线路上限流电抗器电压最大值 U_{ptp}。

（2）在（1）中选定的故障位置处采用直流断路器开断金属双极短路故障，获得开断过

程中非故障线路上限流电抗器电压最大值 U_{dccb}。

（3）在各线路的两端与中点处设置过渡电阻为 0.6 p.u. 的单极接地故障，故障位置为各线路的两端与中点，获得故障线路上限流电抗器电压最小值 U_{ptg}。

由上述仿真结果可以得到故障启动阈值 U_{TH1} 的约束条件为

$$\begin{cases} U_{TH1} > |U_{ptp}| \\ U_{TH1} > |U_{dccb}| \\ U_{TH1} < |U_{ptg}| \end{cases} \tag{4-21}$$

故障启动判据采用单端的电抗器电压量进行故障检测，易于实现，且不受线路通信延时的影响，能够快速检测出故障的发生，满足直流电网保护灵敏性的要求。

2. 故障识别判据

在满足故障启动判据后进行故障类型的识别，包括故障类型判别和故障极判别。

（1）故障类型判别。

当直流线路上发生双极短路故障后，故障线路同端同一个限流电抗器组的正极、负极两个电抗器电压相等；而当直流线路发生单极接地故障时，故障线路同端同一个限流电抗器组的正极、负极两个电抗器电压相差较大。根据这一差异，可以利用正极和负极电抗电压的差值来判别故障类型。故障类型的判据可以表示为

$$\Delta U_{LT} = ||u_{LTp}(t)| - |u_{LTn}(t)|| < U_{TH2} \tag{4-22}$$

式中，$u_{LTp}(t)$ 和 $u_{LTn}(t)$ 分别表示正极和负极的限流电抗器在 t 时刻的电压值；U_{TH2} 为故障类型判别的整定值。

在理想情况下，发生对称故障（双极短路故障）后直流线路正、负极电流相等，使得限流电抗器上电压相等，U_{TH2} 可以设为 0。但考虑到实际的直流输电工程运行的谐波与测量误差影响，直流电抗电压差的实时值不严格等于零，U_{TH2} 的整定原则为大于稳态时的正极和负极限流电抗器电压差值。

为了提高检测的可靠性，在一小段较短的时间间隔 Δt 后（几百微秒）再次比较正负极限流电抗器的电压值，减小测量噪声等对检测的干扰。延时后的判据可以表示为

$$||u_{LTp}(t + \Delta t)| - |u_{LTn}(t + \Delta t)|| < U_{TH2} \tag{4-23}$$

本节选取延时检测时间间隔 Δt 为 200 μs（0.2 ms）。如果判据式（4-22）和式（4-23）满足，则可以判断发生了双极短路故障，否则为发生了单极接地故障，需要继续判断故障极。

（2）故障极判别。

不论是双极系统还是对称单极系统，由于电容放电机理，故障极的限流电抗器电压要高于非故障极的电抗器电压。利用这一特征可以判别故障发生在哪一极上。故障极的判据可以表示为

$$|u_{LTp}(t + \Delta t)| > |u_{LTn}(t + \Delta t)| \Rightarrow 正极故障 \tag{4-24}$$

$$|u_{LTp}(t + \Delta t)| < |u_{LTn}(t + \Delta t)| \Rightarrow 负极故障 \tag{4-25}$$

本节利用单端限流电抗器组的电压，无需双端通信，能快速检测出过渡电阻较低的故障，识别故障线路与故障类型，并判断出故障极。

4.1.3 差动后备保护

当直流侧发生高过渡电阻故障后，如 1000Ω（当采用基准直流电压 $\pm500kV$、基准有功功率为 $2000MW$ 时为 2 p.u.），柔性直流电网中的故障电流不会变化非常迅速，故障特征减弱，限流电抗器上的电压变化不足以触发主保护的故障启动判据。此时需要附加上后备保护，来保证高过渡电阻情况下保护的灵敏性。

本节所提后备保护需要线路两端限流电抗器电压信息的通信，后备保护的启动判据为

$$|u_{\mathrm{LTp}}(t)| > U_{\mathrm{THB}} \quad \| \quad |u_{\mathrm{LTn}}(t)| > U_{\mathrm{THB}} \tag{4-26}$$

为了保证后备保护的灵敏性，该阈值要比主保护的故障启动阈值 U_{TH1} 小。本节中取后备保护启动阈值 U_{THB} 为 $0.35U_{\mathrm{TH1}}$。

假设线路两端的直流母线为 m 和 k，以直流母线 m 侧的限流电抗器组为例，后备保护流程图如图 4-4 所示。

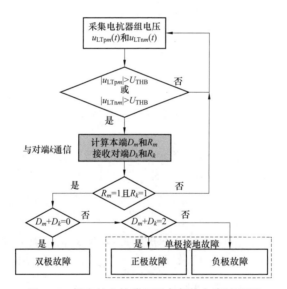

图 4-4 提出的电抗器组后备保护方案流程图

故障识别判据需要利用电抗电压的幅值信息 D_j（$j=m,k$）和方向信息 R_j（$j=m,k$）。定义幅值信息 D_j（$j=m,k$）为

$$D_j = \begin{cases} 1 & \dfrac{|u_{\mathrm{LTp}j}|}{|u_{\mathrm{LTn}j}|} > K_{\mathrm{set}} \\[3mm] -1 & \dfrac{|u_{\mathrm{LTp}j}|}{|u_{\mathrm{LTn}j}|} < \dfrac{1}{K_{\mathrm{set}}} \\[3mm] 0 & \dfrac{1}{K_{\mathrm{set}}} \leqslant \dfrac{|u_{\mathrm{LTp}j}|}{|u_{\mathrm{LTn}j}|} \leqslant K_{\mathrm{set}} \end{cases} \tag{4-27}$$

式中，$u_{\mathrm{LTp}j}$ 和 $u_{\mathrm{LTn}j}$ 分别表示靠近母线 j 的电抗器组中正极和负极的电抗器电压，K_{set} 和 $1/K_{\mathrm{set}}$

为幅值比较阈值，为了更好地辨别故障极，K_{set} 应该为略大于 1 的值。本节设置 K_{set} 为 1.2。

定义方向信息 R_j（$j=m$，k）为

$$R_j = \begin{cases} 1 & u_{LTpj} > 0 \quad \text{或} \quad u_{LTnj} > 0 \\ 0 & \text{其他} \end{cases} \tag{4-28}$$

限流电抗器组 m 接收对端限流电抗器组 k 发来的电抗器信息。当故障发生在线路 mk 上时，有 $R_m = R_k = 1$。此时保护处理器可以判断故障发生的线路。利用式（4-27）中的幅值信息可以判别故障发生极。当线路 mk 发生正极接地故障时，$D_m = D_k = 1$；若线路 mk 发生负极接地故障时，$D_m = D_k = -1$。因此，可以利用 $D_m + D_k$ 来判别故障极。在 $R_m = R_k = 1$ 的前提下，若 $D_m + D_k = 0$，则表示 D_m 和 D_k 都为 0，判定发生了双极短路故障；若 $D_m + D_k = 2$，则表示 D_m 和 D_k 都为 1，判定发生了正极接地短路故障；若 $D_m + D_k = -2$，则表示 D_m 和 D_k 都为 -1，判定发生了负极接地短路故障。

4.1.4 检测方法验证

本节将在四端双极柔性直流电网测试系统中对所提出的故障检测方法进行验证。同时，也将通过电磁暂态仿真验证所提保护方法在系统内其他扰动的情况下不会误动。

4.1.4.1 柔性直流电网测试系统

在 PSCAD/EMTDC 中搭建如图 4-5 所示的四端双极柔性直流电网测试系统。线路均为架空线路，限流电抗器布置在每条线路两端正负极上。各端 MMC 换流站单极参数以及各端所连接交流侧系统短路比（SCR）如表 4-1 所示。

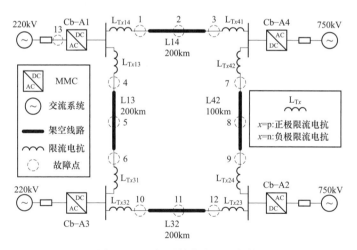

图 4-5　双极柔性直流电网结构

表 4-1　　　　　　　　　　　　　四端直流电网 MMC 参数

换流站	控制模式	L_0（mH）	N_{SM}	C_0（μF）	AC SCR
Cb-A1	$Q = 0\text{Mvar}$ $P = -900\text{MW}$	96	250	7500	4.2

换流站	控制模式	L_0 (mH)	N_{SM}	C_0 (μF)	AC SCR
Cb-A2	$Q = 0\text{Mvar}$ $U_{dc} = 500 \text{ kV}$	48	250	14 000	9.7
Cb-A3	$Q = 0\text{Mvar}$ $P = -750\text{MW}$	96	250	7500	3.8
Cb-A4	$Q = 0\text{Mvar}$ $P = 1000\text{MW}$	96	250	7500	6.3

其中 L_0 为桥臂电感，C_0 为子模块电容容值，N_{SM} 为桥臂子模块个数。换流站 Cb-A1、Cb-A3 和 Cb-A4 控制模式为定有功功率和定无功功率，换流站 Cb-A2 控制模式为定直流电压和定无功功率。规定功率正方向为换流器流向交流系统。所有限流电抗器的电感值为 150mH，架空线路采用依频模型。

4.1.4.2 快速主保护验证

1. 双极短路故障

针对柔性直流电网测试系统，按照 4.1.2 节所述的故障启动阈值选取方法，此处主保护故障启动阈值 U_{TH1} 选取为 200kV（0.2 p.u.）。

在图 4-5 所示直流电网中线路 L14 故障点 1 处设置双极短路，故障过渡电阻为 100Ω。故障线路两侧限流电抗器和邻近非故障线路上（线路 L13 和线路 L42）限流器电抗器电压如图 4-6 所示。因为双极短路故障为对称故障，正极电抗器上的电压与负极电抗器上的电压一样，在此处仅展示正极限流电抗器上的电压。

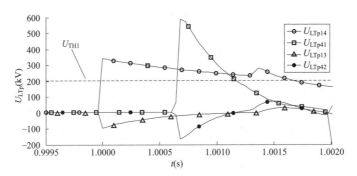

图 4-6 双极短路故障限流电抗器电压

在图 4-6 中，故障线路上近故障点的限流电抗器电压 U_{LTp14} 在故障发生后立即上升到 300kV 以上。故障线路 L14 长度为 200km，故障线路远端的限流电抗器电压 U_{LTp41} 在约为 700μs 后上升至 590kV。故障线路两端限流电抗器电压都超过了故障启动阈值 $U_{TH1} = 200\text{kV}$，且非故障线路 L13 和线路 L42 临近故障处限流电抗器上电压 U_{LTp13} 和 U_{LTp42} 分别为 -94kV 和 -174kV，不会错误启动。故保护能够准确判断故障线路，并根据后续的逻辑判断该故障为线路 L14 上的双极短路故障。

限流电抗器 L_{T41} 侧的检测装置在对端电抗器 L_{T14} 检测到故障后 700μs 才检测到故障特征，这是因为故障行波存在传播延时。需要指出的是，短路故障在限流电抗器上产生了较高的电压，但这并不会触发限流电抗器本身的过电压保护。对于±500kV 的高压直流输电系统，电抗器的雷电过电压设置为 1550kV[3,4]。在本节测试直流电网系统中，在金属双极短路故障的情况下，最高限流电抗电压仅为 680kV。

2. 单极接地故障

在图 4-5 所示直流电网中线路 L14 故障点 1 处设置正极接地短路故障，故障过渡电阻为 100Ω。故障线路两侧正负极限流电抗器电压分别如图 4-7 所示。此处，选取 $U_{TH2} = 50kV$（0.05 p. u.）用于鉴别故障类型。

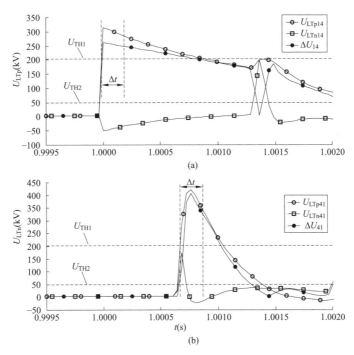

图 4-7　正极接地故障限流电抗器电压
(a) 限流电抗器 LT14；(b) 限流电抗器 LT41

图 4-7 中，ΔU_{14} 和 ΔU_{41} 分别表示线路 L14 两侧限流电抗器组 L_{T14} 和 L_{T41} 正、负极电压绝对值之差，由式（4-22）得到。在限流电抗器 L_{T14} 侧，正极电抗器电压 U_{LTp14} 在故障发生后立即上升超过 300kV，超过故障启动阈值，启动后续的故障判别逻辑。负极电抗器电压 U_{LTn14} 较之 U_{LTp14} 要小得多，且在 200μs 后仍然要远小于正极电抗器电压。通过 4.1.2 节的判据式(4-22)和式（4-23）可以判断故障类别为单极接地故障，然后通过式（4-24）可以判断故障极为正极。同样，当故障行波在 700μs 到达限流电抗器 L_{T41} 侧后，也能得到相同的结果，如图 4-7（b）所示。

3. 故障位置的影响

分别在图 4-5 所示的 1~12 个不同故障位置设置双极短路故障与正极接地短路故障，故障电阻为 100Ω。得到各故障线路两端电抗器上电压最大值 U_{LTp1}、U_{LTp2} 和其他非故障线路在同次故障时的限流器电抗电压最大值 U_{LTpmax}，结果如图 4-8 所示。

如图 4-8 所示，不论在 12 个故障位置发生双极短路故障还是单极接地故障，故障线路上限流电抗上电压都高于故障启动阈值，能够进行后续的故障判别，而非故障线路上的电抗器电压的最大值幅值都没有超过故障启动阈值。这说明本节所提故障检测方法能够准确区分故障线路与非故障线路，具有较高的选择性。

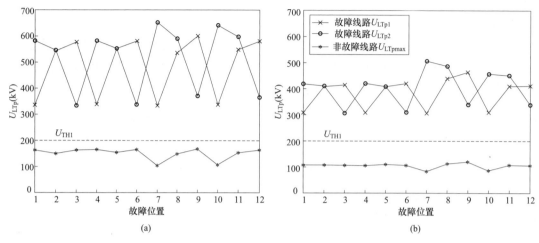

图 4-8   限流电抗器电压最大值

（a）双极短路故障；（b）单极接地故障

4. 故障过渡电阻的影响

在图 4-5 所示直流电网中线路 L14 故障点 1 处分别设置双极短路故障和正极接地短路故障，故障过渡电阻从 0 开始逐渐增大。得到故障线路 L14 两端电抗器上电压最大值 U_{LTp14}、U_{LTp41} 和其他非故障线路在同次故障时的限流器电抗电压最大值 U_{LTpmax} 如图 4-9 所示。

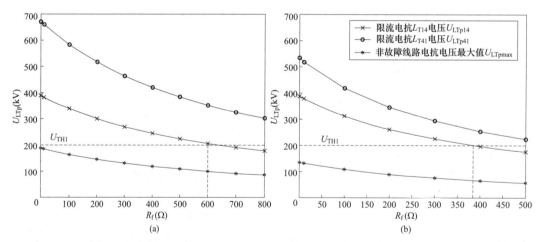

图 4-9   限流电抗电压随过渡电阻 R_f 变化的最大值

（a）双极短路故障；（b）单极接地故障

如图 4-9 所示，所提主保护故障检测策略能够在 2ms 内快速检测过渡电阻 500Ω 以内的双极短路故障以及过渡电阻 350Ω 以内的单极接地故障。但是，较大的故障过渡电阻将会影响故障后的特征量，随着故障过渡电阻的增大，限流电抗电压逐渐下降。对于双极短路故障，当过渡电阻 R_f 达到 600Ω 时（1.2 p.u.），故障线路上限流电抗电压出现低于故障启动阈值的情况，将出现一端检测不出故障的情况。同样地，对于单极接地故障，当过渡电阻 R_f 达到 380Ω 时（0.76 p.u.），将出现主保护不能检测出一端故障的情况。

需要指出的是，单极接地故障过渡电阻目前已经接近 1 p.u.，故障电流大小几乎为额定电流，这导致故障识别困难。文献［4］指出单极接地故障的过渡电阻大于双极短路时的过渡电阻，当导线通过树木或其他物体对地短路时，过渡电阻最高，目前我国对 500kV 线路接地短路的最大过渡电阻按 300Ω 估计。高过渡电阻情况下的直流侧故障并不会引起较大的故障电流，对直流电网的危害有限，允许有更长的故障检测时间。此时需要双端电抗器电压信息的通信来识别故障线路和判断故障类型。

5. 直流电网网状结构的影响

图 4-5 中所示柔性直流电网为环状结构，若增加线路 L34 将形成图 4-10 所示的网状结构。

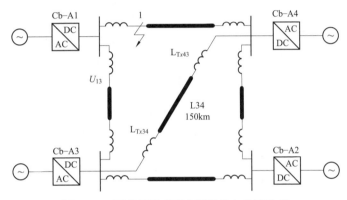

图 4-10　网状柔性直流电网结构与故障位置

1s 时在线路 L14 故障点 1 处设置金属双极短路，故障线路两侧限流电抗器和邻近的非故障线路上（线路 L13、L42 和 L34）限流器电抗器电压如图 4-11 所示。

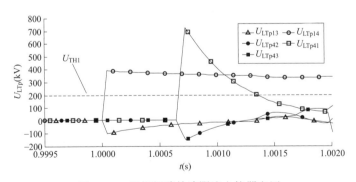

图 4-11　双极短路故障限流电抗器电压

如图 4-11 所示，故障线路上限流电抗电压在故障后迅速上升至主保护故障启动阈值之上，而邻近非故障线路上的限流电抗器电压大小为负，并未达到故障启动阈值。说明故障线路能够准确无误地被检测出来，网状结构的柔性直流电网不会对所提故障检测方法产生影响。但需要指出，此处仅仅只是电网结构发生改变，并未改变换流器等主要设备参数。当系统电压等级和设备主参数发生改变时，故障检测时的阈值需要重新整定。

6. 对称单极直流电网结构对保护的影响

在对称单极柔性直流电网中，对应交流侧经大电阻接地或者不接地的情况，发生单极接地故障后的放电阻抗很大或没有放电回路，这可能导致故障特征不明显。如图 4-12 所示为双极柔性直流电网，其交流侧不接地，参数如表 4-2 所示。

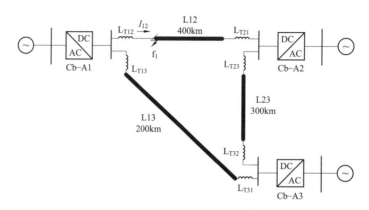

图 4-12　对称单极柔性直流电网

表 4-2 　　　　　　　　　　　　　对称单极直流电网 MMC 参数

换流站	控制模式	L_0（mH）	N_{SM}（个）	C_0（μF）
Cb-A1	$Q = 0\mathrm{Mvar}$ $P = -1800\mathrm{MW}$	96	250	7500
Cb-A2	$Q = 0\mathrm{Mvar}$ $U_{dc} = 1000\mathrm{kV}$	48	250	14000
Cb-A3	$Q = 0\mathrm{Mvar}$ $P = -1500\mathrm{MW}$	96	250	7500

换流站 Cb-A1 和 Cb-A3 控制模式为定有功功率和定无功功率，换流站 Cb-A2 控制模式为定直流电压和定无功功率。在 0.6s 时设置线路 L12 故障点 f_1 处发生正极金属接地故障。故障线路限流电抗器 L_{T12} 侧正、负极电压如图 4-13 所示。

如图 4-13 所示，故障发生后，正极限流电抗电压超过了故障启动阈值，通过后续的检测逻辑，正极电抗器电压绝对值高于负极电抗器电压，可以判断出发生了正极接地短路故障。

对于对称单极柔性直流电网，本节所提的故障检测方法仍然适用。这是因为在网状结构中，虽然交流侧经大阻抗接地或者不直接接地会导致单极接地故障电流较小，但是故障线路的单极接地仍会引起直流电网该极的电位发生变化，其他非故障线路两极上的电荷重新分配。这将导致电流变化，出现故障线路故障极与非故障极之间也有较为明显的差异，从而判断出故障线路与识别出故障极。

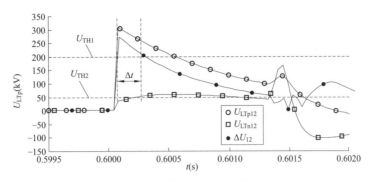

图 4-13　正极接地故障限流电抗器 LT12 电压

4.1.4.3　柔性直流电网差动后备保护验证

对于本节的测试系统，如 4.1.3 节差动后备保护所述，选取故障启动阈值 U_{THB} 为 70kV。

在图 4-5 所示直流电网中，在 $t=1.0\mathrm{s}$ 时刻设置线路 L14 故障点 1 处发生正极接地短路故障，故障过渡电阻为 1000Ω（2 p.u.）。故障线路两侧正、负极限流电抗器电压与通信信号图分别如图 4-14 所示。

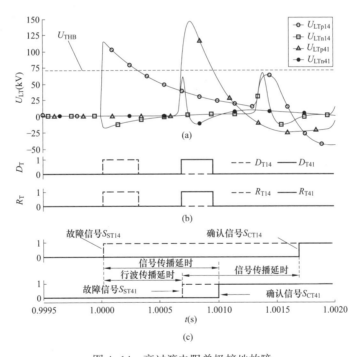

图 4-14　高过渡电阻单极接地故障

（a）限流电抗器电压；（b）幅值信息与方向信息；（c）故障信号与确认信号

如图 4-14 所示，当高阻单极接地故障发生后，故障近端的正极电抗器电压 U_{LTp14} 超过了后备保护故障启动阈值 U_{THB}，且正负极电抗器电压比值 $|U_{\mathrm{LTp14}}/U_{\mathrm{LTn14}}|$ 超过了 $K_{\mathrm{set}}=1.2$。相应的，方向信息 R_{T14} 设置为 1，表示本线路可能发生了故障；本端幅值信息 D_{T14} 为 1，表示可能的故障发生在正极。同时本端向对端发出故障信号 $S_{\mathrm{ST14}}=1$，预示可能发生了故障，需要

对端信息进行校核。根据文献［5］指出的光纤信号传播的速度为 $2 \times 108 \mathrm{m/s}$，若忽略信号的其他延时，长为 200km 的线路 L14 的对端只能在故障发生 1ms 后才接收到故障信号。故障远端在接收到近端发出的故障信号时之前已经能够检测到本端的故障特征。

在故障发生约 $700 \mu s$ 后，与故障近端相同，远端正极电抗电压 U_{LTp41} 也超过了后备保护故障启动阈值，且幅值信息 D_{T41} 和方向信息 R_{T41} 都变为 1，并向故障近端发出故障信号 $S_{\mathrm{ST41}} = 1$。在远端接收到近端传输过来的故障信号 S_{ST14} 后，远端可以确认故障已经发生在本线路上的正极，发出确认信号触发直流断路器完成后续的故障隔离操作。同样，故障近端在远端发出故障信号 S_{ST41} 1ms 后（故障发生后 1.7ms），也确认故障发生，发出确认信号触发直流断路器。对于长为 200km 的线路，后备保护能在 2ms 内准确地检测出高过渡电阻情况下的单极接地短路故障。

4.1.5 其他扰动对保护的影响分析

本小节将以图 4-5 所示的柔性直流电网为例，分析限流电抗器参数、直流电网里的其他扰动，如交流侧故障和直流断路器的开断，对所提保护方法的影响。

1. 功率指令变化的影响

功率指令的改变会导致某线路潮流发生较大改变（如潮流反转），将会引起电流出现暂态过程，进而导致限流电抗上电压发生变化。在 $t = 1.0s$ 时刻，设置换流站 Cb-A1 有功功率指令反转，由 -1800MW 变为 1800MW，同时换流站 Cb-A4 的功率指令由 2000MW 变为 -2000MW。需要指出，实际的柔性直流电网中的功率指令不会阶跃改变。但此处为了考虑最严重的情况，指令为阶跃变化。

图 4-15 所示为线路 L14 上的电流与限流电抗电压。

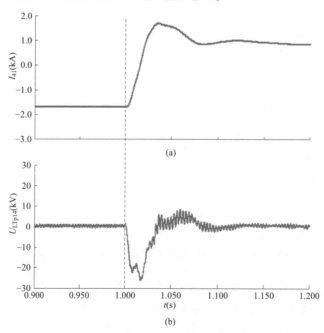

(a)

(b)

图 4-15　潮流反转情况下正极波形

（a）线路 L14 电流；（b）限流电抗器 LT14 电压

在线路 L14 潮流发生反转的过程中，电抗器 U_{LTp14} 上电压最大值为 27kV，较之主保护故障启动阈值 200kV 和后备保护启动阈值 70kV 都要小，因此该过程不会引起保护误动作。即使该过程中的限流电抗电压超过了后备保护的故障启动阈值，在双端信息的通信下，两端的方向信息不会同时为 1，不会判断为故障发生。

2. 交流侧故障的影响

交流侧发生故障同样会引起直流侧电流的暂态过程，进而引起电抗器上电压的变化。在 $t = 1.0$ s 时刻，分别在图 4-5 中故障位置 L13 处设置 2 类交流故障，一类是较为严重的三相接地短路故障，另一类是较为常见的单相接地短路故障。故障持续时间均为 50ms。直流线路 L14 上正极电抗器电压 U_{LTp14} 如图 4-16 所示。

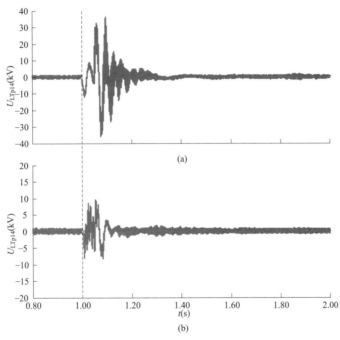

图 4-16　U_{LTp14} 在交流故障下的波形

（a）三相接地故障；（b）单相接地故障

在发生交流三相故障和单相故障的过程中，限流电抗电压 U_{LTp14} 最大值均不超过 40kV 和 10kV，不会触发主保护和后备保护的启动，因此该过程不会引起保护的误动作。同样，即使该过程中的限流电抗电压超过了后备保护的故障启动阈值，在双端信息的通信下，两端的方向信息不会同时为 1，不会判断为故障发生。

3. 限流电抗器参数的影响

限流电抗器上的电压可以表示为 $U_{LT} = L_T$（di/dt），其取值会受电抗器参数的影响。

在图 4-5 所示直流电网中线路 L14 故障点 1 处设置正极接地短路故障，过渡电阻为 0.1Ω。考虑全网限流电抗器取值由 10mH 至 210mH 变化，得到故障线路两侧正极电抗电压最大值 U_{LTp14} 和 U_{LTp41} 以及非故障线路正极电抗电压最大值 U_{LTpmax} 如图 4-17 所示。

如图 4-17 所示，故障线路的限流电抗器的电压最大值随电抗器取值的增大而增大，而非故障线路电抗器电压最大值随电抗器取值增大呈现先增大后减小的趋势。这是因为限流电抗器取值过小时，故障边界效应不明显，当电抗器取值较大时，因为边界效应，非故障线路的电流变化趋势减小，导致非故障线路上电抗器电压较小。为了限流电抗器有较好的边界效应，以便所提保护方法能够准确地区分故障线路与非故障线路，需要选取合适的限流电抗器参数。在本测试系统中，若限流电抗器取值小于 30mH，将导致故障启动阈值较难整定。

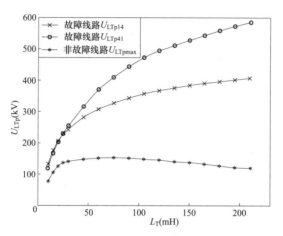

图 4-17　限流电抗器电压随电抗器取值变化曲线

对于较大规模的柔性直流电网，直流断路器对于故障隔离必不可少。为了减小故障电流对电力电子器件的冲击以及降低直流断路器切断故障电流时的应力，需要配置较大的限流电抗器。文献 ［5］ 中提及在±320kV 的柔性直流电网中每极需加装 100mH 的限流电抗器抑制故障电流。因此，本节所提保护方案在直流电网中仍然可行，且在限流电抗取值大于100mH 后有更好的故障线路识别能力。

4. 直流断路器开断的影响

直流电网中直流断路器的开断会引起非故障线路电流的波动，从而导致非故障线路上电抗器电压出现波动。

在图 4-5 所示直流电网线路 L14 故障点 1 处设置金属双极短路故障，故障线路两端主保护快速检测到故障，触发直流断路器隔离故障。仿真中采用 ABB 提出的混合式直流断路器拓扑，此暂态过程中所有线路正极限流电抗器电压如图 4-18 所示。

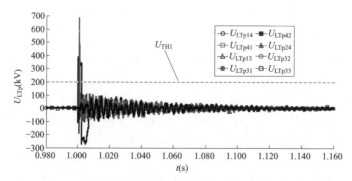

图 4-18　双极短路故障及直流断路器切断过程中限流电抗电压

如图 4-18 所示，故障限流器 14 两侧电抗电压超过主保护故障启动阈值，双极短路故障能够被准确识别，直流断路器成功动作切除线路 L14 隔离故障。在整个暂态过程中，非故障线路的电抗值电压均未超过故障启动阈值，不会引起保护的误动作。

4.2 采用直流电流突变量的检测方法

本节通过分析直流输电线路故障暂态特征，根据区内、外故障下线路两端电流突变量方向不同，提出夹角余弦故障识别判据，并设计线路纵联保护方案。

4.2.1 直流故障电流突变量暂态特征分析

由叠加定理可知，故障后的直流系统可以等效为两个部分：故障前的正常运行网络和故障附加网络。在换流站直流侧出口处至直流输电线路上出现故障后 5ms 的时间内，直流输电的控制系统没有启动或控制器开始响应但仍未调整到稳定运行状态，可以认为换流站的直流电压在这段时间内不会变化，因此可将两端交流系统和换流站在换流站出口等效为直流电压源。

为了便于分析，本节在图 4-5 中直流线路 L1 两端设置保护 M 和 N，用于分析电流突变量的暂态特征。正常运行时的正极和负极直流系统的等值电路分别如图 4-19 所示。其中，Z_{SM}、Z_{SN} 分别为保护 M 和保护 N 背侧系统的等效阻抗；Z_{LT} 为直流电抗器阻抗；Z_l 为直流线路阻抗，图中所示 I_{mnP}、I_{nmP}、I_{mnN} 和 I_{nmN} 的方向均为直流电流的参考方向。

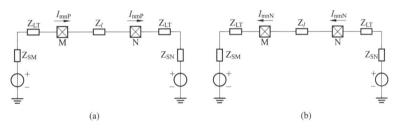

图 4-19　正常运行时直流系统等值电路
（a）正极直流系统等值电路；（b）负极直流系统等值电路

由于 MMC 系统为对称结构，因此后续仅分析正极直流系统的故障附加网络。当 MMC-HVDC 直流线路发生故障时，故障点处的直流电压迅速跌落，因此可以认为故障附加网络中故障点在故障时刻附加了一个电压阶跃信号。

4.2.1.1 区内故障暂态特征分析

根据叠加定理，直流线路上发生区内故障时，正极直流系统的故障附加网络如图 4-20 所示。其中，u_f 为故障点处故障分量的等值附加电压，Z_{l1} 为故障点至 M 处的直流线路阻抗，Z_{l2} 为故障点至 N 处的直流线路阻抗，ΔI_{mnP} 和 ΔI_{nmP} 分别为保护 M 端和保护 N 端的电流突变量。

图 4-20 中直流线路区内故障时，直流线路两端的换流站均向故障点馈入故障电流，此时线路两端的电流突变量为

$$\begin{cases} \Delta I_{mnP} > 0 \\ \Delta I_{nmP} < 0 \end{cases} \tag{4-29}$$

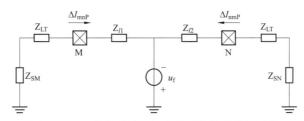

图 4-20 区内故障时正极直流系统故障附加网络

由式（4-29）可知，在规定的电流参考方向下，当直流线路保护区内发生故障时，直流线路两端电流突变量 ΔI_{mnP} 与 ΔI_{nmP} 的方向相反。

4.2.1.2 区外故障暂态特征分析

1. M 侧区外故障暂态特征分析

当直流线路发生 M 侧区外故障时，正极直流系统的故障附加网络如图 4-21 所示。

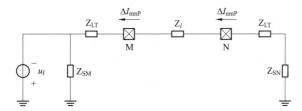

图 4-21 保护 M 侧区外故障时正极直流系统故障附加网络

图 4-21 中直流线路发生保护 M 侧区外故障时，N 侧的换流站向 M 侧的故障点流入故障电流，此时线路两端的电流突变量为

$$\begin{cases} \Delta I_{\mathrm{mnP}} < 0 \\ \Delta I_{\mathrm{nmP}} < 0 \end{cases} \tag{4-30}$$

由式（4-30）可知，在规定的电流参考方向下，当直流线路保护区外 M 侧发生故障时，直流线路两端电流突变量 ΔI_{mnP} 与 ΔI_{nmP} 的方向相同。

2. N 侧区外故障暂态特征分析

当直流线路发生 N 侧区外故障时，正极直流系统的故障附加网络如图 4-22 所示。

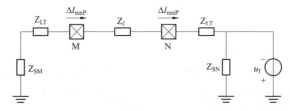

图 4-22 保护 N 侧区外故障时正极直流系统故障附加网络

图 4-22 中直流线路发生保护 N 侧区外故障时，M 侧的换流站向 N 侧的故障点流入故障电流，此时线路两端的电流突变量为

$$\begin{cases} \Delta I_{mnP} > 0 \\ \Delta I_{nmP} > 0 \end{cases} \tag{4-31}$$

由式（4-31）可知，在规定的电流参考方向下，当直流线路保护区外 N 侧发生故障时，直流线路两端电流突变量 ΔI_{mnP} 与 ΔI_{nmP} 的方向相同。

由以上分析可知，当直流输电线路保护区内故障时，故障线路 M 和 N 处电流突变量的方向相反，当保护区外发生故障时，两者方向相同。因此，利用线路两端电流突变量的方向，可以区分线路保护区内、区外故障。

4.2.2 夹角余弦法

夹角余弦可用于反映两组向量之间夹角的大小，衡量两个向量方向之间的差异，进而从方向的角度评估两组向量是否相似。因此，本节利用夹角余弦来描述直流线路两端电流突变量方向的差异程度。

在二维空间中，向量 $\boldsymbol{A}$（x_1，x_2）与向量 $\boldsymbol{B}$（y_1，y_2）之间的夹角余弦计算公式为

$$\cos\theta = \frac{x_1 y_1 + x_2 y_2}{\sqrt{x_1^2 + x_2^2}\sqrt{y_1^2 + y_2^2}} \tag{4-32}$$

类似地，两个 n 维向量 $\boldsymbol{a}$（x_1，x_2，…，x_n）与向量 $\boldsymbol{b}$（y_1，y_2，…，y_n）之间的夹角余弦计算公式为

$$\cos\theta = \frac{\boldsymbol{a}\cdot\boldsymbol{b}}{|\boldsymbol{a}|\cdot|\boldsymbol{b}|} = \frac{\sum\limits_{k=1}^{n} x_k y_k}{\sqrt{\sum\limits_{k=1}^{n} x_k^2}\sqrt{\sum\limits_{k=1}^{n} y_k^2}} \tag{4-33}$$

其中，夹角余弦的值越小表示两个向量之间的夹角越大，反之越小。当两个向量方向相同时，夹角余弦值为 1，当方向相反时为 -1。

由以上二维向量和 n 维向量的夹角余弦同理可得，对于离散电流信号序列 $\Delta I_{mnP} = \{x_1, x_2, \cdots, x_n\}$ 和 $\Delta I_{nmP} = \{y_1, y_2, \cdots, y_n\}$，其夹角余弦公式为[7]

$$C_{mn}(\Delta I_{mn}, \Delta I_{nm}) = \frac{\sum\limits_{k=1}^{n} x_k y_k}{\sqrt{\sum\limits_{k=1}^{n} x_k^2}\sqrt{\sum\limits_{k=1}^{n} y_k^2}} \tag{4-34}$$

式中，ΔI_{mnP} 和 ΔI_{nmP} 为直流线路 L1 两端电流突变量；$C_{mn}(\Delta I_{mnP}, \Delta I_{nmP}) \in [-1, +1]$，$-1$ 表示两端电流突变量完全负相关，$+1$ 表示两端电流突变量完全正相关，0 表示两端电流突变量完全不相关。

区内故障时，线路两端电流突变量方向相反、夹角较大，$C_{mn}(\Delta I_{mnP}, \Delta I_{nmP}) \in [-1, 0)$；区外故障时，线路两端电流突变量方向相同、夹角较小，$C_{mn}(\Delta I_{mnP}, \Delta I_{nmP}) \in (0, +1]$。

下面以线路 L1 中点 f_2 处和换流站 1 直流母线 f_{13} 处发生双极短路故障为例来分析利用夹角余弦区分区内、区外故障的适用性。图 4-23 给出了区内线路中点 f_2 处和区外换流站母线

f_{13}处双极短路故障时，线路两端电流突变量的仿真波形。

由图 4-23 可知，区内发生故障后，直流线路两端电流突变量方向相反，瞬时电流波形差异很大，呈现负相关，符合理论分析结果。经夹角余弦计算得 $C_{mn} = -1$，说明夹角较大，电流突变量方向相反；区外故障发生后，线路两端电流突变量方向相同，瞬时电流波形变化趋势基本一致，具有正相关性，经夹角余弦计算得 $C_{mn} = 0.9999$，说明夹角较小，电流突变量的方向相同，与理论分析相符合。

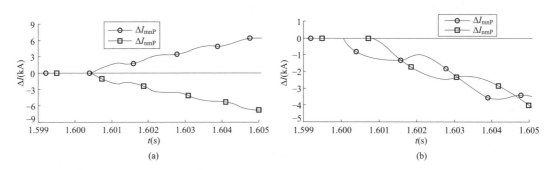

图 4-23　直流线路两端电流突变量波形
（a）区内线路 1 中点双极短路故障；（b）换流站 1 直流母线处双极短路故障

4.2.3　直流线路纵联保护方案

4.2.3.1　保护启动判据

当系统正常运行时，直流线路电压近似为一恒定值；而当系统发生故障后，直流电压呈突变特性。因此，可以利用改进电压梯度算法[8]检测电压变化，判断系统发生故障与否。本节采用的基于改进电压梯度算法的保护启动判据如下

$$| \nabla U(k) | > U_{set} \tag{4-35}$$

$$| \nabla U(k) | = \sum_{i=1}^{3} U_{mn}(k-i) - \sum_{i=4}^{6} U_{mn}(k-i) \tag{4-36}$$

式中，$U_{mn}(k-i)$ 为当前时刻第 i 个采样点前的直流电压测量值；$\nabla U(k)$ 为当前采样时刻的电压梯度值；U_{set} 为保护启动阈值。

保护启动阈值的选择要大于正常运行下的电压梯度最大值，小于故障线路电压梯度的最小值，并保证保护启动的灵敏性。

改进电压梯度算法不仅保证了保护的快速启动，而且自然实现了对采样率的四分频，具有一定的平滑降噪作用。

4.2.3.2　故障识别判据

夹角余弦值可用于判断故障区域，由此构造的故障识别判据如式（4-37）所示，具体计算式由式（4-38）、式（4-39）表示。

$$\begin{cases} C_{mnP} < 0, \text{区内故障} \\ C_{mnP} \geq 0, \text{区外故障} \end{cases} \tag{4-37}$$

$$C_{mn} = \frac{\sum\limits_{i=1}^{N_T} \Delta I_{mnP}(i) \Delta I_{nmP}(i)}{\sqrt{\sum\limits_{i=1}^{N_T} \Delta I_{mnP}^2(i)} \sqrt{\sum\limits_{i=1}^{N_T} \Delta I_{nmP}^2(i)}} \quad (4-38)$$

$$\begin{cases} \Delta I_{mnP} = I_{mnP} - I_{mnP0} \\ \Delta I_{nmP} = I_{nmP} - I_{nmP0} \end{cases} \quad (4-39)$$

式中，ΔI_{mnP}、ΔI_{nmP}分别为线路 M、N 端的电流突变量；I_{mnP0}、I_{nmP0}分别为保护启动前线路 M、N 端的稳态电流；C_{mn}为夹角余弦值；N_T为 3ms 时间窗内的采样点个数。

基于电流突变量夹角余弦值的直流线路故障识别方法，综合反映了信号中每一频率分量的相位及幅值信息，有效解决了仅依靠故障信号的单一频率或高频信息来判断故障不全面的缺陷；并且不需要复杂的频率变换算法来提取特定频率分量，方法简单。

4.2.3.3 故障极判据

MMC 型直流系统中，发生单极接地故障时，故障极电压迅速下降，非故障极电压会有一定程度的升高；而发生双极短路故障时，正负极电压幅值始终相等。基于这一故障特征，本节采用如式（4-40）所示的正负极电压比值[8]来判断故障极，故障极判据如式（4-41）所示

$$U_{bz} = \frac{1}{N_T} \sum_{i=1}^{N_T} \frac{|U_{mnP}(i)|}{|U_{nmN}(i)|} \quad (4-40)$$

$$\begin{cases} \text{正极故障：} U_{bz} < \dfrac{1}{k_{set}} \\ \\ \text{双极故障：} \dfrac{1}{k_{set}} \leqslant U_{bz} \leqslant k_{set} \\ \\ \text{负极故障：} U_{bz} > k_{set} \end{cases} \quad (4-41)$$

式中，U_{mnP}、U_{mnN}分别为正、负极直流电压；U_{bz}为正、负极直流电压的比值；k_{set}为故障极判据阈值。

考虑一定的裕度，k_{set}设为一个略大于 1 的值即可。

4.2.3.4 辅助判据

多端柔性直流电网直流线路发生区外故障时，由于故障暂态过程，故障后瞬间电流突变量可能会在 0 附近波动，这可能会使保护误动。为了克服这一问题，利用电流突变量的幅值构造辅助判据如式（4-42）所示

$$|\Delta I_{mnP}| > I_{set} \quad (4-42)$$

式中，I_{set}为辅助判据的阈值。

该阈值的整定原则为：在保护要求的过渡电阻范围内，大于区外故障时故障后瞬间可能出现的最大电流突变量值，小于区内故障的最小电流突变量值。

4.2.3.5 纵联保护方案

根据上述分析，基于保护启动判据、故障识别判据、故障极判据和辅助判据，设计出基

于电流突变量夹角余弦值的柔性直流电网直流线路纵联保护方案。如图4-24所示。

保护启动后，并行计算辅助判据和故障极判据，若辅助判据满足后即进行故障识别判据的判断，最终只有当故障识别判据和故障极判据同时满足，相应线路的保护才会动作，发出跳闸信号。

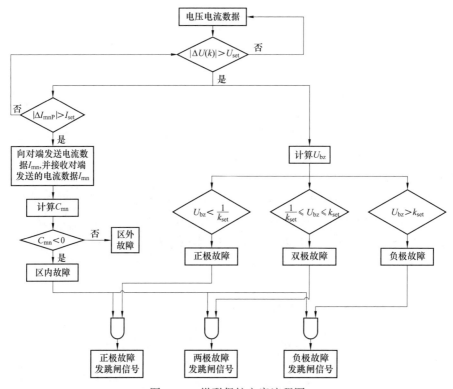

图4-24　纵联保护方案流程图

4.2.4　方案验证

为了验证上述纵联保护方案的正确性和可行性，本节采用图4-5双极柔性直流电网模型为仿真模型进行仿真分析。仿真设置的直流故障发生在1.6s时刻。数据采样频率为20kHz。结合系统参数及仿真结果，保护阈值取值如下：$U_{set}=5kV$，$k_{set}=1.1$，$I_{set}=0.3I_{dc}$。

4.2.4.1　直流线路区内、外故障仿真分析

分别设置区内近端f_1处、区外直流线路近端f_{12}处以及区外换流站母线f_{13}处发生金属性正极接地故障，相应的仿真结果如图4-25~图4-27所示。

由图4-25可以看出，对于区内故障，故障瞬间直流电压迅速变化，保护迅速启动。此时并行判断辅助判据和故障极判据，待辅助判据的条件满足时，故障识别判据识别故障区间。由图4-25中线路两端电流突变量的数据计算可得夹角余弦值$C_{mn}=-0.9999$，故障识别判据识别为区内故障；故障极判据根据直流电压的数据计算可得正、负极电压比值$U_{bz}=0$，故障极判据判断为正极故障。因此，纵联保护方案能够准确判定该故障为区内正极接地故障。

由图 4-26 和图 4-27 可以看出，对于区外故障，故障后直流电压也会变化。但由于线路两端直流电抗器的平滑作用，直流电压变化较区内故障时要缓慢，保护启动判据启动并且辅助判据满足后，图 4-26 中计算的夹角余弦值 $C_{mn}=1$，图 4-27 中计算的夹角余弦值 $C_{mn}=0.9998$，因此，故障识别判据判断图 4-26 和图 4-27 均为区外故障。

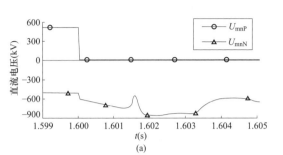 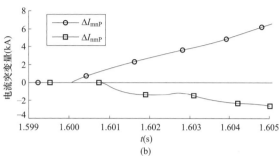

(a)　　　　　　　　　　　　　　　　(b)

图 4-25　区内 f_1 正极接地故障时电压电流波形

（a）直流电压；（b）电流突变量

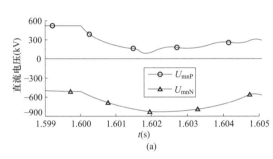 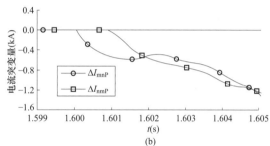

(a)　　　　　　　　　　　　　　　　(b)

图 4-26　区外 f_{12} 正极接地故障时电压电流波形

（a）直流电压；（b）电流突变量

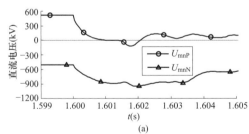 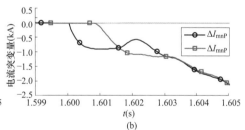

(a)　　　　　　　　　　　　　　　　(b)

图 4-27　区外 f_{13} 正极接地故障时电压电流波形

（a）直流电压；（b）电流突变量

直流线路上其他位置双极短路和正极接地故障的仿真结果见表 4-3 和表 4-4。

表 4-3　　　　　　　　　　　不同位置双极短路故障仿真结果

故障位置	$\|\nabla U\|$	I_{mnP}	C_{mn}	U_{bz}	故障判别结果
f_1	√	√	−0.9986	1	区内双极故障
f_2	√	√	−1	1	区内双极故障

故障位置	$\lvert \nabla U \rvert$	I_{mnP}	C_{mn}	U_{bz}	故障判别结果
f_3	√	√	−1	1	区内双极故障
f_4	√	√	1	1	区外故障
f_5	√	√	0.9999	1	区外故障
f_6	√	√	0.9998	1	区外故障
f_7	√	√	1	1	区外故障
f_8	√	√	1	1	区外故障
f_9	√	√	1	1	区外故障
f_{10}	√	√	1	1	区外故障
f_{11}	√	√	1	1	区外故障
f_{12}	√	√	1	1	区外故障
f_{13}	√	√	0.9999	1	区外故障

注　√表示保护启动，×表示保护未启动。

表 4-4　　　　　　　　　　不同位置正极接地故障仿真结果

故障位置	$\lvert \nabla U \rvert$	I_{mnP}	C_{mn}	U_{bz}	故障判别结果
f_2	√	√	−1	0.294	区内正极故障
f_3	√	√	−0.9996	0.348	区内正极故障
f_4	√	√	1	0.389	区外故障
f_5	√	√	0.9999	0.419	区外故障
f_6	√	×	0.9999	0.392	区外故障
f_7	√	√	0.9999	0.494	区外故障
f_8	√	√	1	0.518	区外故障
f_9	√	√	1	0.606	区外故障
f_{10}	√	√	0.9995	0.39	区外故障
f_{11}	√	√	0.9999	0.372	区外故障

注　√表示保护启动，×表示保护未启动。

　　结果表明，无论是双极短路故障还是单极接地故障，该纵联保护方案都能够可靠地区分区内、外故障，并且具有故障选极的能力。

4.2.4.2　交流侧故障仿真分析

　　换流站 S1 交流母线 f_{14} 处三相短路故障时，相应的电压电流仿真结果如图 4-28 所示。

　　交流侧故障同样会引起直流电压的变化，保护启动，图 4-28 中电流突变量的夹角余弦值 $C_{mn}=1$，因此保护方案识别为区外故障。而交流母线 f_{14} 处发生单相短路和两相短路故障时，由于直流电流变化缓慢，未达到辅助判据的阈值，保护不会动作。

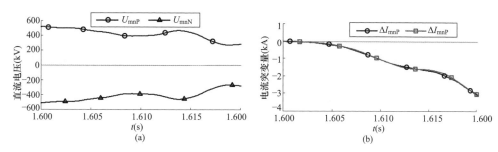

图 4-28　交流系统三相短路故障时电压电流波形

（a）直流电压；（b）电流突变量

4.2.5　其他参数对保护的影响分析

4.2.5.1　过渡电阻对纵联保护的影响

表 4-5 给出了线路 L1 不同位置经不同过渡电阻故障的仿真结果。

表 4-5　　　　　　　　　　　直流线路经不同过渡电阻故障下的仿真结果

故障类型	故障位置	过渡电阻（Ω）	$\|\nabla U\|$	I_{mnP}	C_{mn}	U_{bz}	故障判别结果
双极短路	f_1	300	√	√	−1	1	区内双极故障
	f_2	300	√	√	−1	1	区内双极故障
	f_3	300	√	√	−0.9998	1	区内双极故障
正极接地	f_1	100	√	√	−1	0.719	区内正极故障
		300	√	√	−0.9999	0.523	区内正极故障
	f_2	100	√	√	−1	0.42	区内正极故障
		300	√	√	−1	0.619	区内正极故障
	f_3	100	√	√	−1	0.498	区内正极故障
		300	√	√	−0.9994	0.681	区内正极故障

注　√表示保护启动，×表示保护未启动。

由表 4-5 可知，过渡电阻对电流突变量的夹角余弦值几乎无影响。随着故障过渡电阻的增大，本节采用的保护启动判据、辅助判据和故障极判据均能够可靠动作，故障识别判据更是不受影响，具有较强的耐过渡电阻能力。

4.2.5.2　线路分布电容对纵联保护的影响

值得指出的是，由于本节仿真模型中架空线路均使用了依频模型，即已经考虑了线路分布电容电流的影响，以上仿真结果中各种故障情况下，纵联保护方案均能准确地识别区内外故障，因此，本节的纵联保护方案不受线路分布电容电流的影响。

4.2.5.3　数据同步误差对纵联保护的影响

本节的纵联保护方案中只有故障识别判据在计算线路两端电流突变量的夹角余弦值时，需要两侧换流站进行数据传递，而数据传递过程中两侧可能会出现数据不同步的问题，影响保护的动作性能。因此，下面分析数据同步误差对计算夹角余弦值的影响。

本节提出的保护方案中，线路两端的保护启动判据和辅助判据是分别对各自端进行判断的。以这两个判据满足要求的时刻作为数据采集计时起点，各自端向对端传输储存 3ms 的电流数据，最终利用双端的数据计算夹角余弦值。由于本节的保护方案是各自端先进行判断，再传输数据，不同于纵联电流差动保护的利用双端数据计算的结果进行判断，因此，本节的纵联保护方案不受数据同步误差的影响。

架空线路直流输电工程直流线路较长，站间的通信延时也较长，因此通信延时对保护性能的影响也需考虑。在目前的技术下，光纤通信的最大传输速率约为 200km/ms。本节的四端直流电网模型中线路最长为 227km，通信延时大约为 1~2ms。从保护原理而言，本节纵联保护方案的动作可靠性并不受通信延时的影响，但会在一定程度上影响动作速度。

4.3 直流线路双极短路故障定位方法

本节将围绕直流线路区内双极短路这一最严重故障类型展开讨论，提出一种基于估计 R-L 模型的故障定位方法。

4.3.1 故障定位系数

直流电网发生双极短路故障时，最先经历的是子模块电容放电阶段。四端直流电网各线路间存在强耦合，且环形故障等值电路异常复杂，已无法求得故障电压和电流的解析解。为了解决这个问题，本节将使用电气量的实际测量值代替解析解进行故障定位。这些测量值捕获与 FDTL 模型的直流电网，因而已经包含了实际传输线的详细特征。基于估计 R-L 模型的直流故障放电等效电路如图 4-29 所示。实际电压和电流数据需通过一阶惯性环节，以消除由分布电容参数引起的高频分量的影响。因此，分布式电容不包括在计算中。

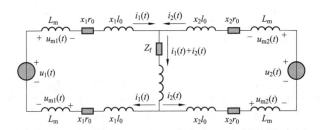

图 4-29　双极短路故障初始阶段的估计 R-L 等效电路

图 4-29 中 $u_1(t)$ 和 $u_2(t)$ 分别表示直流线路两端双极电压实测值；$i_1(t)$ 和 $i_2(t)$ 分别表示两端直流电流实测值；$u_{m1}(t)$ 和 $u_{m2}(t)$ 分别表示两侧平波电抗器上的电压降；L_m 表示平波电抗器；Z_f 表示过渡电阻；x_1 和 x_2 分别表示故障点距线路两端的距离；r_0 和 l_0 分别表示线路单位电阻、电感。可从 FDTL 模型导出，将在 4.3.2 节中展开计算。对图 4-29 所示等效电路列写 KVL 方程，可得

$$2L_m \frac{di_1(t)}{dt} + 2r_0 x_1 i_1(t) + 2l_0 x_1 \frac{di_1(t)}{dt} + [i_1(t) + i_2(t)] Z_f = u_1(t) \qquad (4-43)$$

$$2L_m \frac{di_2(t)}{dt} + 2r_0 x_2 i_2(t) + 2l_0 x_2 \frac{di_2(t)}{dt} + [i_1(t) + i_2(t)] Z_f = u_2(t) \qquad (4-44)$$

两式相减可消去过渡电阻的影响。若令 $x_1+x_2=L$，故障位置与线路一端的距离占线路全长的比例 $\lambda=\dfrac{x_1}{L}$ 可表示为

$$\lambda = \frac{L\left[2r_0 i_2(t) + 2l_0\dfrac{\mathrm{d}i_2(t)}{\mathrm{d}t}\right]}{L\left[2r_0 i_1(t) + 2l_0\dfrac{\mathrm{d}i_1(t)}{\mathrm{d}t} + 2r_0 i_2(t) + 2l_0\dfrac{\mathrm{d}i_2(t)}{\mathrm{d}t}\right]} + \frac{u_1(t) - u_2(t) - 2L_m\dfrac{\mathrm{d}i_1(t)}{\mathrm{d}t} + 2L_m\dfrac{\mathrm{d}i_2(t)}{\mathrm{d}t}}{L\left[2r_0 i_1(t) + 2l_0\dfrac{\mathrm{d}i_1(t)}{\mathrm{d}t} + 2r_0 i_2(t) + 2l_0\dfrac{\mathrm{d}i_2(t)}{\mathrm{d}t}\right]}$$

$$(4\text{-}45)$$

平波电抗器上的压降可表示为 $u_{m1,2}(t) = L_m\dfrac{\mathrm{d}i_{1,2}(t)}{\mathrm{d}t}$。因此式（4-45）中电流微分可由电抗压降表示，改写为式（4-46）。此举可消去求解微分引入的误差。

$$\lambda(t) = \frac{L\left[2r_0 i_2(t) + 2l_0\dfrac{u_{m2}(t)}{L_m}\right]}{L\left[2r_0 i_1(t) + 2l_0\dfrac{u_{m1}(t)}{L_m} + 2r_0 i_2(t) + 2l_0\dfrac{u_{m2}(t)}{L_m}\right]} + \frac{u_1(t) - u_2(t) - 2u_{m1}(t) + 2u_{m2}(t)}{L\left[2r_0 i_1(t) + 2l_0\dfrac{u_{m1}(t)}{L_m} + 2r_0 i_2(t) + 2l_0\dfrac{u_{m2}(t)}{L_m}\right]}$$

$$(4\text{-}46)$$

在 2.1.3.1 节张北直流电网模型的 227km 线路上设置三个短路故障，分别距换流站 S1 10%、50%、90% 线路全长。每个故障点的相应电压和电流量在经过一阶惯性环节后用于计算 λ，结果如图 4-30 所示。

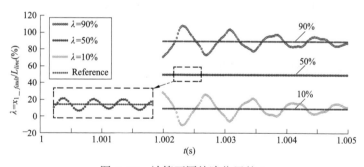

图 4-30　计算不同故障位置的 λ

尽管一阶惯性环节可以滤除高频分量引起的干扰，但它不能完全消除电压和电流的波动，这使计算出的 λ 沿时间轴波动。观察图 4-30 可知，计算出的 λ 在故障发生后 2~5ms 内在参考值附近波动。为了解决这个问题，本节定义故障定位系数 η 来表示波动的平均值如下

$$\min \sum_{k=1}^{n}\left[\lambda(k) - \eta\right]^2$$

$$(4\text{-}47)$$

此外还定义 Error 来表示计算所得定位系数与实际短路位置的误差百分比，表示为

$$Error = \left|\eta - \frac{x_1}{L}\right| \times 100\%$$

$$(4\text{-}48)$$

4.3.2　架空输电线路 r_0、l_0 参数获取

上述公式不仅需要测量的电压和电流数据，还需要线路参数 r_0 和 l_0，它们可通过预设双极短路故障来测算。为了获得足够的测试数据，有必要确保在极对极故障测试中发生故障后 20ms 内直流断路器不工作。式（4-49）给出了本节中使用的直流线参数 r_0 和 l_0 的估计方法。这也是对图 4-29 左侧网孔列写 KVL 方程得到的表达式。注意，此时的故障由人为设置成金属性双极短路故障。

$$u_1(t) - 2u_{m1}(t) = 2r_0 L_{test} i_1(t) + 2l_0 L_{test} \frac{di_1(t)}{dt} \tag{4-49}$$

线路的 r_0 和 l_0 参数可以通过式（4-49）以不同的时间间隔来计算，并且包含 r_0 和 l_0 的矩阵形式在（4-50）中给出

$$\begin{bmatrix} u_1(t_1) - 2u_{m1}(t_1) \\ u_2(t_2) - 2u_{m1}(t_2) \end{bmatrix} = \begin{bmatrix} 2L_{test} i_1(t_1) & \dfrac{2L_{test} u_{m1}(t_1)}{L_m} \\ 2L_{test} i_1(t_2) & \dfrac{2L_{test} u_{m1}(t_2)}{L_m} \end{bmatrix} \begin{bmatrix} r_0 \\ l_0 \end{bmatrix} \tag{4-50}$$

式中，t_1，t_2 为两个不同的采样时刻；L_{test} 为故障设置点与线路一端的距离。

可以看出，r_0 和 l_0 也处于时域中，并且所涉及的电压和电流值仍需首先通过一阶惯性环节。通过在张北电网的最短线路的中点设置双极故障，计算出的 r_0 和 l_0 如图 4-31 所示。

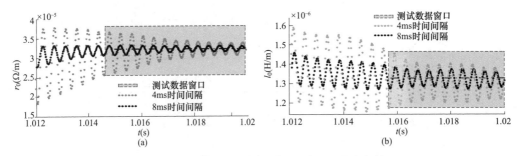

图 4-31　计算具有不同时间间隔的最短线路参数
（a）r_0；（b）l_0

与图 4-30 类似，图 4-31 中的波形在一定值附近波动，随着不同时间间隔的增加，这种波动变得更加明显。对于较长的线，r_0 和 l_0 的计算是相似的。可算得最短线路的 r_0 和 l_0 分别为 $3.4857 \times 10^{-5} \Omega/m$ 和 $1.2543 \times 10^{-6} H/m$，最长线路的 r_0 和 l_0 分别为 $3.2336 \times 10^{-5} \Omega/m$ 和 $1.2958 \times 10^{-6} H/m$，取其平均值作为 r_0 和 l_0 最终值，得 $3.3597 \times 10^{-5} \Omega/m$ 和 $1.2751 \times 10^{-6} H/m$。

4.3.3　定位方法验证

本节所用测试系统为 2.1.3.1 节所用的张北四端直流电网，详细参数在此不再赘述。为了验证定位算法，需要设置不同故障点进行测算。故障位置从 f_1 到 f_{11}，$f_1 \sim f_4$ 位于线路 1 的 20%、40%、60%、80% 线路长度处；$f_6 \sim f_{10}$ 位于线路 4 的 10%、30%、50%、70% 和 90% 线

路长度处。具体位置详见图 4-32。

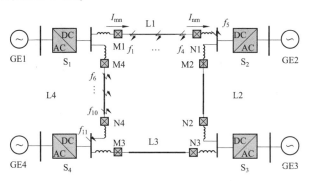

图 4-32 双极短路故障位置示意图

所需的设置包括：故障发生在 1.0s，线路两端同步采样频率为 50kHz，一阶惯性环节设为 $\frac{G}{1+ST}$，其中 $G=1$，$T=0.002s$。本节所需的总数据窗口为 5ms。运用计算得到的 r_0 和 l_0 及式（4-46）、式（4-47），可以获得故障定位系数，如图 4-33 所示。横坐标表示实际的故障位置与线路一端的距离与总线路长度之比。它汇集了两条线路的 9 个区内故障点，分别为线路 L1 和 L4 的 $f_1 \sim f_4$ 和 $f_6 \sim f_{10}$。

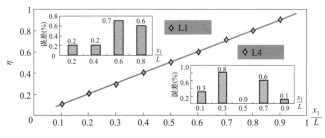

图 4-33 不同短路故障点的故障定位系数

由图 4-33 可知，长短线路相应的定位系数均能维持在参考值附近，对应于每个故障点的位置误差不超过 0.8%，可见定位算法不受故障位置和线路长度的影响，非常准确。

4.3.4 其他扰动对定位的影响分析

考虑到过渡电阻、平波电抗器和输送功率的变化都能引起直流侧电压和线路电流值的改变，因此有必要分析上述参数变化对定位精确度的影响。图 4-34 展示了考虑上述因素的定位结果。

从图 4-34（a）可以看出，当过渡电阻从 0 到 500Ω 变化时，各故障点定位系数变化不大，整体误差能维持在很低的水平。这说明，在一般工况下，运用双端数据能有效消去过渡电阻对定位精度的影响。

从图 4-34（b）、（c）可以看出，平波电抗器取值从 90mH 到 170mH 变化、换流站功率从正向额定输送变为反向额定输送，都不会对定位精度带来很大的影响。这说明，应用直流侧电压、电流实测值可以避免换流器和背侧系统变化的影响。因此，本章所提定位算法精确、可靠且适用于多种工况。

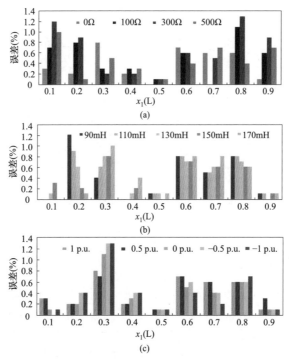

图 4-34 不同运行条件下不同短路故障点的故障定位误差

（a）故障电阻；（b）平波电抗器；（c）输送功率

4.4 本章小结

本章首先从直流平波电抗器电压变化的角度提出一种包含快速检测主保护和耐受高过渡电阻后备保护的故障检测方法，主要用于故障线路选择和故障极判断；其次，从线路两端电流突变量角度提出基于夹角余弦的线路纵联差动保护方案，可以有效判别线路区内、外故障；最后，针对双极短路故障提出一种较为精确的基于传输线简化 R-L 模型与故障电气量实测录波的定位算法，耐受高过渡电阻，在平波电抗器和输送功率改变的情况下也有良好的适用性。

参 考 文 献

［1］Li C，A. M. Gole，Zhao C. A Fast DC Fault Detection Method Using DC Reactor Voltages in HVdc Grids ［J］. IEEE Transactions on Power Delivery，2018，33 （5）：2254-2264.

［2］Lv J，Li L. Study on the Key Equipment's Insulation Level of ±800kV UHVDC Power Transmission Project ［C］// Power Engineering Society Conference and Exposition in Africa，2007. PowerAfrica'07. IEEE. IEEE，2008：1-4.

［3］Tanaka Y, Ono T, Sampei M, et al. Long-term Test of the Equipment for ±500 kV DC Converter Station ［C］// Power Engineering Society Summer Meeting. IEEE, 1999：1152 - 1157 vol. 2.

［4］张保会, 尹项根. 电力系统继电保护. 第 2 版 ［M］. 中国电力出版社, 2010.

［5］Huang C, Li F, Ding T, et al. A Bounded Model of the Communication Delay for System Integrity Protection Schemes ［J］. IEEE Transactions on Power Delivery, 2016, 31 （4）：1921-1933.

［6］Hassanpoor A, Häfner J, Jacobson B. Technical Assessment of Load Commutation Switch in Hybrid HVDC Breaker ［J］. IEEE Transactions on Power Electronics, 2015, 30 （10）：5393-5400.

［7］周家培, 赵成勇, 李承昱, 等. 采用电流突变量夹角余弦的直流电网线路纵联保护方法 ［J］. 电力系统自动化, 2018, 42 （14）：165-171.

［8］王艳婷, 张保会, 范新凯. 柔性直流电网架空线路快速保护方案 ［J］. 电力系统自动化, 2016, 40 （21）：13-19.

第5章 基于换流器辅助断路的故障隔离

直流侧故障线路的清除与隔离，保持健全线路的功率传输是保证直流电网可靠运行的前提。由于直流断路器研制技术难度高且造价昂贵，有必要探索新型低成本直流开断方案，以保证多端直流输电系统和直流电网安全运行和设备正常工作，实现多端直流输电系统和直流电网多种拓扑结构之间的转换。本章将介绍几种基于换流器辅助的故障隔离方案，并提出相应的控制策略，进而通过仿真及实验验证方案的可行性。

5.1 辅助断路型 MMC 拓扑

5.1.1 拓扑及其工作原理

直流断路器方案和辅助断路方案均不同程度地存在着经济性、可靠性、容量和故障处理速度等方面的问题。综合考虑各方案的优缺点，本节提出一种新型的辅助断路型 MMC 拓扑。如图 5-1 所示，该方案由一个经过改造的 MMC 换流器和一个低成本的断路单元组成。其中，MMC 具有正常运行状态下的变换器功能和故障状态下的故障辅助清除功能。通过故障辅助清除操作，安装在线路上的低成本断路单元可以在故障隔离模式下方便地隔离故障线路。

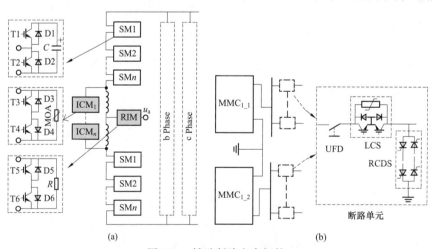

图 5-1 辅助断路方案拓扑

(a) 换流器改造；(b) 断路单元结构

对 MMC 换流器的改造如图 5-1（a）所示。在传统 MMC 的上下桥臂电感之间并联电感控制模块（Inductor Controlling Module，ICM），在每个交流输电线路上串联附加电阻模块（Resistance Inserting Module，RIM）。ICM 由两个反向串联的 IGBT 和一个 MOA 单元组成。

ICM 的数量取决于在各种条件下上、下桥臂电感上的最大电压。在加入 ICM 之后，通过触发 HBSM 内的 T2 和 ICM 的所有 IGBT，换流器能够快速地将输出直流电压降低到零。考虑到交流系统对运行过程中桥臂的故障电流有很大影响，通过关断 RIM 中的 T5、T6，可以有效地限制桥臂过电流。由于交流系统的阻尼通常比直流系统大得多，在大多数应用场景中，RIM 可以省略。

断路单元的结构如图 5-1（b）所示。该单元由快速隔离开关（Ultra-fast Disconnector，UFD）、负载换向开关（Load Commuted Switch，LCS）和剩余电流泄放开关（Residual Current Discharging Section，RCDS）组成。UFD 的开关速度通常为 2ms，断口的绝缘电压应大于全开时的直流电压。LCS 由几个反向串联连接的 IGBT 组成，在 LCS 的两端配置 MOA，使 IGBT 免受过电压的损害。LCS 的作用是将故障电流转移到换流器，这将为故障线路中 UFD 触点的分离创造零电流条件。对于 LCS，在图 5-2 中展示了所提出的方案与混合直流断路器方案的比较。

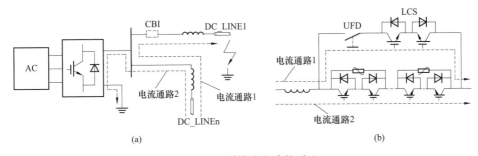

图 5-2　不同转移电路的对比

（a）辅助直流断路方案的电流通路；（b）混合直流断路器的电流通路

从图中可以看出，故障电流从电流支路 1 转移到支路 2，两种方案的相似之处在于都有两个故障电流支路；两种方案的不同之处在于，所提辅助直流断路方案的故障电流被转移到换流器，而混合式直流断路器的故障电流被转移到电力电子电路断路支路。

由于系统存在等效电容和电感，在换向过程中，能量的集中释放可能导致 LCS 的过电压或缓慢的电流衰减过程。因此，有必要配置 RCDS，以释放直流线路中存储的能量，确保换流成功。RCDS 支路由多个串联的双向晶闸管组成，各晶闸管之间应设置相应的电压均衡电路，以防止局部过电压。

5.1.2　故障清除操作流程

以直流电网为例，当 t_0 时刻发生极地故障时，所有换流站将在短波传输延迟之后将故障电流馈送到故障点，如图 5-3 步骤 1 所示。

在 t_1 时刻，随着故障电流以较大的上升速率增长，故障被检测并定位。然后在 t_2 时刻由控制器发出控制指令，控制近端换流器降低输出直流电压至零。同时，故障直流线路中的 RCDS 分支被触发。此时，故障电流将有两个新的低阻抗路径，如图 5-3 的步骤 2 所示。图 5-4 展示了完整的故障隔离策略的流程。

在 t_3 时刻，LCS 的开关操作使得直流线故障电流可以被阻断，储存在直流线路的 RCDS，故障直流线路和故障点形成的回路进行消耗，不会造成现有的 LCS 衰减。LCS 将电

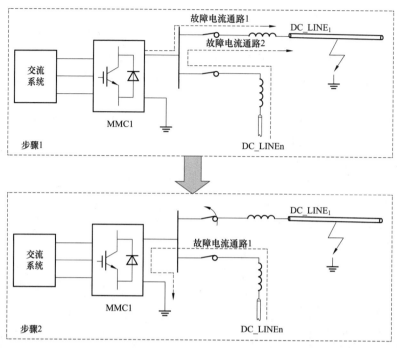

图 5-3 故障隔离过程分析

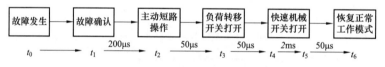

图 5-4 故障隔离策略流程图

流降为零，UFD 与 LCS 分别在 t_4、t_5 完全打开。换流器在 t_6 恢复正常运行，其功率流将被重新分配，以确保电力输送。

5.1.3 仿真验证

为了验证辅助断路方案的有效性，如图 5-5 所示，在 PSCAD/EMTDC 中建立了由四端双极性 MMC 组成的直流电网模型。主电路的参数如表 5-1 所示。

表 5-1   直流电网仿真参数

项目	MMC1	MMC2	MMC3	MMC4
容量（MVA）	1500	1500	3000	3000
线路电压（kV）	±500	±500	±500	±500
变压器容量（MVA）	3400	1700	3400	3400
桥臂电抗（mH）	100	100	100	100
直流电抗（mH）	150	150	150	150
子模块电容电压（μF）	7000	7000	7000	7000
每个桥臂的子模块数	233	233	233	233

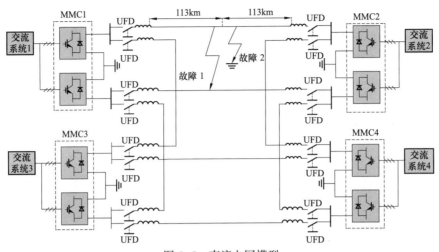

图 5-5　直流电网模型

所有的直流线路都是架空型。MMC2 换流站工作在定直流电压控制模式，而其他换流站运行在定有功和定无功模式。MMC1 和 MMC2 之间的线路 L12、L13、L34 和 L24 长度分别是 226、66、219km 和 126km。考虑到该直流电网中所有换流站的独立运行和波传播延迟的差异，故障线路附近的两个换流站的运行可能不同时进行，但操作顺序保持不变。该仿真模型中的故障点位于 L12 的中点，这样可以使得 MMC1 和 MMC2 的工作时间和顺序同步。

双极金属短路故障（图 5-5 中的故障 1）位于线路 L12 的中点，在 $t=1.0$s 处发生，正极和负极之间的短路阻抗为 0.01Ω。图 5-6 和图 5-7 分别展示了辅助直流断路器的动态响应图和系统级响应图。

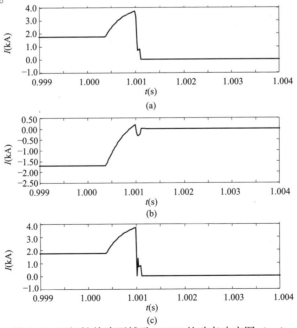

图 5-6　双极性故障下辅助 DCCC 的动态响应图（一）

（a）MMC1 的直流电流；（b）MMC2 的直流电流；（c）LCS1 的电流

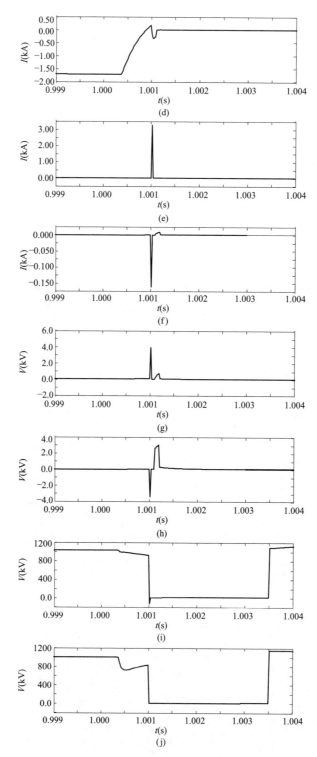

图 5-6 双极性故障下辅助 DCCC 的动态响应图 （二）

（d）LCS2 的电流；（e）MOA1 的电流；（f）MOA2 的电流；（g）LCS1 的电压；
（h）LCS2 的电压；（i）MMC1 的直流电压；（j）MMC2 的直流电压

如图 5-6（a）和 5-6（b）所示，连接到 MMC1 和 MMC2 正极的线路 L12 的故障电流在短的传输延迟后异常迅速升高。考虑到通信和故障检测和定位所需的延迟，MMC1 和 MMC2 的所有 T2 IGBT 都在 1.001s 触发。同样地，ICM 和 RCDS 分支中的所有 IGBT 和晶闸管同时被触发。在延迟 100μs 之后，LCS1 和 LCS2 中的所有 IGBT 被阻断以将故障电流转移到近端 MMC。图 5-6（c）和 5-6（d）表明，LCS1 和 LCS2 的电流被传输到 MOA，MOA 与 LCS 并联连接。图 5-6（e）和 5-6（f）表明 MOA 的电流迅速衰减到零，然后 LCS 支路的故障电流衰减到零，从而可以关闭 UFD。从图 5-6（g）和 5-6（h）中可以看出，在转移操作下，LCS 两端的电压不超过 4kV。较低的直流电压可以防止 UFD 在打开过程中的电压击穿。

图 5-7（a）表明，在故障清除操作过程中，电容没有充电和放电。RCDS 分支中的故障电流波形如图 5-7（b）所示。由于等效电容的存在，电感和电阻、线路的剩余电流衰减的形式在过阻尼振荡。线路 L13、L21、L34、L24 和 L12 的功率相应地在图 5-7（c）~5-7（g）中展示。其中，传输电力线路 L12 和线 L21 迅速下降到零，故障消除后，和其他线路间的传输功率也随之变化，因此，电网的电力传输能够得到保证。图 5-7（h）展示了 MMC1 的正极输出功率。故障线路被隔离后，在故障发生之前，换流器的输出功率保持在相同的值。每一条线路的输出电流如图 5-7（i）所示。

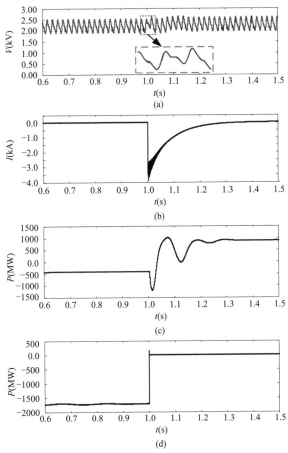

图 5-7　网格的动态响应图（一）

（a）Sm 电容器电压；（b）RCD 的电流；（c）线路 L13 的功率流；（d）线路 L21 的功率流

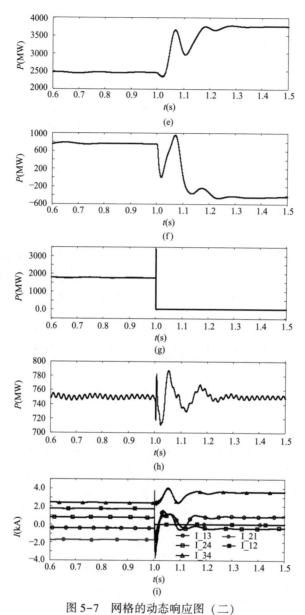

图 5-7 网格的动态响应图（二）

（e）线路 L34 的功率流；（f）线路 24 的功率流；（g）线路 L12 的功率流；
（h）MMC1 的输出功率；（i）每一条线路的直流电流

MMC1 的桥臂电流波形如图 5-8 所示。

根据图 5-8，交流系统的故障电流相当大。对于 a 相，下桥臂的最大电流达到 4.35 kA，如图 5-8（a）所示。对于选定的 IGBT，能够承受 1ms 内的 6kA 短路电流，过电流在安全范围内。必要时，可以通过串入交流侧电阻进一步抑制桥臂的过电流。图 5-8（b）展示了当 3Ω 电阻串入交流侧时六个桥臂的电流波形。可以看出，各桥臂电流均有一定程度的降低，最大电流从 4.35kA 下降到 4.18kA。当在交流侧串入一个 6Ω 电阻时，六个桥臂的电流波形将进一步降低，如图 5-8（c）所示。结果表明，六个桥臂的电流随着电阻的增大而减小，桥臂最大电流降至 4kA。因此，这种电流抑制策略能够满足未来较大容量场合下臂电流超过

IGBT 最大极限的挑战。

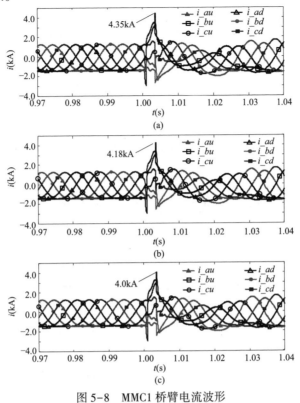

图 5-8　MMC1 桥臂电流波形

（a）交流侧无电阻；（b）3Ω 电阻串入交流侧；（c）6Ω 电阻串入交流侧

接地短路（图 5-5 中的故障 2）在 $t = 1.0s$ 时发生，位于线路 L12 的中点，并且正极与地之间的短路电阻为 $0.01Ω$。图 5-9 展示了辅助直流断路器的动态响应图。

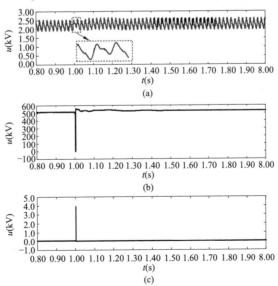

图 5-9　单极故障下辅助直流断路器的动态响应图（一）

（a）子模块电压；（b）直流电压；（c）LCS 电压

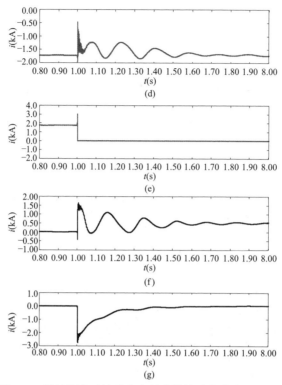

图 5-9 单极故障下辅助直流断路器的动态响应图（二）
(d) 负极线中的直流电流；(e) 正极线中的直流电流；(f) 中性母线电流；(g) RCDS 支路的电流

图 5-9（a）显示子模块的电容器在故障清除操作期间没有充放电过程，然后在恢复过程中恢复到正常波动。图 5-9（b）表明，在故障清除操作期间，MMC 的直流侧电压迅速下降到零，然后 LCS 中的 IGBT 可以在较低的电压应力下被阻断，如图 5-9（c）所示。在故障清除期间，直流负电流大幅度波动，然后恢复到正常值。如图 5-9（d）所示。同时，断路单元中的故障电流迅速下降到零，然后故障线路将被 UFD 隔离，如图 5-9（e）所示。图 5-9（f）所示，中性母线电流迅速增加，然后换流站在单极模式下运行。剩余电流由 RCDS 形成的放电电路耗散，如图 5-9（g）所示。

图 5-10 是所提出的方案和混合直流断路器的中断时间和能量吸收比较。

图 5-10（a）和图 5-10（b）分别是断路单元的电流波形。该图表明，在所提出的方案下，LCS 运行后，直流母线已经停止向故障线路供电，而在混合直流断路器方案下，只有 UFD 完全断开后，故障电流才能被中断。

在 MMC 的故障清除操作期间，由交流侧和远端换流器馈送的电流将导致系统中大量能量的存储。当执行恢复操作时，故障能量将在直流线路上产生过电压。因此，配置在直流线路上的 MOA 可以用于能量吸收。然而，能量吸收的结果是将这些电流恢复到额定值，而不是零，所以直流线路上的 MOA 消耗更少的能量。此外，RCDS 支路中的晶闸管具有过流能力，线路上的故障能量通过由线路和 RCDS 支路构成的故障放电电路耗散。因此，在所提出的方案下，直流 MOA 的能量吸收远小于混合直流断路器方案。图 5-10（c）和 5-10（d）分别是所提出的方案和混合直流断路器方案下的能量吸收波形。混合直流断路器的总能量吸收值为 12MJ，而该方案的值仅为 500kJ。

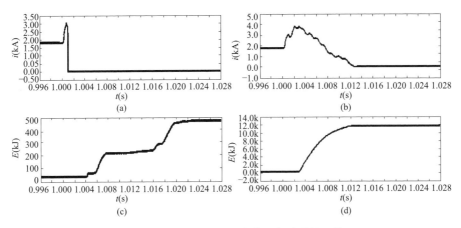

图 5-10 所提方案与混合直流断路器的比较

（a）所提方案的断路单元电流；（b）混合直流断路器电流；
（c）所提方案的能量吸收值；（d）混合直流断路器的能量吸收值

5.2 增强型辅助断路 MMC

5.2.1 增强型 MMC 拓扑

针对 5.1 节所述的辅助断路型 MMC 拓扑，为了进一步降低其成本及线路损耗，本节提出了一种增强型辅助断路 MMC。具体拓扑结构如图 5-11 所示。

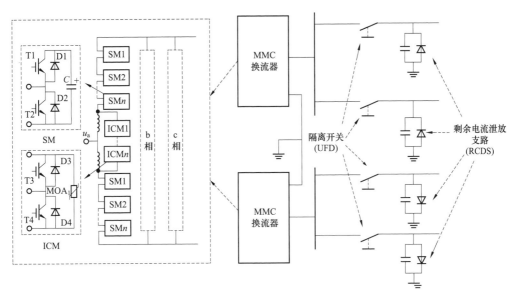

图 5-11 增强型辅助断路 MMC 结构图

由图 5-11 可见，MMC 桥臂电抗两端并联了若干个相互串联的 ICM，该模块由一对反向串联的 IGBT 和 MOV 阀组构成，该模块的数量由额定工况下桥臂电抗所承受的最大电压决定，并考虑一定的安全裕度。通过触发上下桥臂所有子模块中的 T2 以及电感投切模块中的 T3 和 T4 可使得 MMC 直流侧输出电压迅速降至每相 IGBT 通态压降水平，通过该操作，MMC 桥臂可起到类似于混合式直流断路器的电力电子断流支路的作用。

由于直流电网是低惯量系统，所以必须对故障点进行有效隔离，防止故障扩散到全网并为故障线路检修提供安全操作条件。配置在直流线路上的 UFD 的开关速度通常为 2ms，由于其不具备断路能力，必须在故障线路电流为零时打开。

配置在直流线路上的 RCDS 由二极管和容值较小的电容器（10μF）组成，该支路只为故障能量的耗散提供一个回路，而不具备任何断路功能。对于单极系统，二极管组的阳极和阴极分别接在地线和直流正极线路上；对于对称双极系统，正负极直流线路分别配置一组 RCDS 支路，其中正极直流线路连接二极管组的阴极，负极线路连接二极管组的阳极，如图 5-11 所示。电容器的作用如下：正常运行时起到降低直流母线电压波动的作用，在故障发生时会自动放电，在短时间内起到延缓换流器向故障点馈入故障电流的速度，降低了换流器出口故障电流的上升率，并可在换流器启动故障自清除操作时提供反向电压，迫使流过 UFD 的故障电流降为零，随着电容放电完成，二极管反向偏置结束，开始导通续流，以防止故障电流突变产生的过电压导致动作过程中的 UFD 绝缘击穿。

利用二极管而不是单纯依赖换流器将线路故障电流降为零的原因如下：由于直流系统线路较长，其等效电抗以及线路上的平抗储存较多的能量需要释放，通过二极管进行辅助能量耗散，在线路能量释放完成之前即可打开隔离开关，可显著加快换流器自清除操作的进程，能够更快地进行故障恢复操作，而仅用换流站释放必须等待线路故障电流降为零才能打开隔离开关，需要耗费较长的时间，且在此过程中，其他换流站对该换流站持续馈入故障电流，将对该换流站内部的 IGBT 造成极大的压力。

5.2.2　工作原理及等值电路

在传统的故障隔离过程中，电网中所有的换流器都向故障点馈入故障电流，如图 5-12（a)所示，此时故障电流的分断极为困难。而在本节的新型 MMC 拓扑中，近端换流器（即距离故障点最近的换流器）的直流侧电压被迅速降至 IGBT 通态电压水平，所以近端换流器停止向故障点馈入电流，而远端换流器（即距离故障点较远的所有换流器的统称）则同时向近端换流器和故障点注入电流，这两条电流通路都呈现低阻抗特性，类似混合式直流断路器的低损耗支路和电力电子断流支路，所以此时的换流站桥臂代替了直流断路器的作用，如图 5-12（b）所示。

该拓扑的故障隔离过程可分为三个阶段，下面结合其等值电路进行分析，如图 5-13 所示。

其中，U_{dc1} 和 U_{dc2} 分别表示远端换流器和近端换流器的直流电压。根据箭头所示方向拨动开关 S1，可对近端换流器进行故障清除操作。由于 IGBT 自身存在一定的电压降，近端换流器在其直流侧存在一定的电压 U_{drop}。开关 S2 为隔离开关，可以实现隔离作用，开关 S4 为 RCDS 支路，起到故障电流耗散的作用。

阶段 1：近端换流器（回路 A1）和远端换流器（回路 A2）同时对故障点注入故障电流，其中，远端电流 i_{A1} 可由下式得到

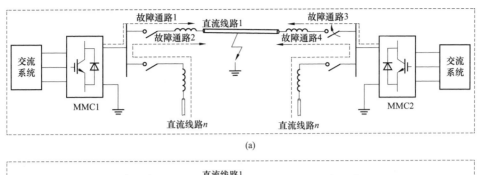

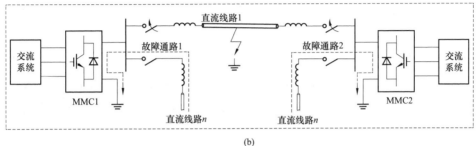

图 5-12 故障隔离过程

(a) 传统故障隔离；(b) 换流站桥臂

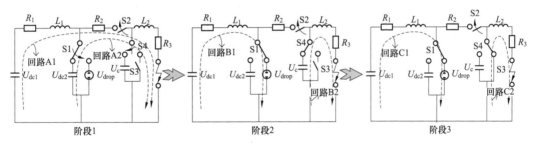

图 5-13 工作过程等值电路分析

$$(L_1 + L_2)C\frac{\mathrm{d}^2 u_{\mathrm{dc1}}}{\mathrm{d}t^2}(R_1 + R_2 + R_3)C\frac{\mathrm{d}u_{\mathrm{dc1}}}{\mathrm{d}t} + u_{\mathrm{dc1}} = 0 \tag{5-1}$$

$$i_{\mathrm{A1}} = C\frac{\mathrm{d}u_{\mathrm{dc1}}}{\mathrm{d}t} \tag{5-2}$$

近端电流 i_{A2} 可由下式得到

$$(L_1 + L_2)C\frac{\mathrm{d}^2 u_{\mathrm{dc2}}}{\mathrm{d}t^2}(R_2 + R_3)C\frac{\mathrm{d}u_{\mathrm{dc2}}}{\mathrm{d}t} + u_{\mathrm{dc2}} = 0 \tag{5-3}$$

$$i_{\mathrm{A2}} = C\frac{\mathrm{d}u_{\mathrm{dc2}}}{\mathrm{d}t} \tag{5-4}$$

阶段 2：S1、S4 按图示方向切换后。此时，近端换流器电位下降至 U_{drop}，远低于直流输出电压，此时远端换流器向近端注入电流（回路 B1），其可表示为

$$L_1 C\frac{\mathrm{d}^2(u_{\mathrm{dc1}} - u_{\mathrm{drop}})}{\mathrm{d}t^2} + R_1 C\frac{\mathrm{d}(u_{\mathrm{du1}} - u_{\mathrm{drop}})}{\mathrm{d}t} + u_{\mathrm{dc1}} - u_{\mathrm{drop}} = 0 \tag{5-5}$$

$$i_{B1} = C \frac{\mathrm{d}(u_{dcl} - u_{drop})}{\mathrm{d}t} \qquad (5-6)$$

同时，开关 S4 内电容的放电将导致隔离开关电流过零，为隔离开关的动作创造条件。随着开关 S4 内电容放电完成，二极管将处于导通状态，开始能量耗散过程，由于电感 L_2 在故障下储存了大量的能量，在能量的耗散过程中，会形成电流通路 B2。该通路的电流将呈指数衰减，可以表示为

$$i_{B2} = i_{p} \mathrm{e}^{-\frac{R_3}{L_2}t} \qquad (5-7)$$

阶段 3：打开 S2 开关，隔离故障点，故障电流通过 RCDS、线路、故障点形成的耗散回路进行耗散。

5.2.3　增强型拓扑的控制方式

在正常运行状态下，增强型辅助断路 MMC 作为常规换流站运行，ICM 模块内的 IGBT 闭锁呈现断路状态，隔离开关 UFD 闭合呈现导通状态，RCDS 支路中的电容充满电，二极管反向截止，RCDS 呈现关闭状态。

在直流故障情况下，故障清除流程如图 5-14 所示。

图 5-14　换流器故障清除控制时序

t_0 时刻发生直流短路故障，所有换流站经过波传输延迟后，故障电流开始迅速增大。由于线路电感的存在，距离故障点较近换流器所占故障电流的比例较大。

t_1 时刻，随着故障被定位，将近端换流器的直流侧电压降为 IGBT 的通态压降，使得直流线路中储存的能量通过 RCDS、故障线路和故障点形成的回路进行耗散，不会造成电流衰减过慢的问题。

t_2 时刻，当隔离开关中的电流衰减至 0 时，分断 UFD 以隔离故障线路。

t_3 时刻，随着 UFD 断口达到最大分断间隙，故障被成功隔离，此时可将换流器恢复至正常运行状态。

在故障成功隔离之后可根据重合闸的要求对 UFD 进行合闸操作，对于六氟化硫气体型 UFD，可以直接闭合；对于不具备带电合闸能力的 UFD，则需要重新进行换流器直流侧降电压操作，为 UFD 的合闸创造条件，待 UFD 合闸成功之后恢复换流器正常运行状态。如果重合闸之后故障仍然存在，则重新开始图 5-14 所示的换流器故障清除操作。对于保护定值的整定与配合，两端换流器以各自的检测信号进行第一时间动作，并在检测到故障之后向对侧换流器发送故障数据作为后备保护的信号。

5.2.4　仿真及实验验证

5.2.4.1　仿真结果分析

为验证增强型辅助断路 MMC 拓扑及其控制策略，在 PSCAD/EMTDC 环境下搭建四端双极直流电网仿真模型（如图 5-15 所示）以开展仿真分析。具体仿真参数见表 5-2。

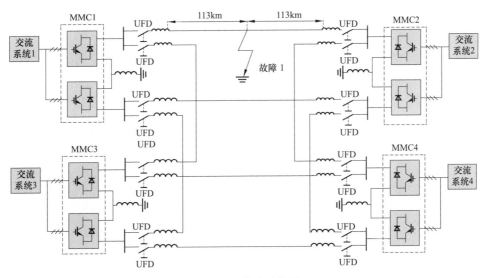

图 5-15 仿真系统图

表 5-2　　　　　　　　　　　　　　　四端直流电网仿真参数

项目	MMC1	MMC2	MMC3	MMC4
容量（MVA）	1500	1500	3000	3000
额定直流电压（kV）	±500	±500	±500	±500
变压器容量（MVA）	3400	1700	3400	3400
桥臂电抗（mH）	100	100	100	100
直流电抗（mH）	150	150	150	150
子模块电容值（μF）	7000	7000	7000	7000
桥臂子模块数量	233	233	233	233
RCDS 支路电容（μF）	10	10	10	10

直流线路均采用频变参数模型。MMC2 换流站工作在定直流电压模式，而其他换流站运行在定有功和无功功率模式。MMC1 和 MMC2 之间的线路 L12、L13、L34 和 L24 的长度分别为 226、66、219km 和 126km。方案中选择的 IGBT 模块是 ABB 的 5SNA3000K452300，其额定电压和电流为 4.5kV/3kA；二极管型号为 D2601N90T，额定电压为 9kV。

1. 正常运行（启动、稳态、功率阶跃）

系统启动及功率阶跃响应图如图 5-16 所示，系统于 0s 启动，启动时有功功率给定值为 400MW，0.6s 时有功功率给定值阶跃为 750MW，由图 5-16 可见系统稳态直流电流波动仅约为 ±0.7%。

2. 故障清除

L12 于 1.0s（t_0 时刻）发生单极接地短路故障，故障点位于线路 L12 的中点，短路点阻抗为 0.01Ω。换流器于 1.001s 开始故障自清除操作，相应的电压、电流波形图如图 5-17 所示。

由图 5-17（a）可见，在 RCDS 支路中电容器放电的作用下，换流器对故障点的放电电流上升率得以降低；在换流器开始故障自清除操作之后，RCDS 支路中电容器对换流器的放

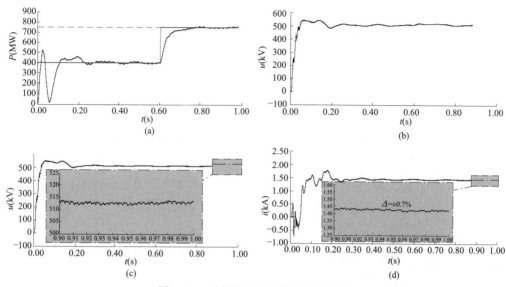

图 5-16 系统启动及功率阶跃波形图

（a）有功功率；（b）直流电压；（c）初始有功为 750MW 的启动及稳态运行时的直流电压；
（d）初始有功为 750MW 的启动及稳态运行时的直流电流

电作用使得隔离开关内的故障电流迅速下降为零，通过配置合适的电容值（这里设为10μF）可使得隔离开关电流降为零之后不会出现负电流的情况，随着 RCDS 支路电容器的放电完成，隔离开关可在零电流的条件下打开，此时 RCDS 支路二极管结束反偏并起到续流作用，以防止故障线路侧电流的突变产生过电压，与此同时换流器一直处于故障自清除操作之中，所以 UFD 在动作期间两端不会产生过电压击穿的现象。图 5-17（c）、图 5-17（d）分别显示换流器在故障自清除过程中的桥臂电流以及直流电容电压，由于 MMC 换流器在故障清除

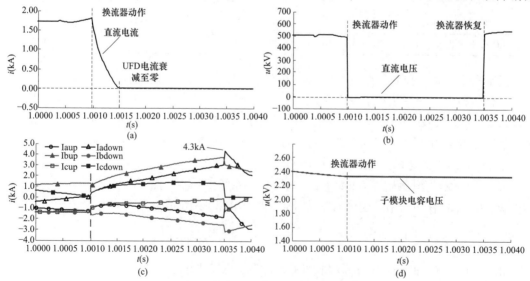

图 5-17 换流器故障自清除过程波形图

（a）故障线路隔离开关电流波形图；（b）故障自清除过程中换流器两端电压波形图；
（c）故障自清除过程中的各桥臂电流波形图；（d）换流器子模块电容电压波形图

操作时各桥臂处于短路状态，所以会出现电流迅速增大的情况，从图 5-17 中可以看出，桥臂电流最大值为 4.35kA，且电流持续超过 3kA 的时间小于 $500\mu s$，所以不超过 IGBT 器件说明书限定的最大电流 6kA 且持续时间小于 1ms 的要求，处于安全范围；而子模块电容电压在此期间并未充放电，所以不会造成损坏。

由图 5-18 可见，在故障自清除之后各站输出的功率维持不变，各线路输送功率重新分配以保证系统的正常运行，而故障线路侧的能量耗散时间较长，但考虑到其已被隔离，所以不影响系统的正常恢复运行。

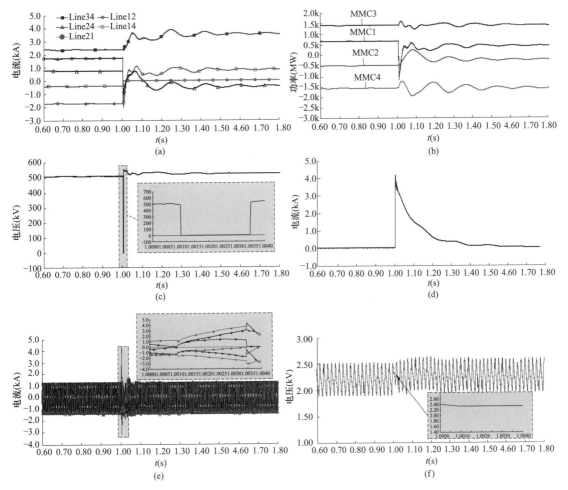

图 5-18　换流器故障自清除期间的系统级动态响应仿真波形

（a）线路 L13、L21、L34、L24、L12 的传输功率；（b）各换流器的输出功率；

（c）换流器直流侧输出电压；（d）RCDS 支路的放电电流；（e）各桥臂电流；（f）各子模块电容电压

3. 重合闸判定

由于该拓扑处理故障时在线路故障电流衰减为零之前即可将故障线路切除，所以可利用该特性，对故障线路电流的衰减情况进行监测，判定该故障是否为永久性故障。由图 5-19 可知，当瞬时性故障消失时，线路电流衰减速率大大加快且迅速过零，而永久性故障下的电流衰减趋势不变，从而可判断出故障类型，如果是暂时性故障则启动重合闸操作。针对不同类型的 UFD 可以有不同的重合闸方案：对于不具备灭弧能力且闭合速度慢于分断速度的 UFD，重合闸时先闭合 UFD，待触头间隙小于绝缘电压时开始换流器降压操作；对于闭合速度与分闸速度相当的 UFD，重合闸时先启动换流器降压操作，再进行 UFD 的闭合操作；对于具备一定灭弧能力的 UFD，则可直接进行合闸操作。

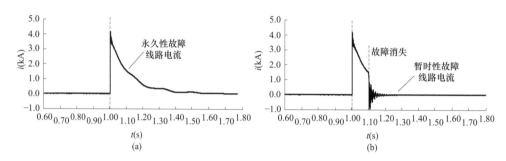

图 5-19　系统级动态响应仿真波形

（a）永久性故障下的故障线路电流衰减波形图；（b）暂时性故障下的故障线路电流衰减波形图

5.2.4.2　实验验证

为了进一步验证新型拓扑的可靠性，搭建单端 11 电平 MMC 对该拓扑进行硬件实验验证，硬件平台结构图如图 5-20 所示，实物照片如图 5-21 所示。实验环节的参数为：直流电压 40V，桥臂电抗 20mH，子模块电容值 6600μF，直流平波电抗值 80mH，桥臂子模块数量为 10，负载电阻值为 40Ω。

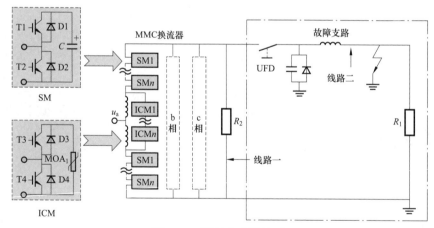

图 5-20　硬件实验结构图

如图 5-21 所示为单端 11 电平 MMC 实物图，其中包含 12 个子模块机箱（每相上下桥臂各两个，每个子模块机箱中包含 6 个全桥子模块，可通过控制使其运行在半桥、全桥以及半全混合模式下，每一相有两个子模块处于热备用状态），1 个主控机箱（用于连接上位机以及下发指令给各子模块机箱），6 个桥臂电抗（每相上下桥臂各一个），6 个充电电阻（每相上下桥臂各一个），两个线路平波电抗（正负极各一个），直流负载一个（接于正负极之间），以及隔离开关、各种继电保护装置和测量装置等。

如图 5-22 所示为新型 MMC 拓扑的实验波形结果图。从图 5-22（a）可以看出，故障发生 600μs 之后换流器动作，直流故障电流也随之衰减为零，线路可被隔离，此时线路残余能量由 RCDS 支路进行耗散。UFD 分断期间不会承受过电压，且在分断可靠完成后换流站可以恢复正常运行（即传统半桥运行模式），为线路一输送功率。从图 5-22（d）可以看出，直流电流在 1.6ms 左右的时间内均处于恒为零的状态，说明此时完全可以给 UFD 的动作提供非常可靠的条件。

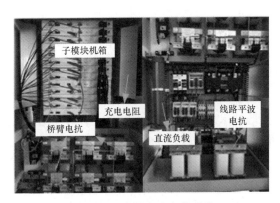

图 5-21　硬件实验实物照片

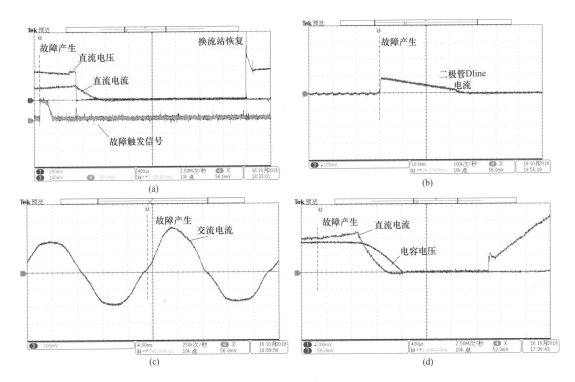

图 5-22　硬件实验波形图

（a）新型 MMC 故障处理过程的故障触发信号、直流电压以及直流电流波形图；

（b）故障处理过程中的交流电流；（c）故障处理过程中泄放支路的二极管波形图；

（d）故障发生但 UFD 未动作时的直流电流和泄放支路电容电压波形图

5.3 故障隔离型DC-DC变换器拓扑

高压大容量DC/DC变换器是直流电网中的关键设备,可以连接各个电压等级的直流线路,提高直流电网功率的可控性[2]。因此,本节提出一种适用于直流电网且具有直流故障处理能力的故障隔离型DC-DC变换器拓扑及其控制策略。

5.3.1 拓扑结构

截至目前,具备处理直流故障能力的DC/DC变换器主要包括两类:①半桥式MMC组成的DC/DC变换器[1];②直流自耦变压器[3-5]和半桥全桥混合MMC组成的DC/DC变换器。

考虑现有DC/DC变换器技术的特点,采用模块化结构可拓展性强,可靠性较高,本节采用基于半桥模块化结构的DC/DC方案。

对于HB DC/DC,当一侧发生直流故障时,同时闭锁两侧端口可以阻止非故障侧故障电流的馈入,从而实现直流故障自清除。但若出口侧连接有多个换流站,发生直流故障时,其他换流站会向故障点馈流,仅闭锁DC/DC变换器两侧端口无法起到故障隔离的作用,依赖直流断路器切断故障电流。

本节提出了一种新型的具备直流故障隔离能力的直流电网用DC/DC变换器拓扑,设计了其故障隔离策略,在PSCAD/EMTDC仿真平台上,基于直流电网模型进行了相关的仿真验证,并与HB DC/DC变换器进行了对比。本节提出的方案就换流器而言,成本略高于HB DC/DC变换器方案;但是相比HB DC/DC变换器,可以大幅降低对直流断路器切断容量和切断时间的需求。

本节提出的新型可隔离直流故障的高压大功率直流电网用DC/DC变换器(novel DC/DC converter with DC Fault Isolation applicable for DC grid,DCFI DC/DC)拓扑[6]如图5-23所示。

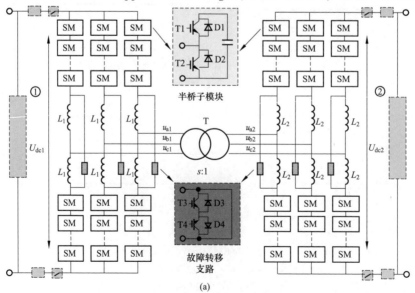

(a)

图5-23 故障隔离型DC-DC变换器拓扑结构及其断路单元结构(一)

(a)故障隔离型DC-DC变换器拓扑

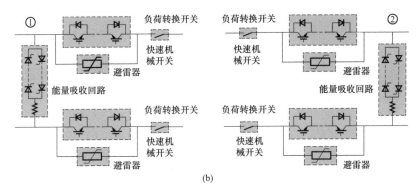

图 5-23　故障隔离型 DC-DC 变换器拓扑结构及其断路单元结构（二）

(b) 断路单元

图 5-23（a）为主电路拓扑图，其基于 MMC 的 HB DC/DC 变换器，端口 1、2 分别连接两个直流系统，两个端口结构基本相同。以端口 1 为例，基本单元为半桥子模块，不同于基于 MMC 的 HB 变换器的是，同一相的桥臂电抗上都并联有反向串联的 IGBT（故障转移支路），这种改进增加的成本较低，同时具备了隔离直流故障的能力。

如图 5-23（b）所示，DC/DC 出口侧配置的断路单元（Circuit Breaker Unit，CBU）是由快速机械开关、LCS、MOA 和能量吸收回路（由反向并联晶闸管组成）组成，其中 LCS 的数量较混合式直流断路器的主断路器部分大大减少，极大地减少了直流断路器的成本。

该 DC/DC 变换器拓扑有两种工作模式：正常工作模式和故障隔离模式：

正常工作模式：稳态时，图 5-23（a）中新型 DC/DC 拓扑中半桥子模块正常开通关断，闭锁故障转移支路，相当于半桥式 DC/DC 变换器（Half-bridge DC/DC converter，HB DC/DC）。

故障隔离模式：图 5-23（a）中新型 DC/DC 拓扑中任何一侧发生直流故障时，首先旁路故障侧桥臂上全部半桥子模块（触发导通半桥子模块的 T2 开关管，闭锁 T1 开关管），同时触发导通故障转移支路的所有 IGBT，即 T3 和 T4。此时 DC/DC 变换器故障侧直流出口侧直流电压下降为零，配合能量吸收回路和 LCS，使快速机械开关得以关断。当快速机械开关成功关断后，故障直流线路已被切除。恢复故障侧 DC/DC 变换器正常的触发信号，故障得以隔离清除。

故障隔离模式动作前，非故障侧直流经换流站逆变为交流，通过联结变压器，相当于交流电网向故障点馈入短路电流。此时桥臂电流是交流短路电流和子模块电容器放电电流的叠加，由于桥臂电抗器的存在，电流上升率较小，交流短路电流相较于子模块电容放电电流而言可以忽略不计。故障电流的计算可以将直流电网等效地看作是 RLC 模型。

各个时期的等效电路图如图 5-24 所示。图 5-24（a）为故障隔离前的等效电路，将其他换流站向故障点的馈流等效成一个直流电源 U_{dc}，R_s、L_s 分别为电路等效电阻、电抗，R、L_{arm} 分别为直流线路电阻和平波电抗，同时 DC/DC 变换器故障侧电容向故障点放电可以等效为一个不断衰减的直流电源 U_c；图 5-24（b）为故障隔离模式动作后的等效电路，触发导通能量吸收回路，相当于在电路中构造 A、B 两个近似为零的电位点，电容停止向故障点放电；图 5-24（c）为 LCS 断开后的等效电路，此时流经快速机械开关的电流很小；图 5-24（d）为故障线路切除后的等效电路，断开快速机械开关，故障线路被切断，故障电流

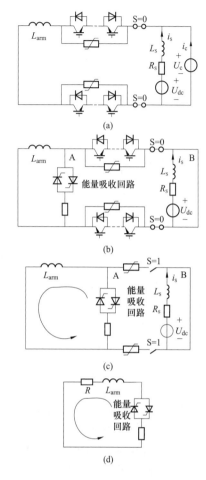

图 5-24　各个时期的等效电路图
(a) 故障隔离前等效电路；
(b) 故障隔离模式启动后等效电路；
(c) LCS 断开后等效电路；
(d) 故障线路切除后等效电路

在故障点、能量吸收回路、线路电阻和平波电抗组成的回路中衰减为零。其中 S = 0 和 S = 1 分别代表快速机械开关断开和闭合。

将本节所提出的 DC/DC 变换器应用于直流电网中，如图 5-25 所示。DC/DC 变换器将直流电网分为上、下两层，上层 C1 ~ C4 是一个四端、环状和辐射混合接线的直流电网结构；下层 C5 是电压不同的一个单端柔性直流线路，可以为风电并网系统，通过 DC/DC 变换器并入上层直流电网。DC/DC 变换器端口 1 连接直流母线，端口 2 连接 MMC 换流站，以实现两个不同直流电压等级的互联。

此方案的优点是成本低，新增器件比较少，将传统 HB DC/DC 拓扑附加一些电路即可改造成所提出的 DC/DC 变换器拓扑，正常运行时不影响其作为 DC/DC 变换器的功能，桥臂电抗处并联的故障转移支路中的反向串联 IGBT 可由晶闸管替代，以进一步降低成本。在 DC/DC 直流侧连接有多个换流站时，DC/DC 变换器出口侧均可配置低成本的 CBU，断路成本降低，此方案的经济性更加突出。

由于直流系统中有平波电抗，减小了故障电流的上升率。所提出的 DCFI DC/DC 拓扑还具备以下两个优点：①IGBT 可承受短时间过电流；②可以选用更大电流的 IGBT。

5.3.2　故障隔离控制

MMC 直流侧故障从发生到清除一般需要故障检测、故障清除以及系统恢复几个阶段。当直流侧短路故障发生且检测系统未给出故障信号时，MMC 直流侧电流将以较高的上升率上升。若发生永久性故障，直流断路器不重合，等待该故障线路检修，直流电网其余线路继续运行；若发生瞬时性故障，待故障线路去游离后，重合闸后恢复正常运行状态。

直流线路双极短路故障是直流侧最为严重的故障，双极短路故障一般为永久性故障。在故障期间，DC/DC 变换器故障侧桥臂子模块电容会通过短路路径快速放电，因此直流两极电压会迅速降为零，桥臂电流和故障点直流电流在短时间内迅速增大，从而对直流电网系统产生严重的危害。非故障侧由于联结变压器的隔离作用，电容几乎不会放电。

由于 DC/DC 变换器连接直流—直流，直流线路发生故障会对 DC/DC 变换器产生很大的冲击。在检测到直流故障发生后，故障隔离模式动作，子模块电容停止放电，触发导通故障转移支路后，交流侧仍有短路电流通过半桥子模块 D2 向短路点馈流。在故障线路完全断开前，DC/DC 变换器故障侧桥臂上的子模块中的 IGBT T2 和故障转移支路中的 IGBT 会暂时承受过电流，但是由于故障时间在 2.5ms 以内，且 IGBT 可以短时间内承受一定的过电流，

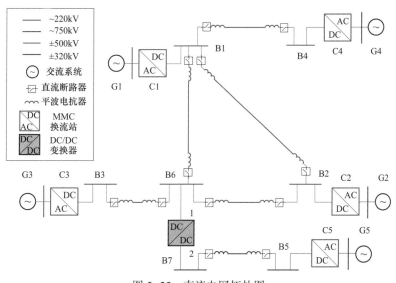

图 5-25　直流电网拓扑图

IGBT 不会由于过流而烧毁。

　　直流电网对于故障保护的要求很高，所提出的 DCFI DC/DC 拓扑在故障发生后需要保护控制配合。以图 5-25 所示的直流电网为例，该拓扑结构在发生直流线路双极短路故障时的故障隔离时序如下所示，流程图如图 5-26 所示。

　　（1）直流故障发生在 t_0 时刻，此时直流电压迅速降为零，短路电流迅速上升，同时伴随有交流侧馈入，故障侧子模块电容向故障点放电。

　　（2）经过 Δt_1，检测到故障，考虑到直流电网对保护的时间要求很高，Δt_1 通常为 1~2ms。

　　（3）经 Δt_2 延时，t_2 时刻触发故障隔离模式保护动作。对于故障侧 DC/DC 变换器，旁路半桥子模块，触发导通所有故障转移支路中的 IGBT，同时触发导通 DC/DC 故障侧出口的能量吸收回路。非故障侧不采取控制措施。

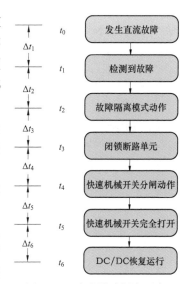

图 5-26　直流故障隔离时序

　　（4）考虑 Δt_3 的通信延时，在 t_3 时刻闭锁 CBU 的 LCS，延迟 Δt_4 给快速机械开关分闸动作指令。

　　（5）经过 Δt_5 的分闸时间，由于快速机械开关断开需要一定的时间，Δt_5 一般取 2ms，在 t_5 时刻隔离开关完全打开，此时故障直流线路被完全切除。

　　（6）切除故障直流线路后，经 Δt_6 的延时，t_6 时刻恢复故障侧 DC/DC 变换器桥臂子模块正常触发脉冲并闭锁故障转移支路，DC/DC 变换器恢复正常运行，直流电网系统恢复稳态运行。

5.3.3 DCFI DC/DC 和 HB DC/DC 技术性对比

在直流电网中，当 DC/DC 变换器直流侧连接了 2 个及以上的换流站时，相较于传统的 HB DC/DC，该拓扑结构在经济性和故障隔离方面更具优势。应用于图 5-25 所示的直流电网结构，图 5-27 表明了 HB DC/DC 在直流线路发生双极短路故障后换流站向故障点的馈流和直流断路器的配置情况。直流线路发生故障时，HB DC/DC 直流侧所连的 3 个换流站 C1、C2、C3 会向故障点馈入电流，直流断路器以 ABB 公司提出的混合式直流断路器为例。

混合式直流断路器拓扑如图 5-27（b）所示，其工作原理为：在正常运行过程中，电流将只流过由 LCS 与 UFD 组成的支路一，主断路器中的电流为零。当高压直流侧发生故障时，LCS 打开将电流转换到主断路器中，同时将 UFD 打开，待快速机械开关完全打开，控制主断路器断开故障电流。成功分断后，较小的剩余电流由隔离开关断开从而完成整个开断过程，并将故障线路隔离，以避免 MOV 的热超载。已经证实其峰值关断电流为 9kA，且可以在 5ms 内隔离直流故障。

如图 5-27（a）所示，对于 HB DC/DC 而言，假设双极短路故障发生在直流线路 B61 上，故障点在端口 1 出口侧，闭锁 DC/DC 变换器两侧桥臂子模块，虽然阻止了端口 2 的故障电流的馈入，但是由于 DC/DC 变换器出口侧连接多个换流站，发生直流线路故障时，其余换流站也会向故障点馈流，需要故障线路两侧装设的直流断路器配合动作断开故障线路。

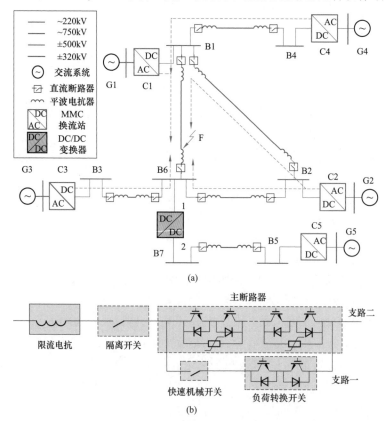

图 5-27　HB DC/DC 短路电流和直流断路器配置情况

（a）换流站向故障点馈流；（b）ABB 公司混合式直流断路器结构

对于本节提出的 DCFI DC/DC，可以降低 DC/DC 变换器故障隔离对于直流断路器的依赖。如图 5-28 所示，在同样的故障位置，在检测到直流短路故障发生后，只对端口 1 的子模块动作。故障隔离模式动作后，由于 DC/DC 变换器端口 1 处直流电压降为零，其他换流站的馈入电流会被引入 DC/DC 变换器中。LCS 两端有两个近似零电位点，切开故障电流产生的过电压大大减小，端口 1 出口侧故障线路上的直流断路器可以用图 5-23（b）中所示的断路单元替代。DCFI DC/DC 出口侧的直流断路器均可以用 CBU 替代。在切断故障线路后，故障侧 DC/DC 变换器的子模块恢复正常触发信号，其余的换流站可以恢复正常运行。

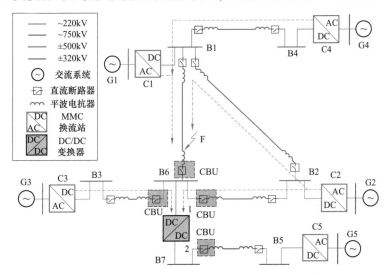

图 5-28　DCFI DC/DC 短路电流和直流断路器配置情况

根据图 5-25 所示的直流电网，以伪双极系统为例，DC/DC 变换器出口侧连接有 4 个换流站（C1，C2，C3，C5），直流线路始末端都需要装设直流断路器，则每条直流线路需要装设 2×2（正负极）个直流断路器。DCFI DC/DC 需要额外故障转移支路。DCFI DC/DC 和 HB DC/DC 技术特性对比如表 5-3 所示。

表 5-3　　　　　　　　　　**DCFI DC/DC 和 HB DC/DC 技术特性对比**

项　　目	DCFI DC/DC	HB DC/DC
DC/DC 出口侧直流断路器配置	CBU	直流断路器
直流断路器个数	16	24
CBU 个数	8	—
半桥子模块	有	有
故障转移支路	有	无
联结变压器	有	有
故障隔离时主要措施	旁路故障侧桥臂	闭锁两侧出口

5.3.4　仿真验证

在 PSCAD/EMTDC 环境下搭建了如图 5-25 所示的四端直流电网系统模型，系统详细参数如表 5-4 所示。

表 5-4   四端直流电网系统参数

换流站	类型	桥臂电抗（mH）	桥臂子模块数（不含冗余）	子模块电容（μF）	控制方式
C1	MMC	96	250	7500	定有功 1800MW 定无功 0Mvar
C2	MMC	48	250	14000	定电压±500kV 定无功 0Mvar
C3	MMC	96	250	7500	定有功 1500MW 定无功 0Mvar
C4	MMC	96	250	7500	定有功−2000MW 定无功 0Mvar
C5	MMC	48	250	14000	定电压±320kV 定无功 0Mvar

将 DCFI DC/DC 方案与 HB DC/DC 方案进行对比，故障设置在 DC/DC 变换器出口侧，位于直流线路 B61 上，如图 5-28 所示，故障类型为永久性直流线路双极短路故障。

（1）对于 DCFI DC/DC 方案，待系统运行进入稳态后，5s 时刻故障发生，采用基于单端电气量的故障检测方法，利用线路边界特性，通过小波变换提取区、内外故障的暂态特性差异，经 $\Delta t_1 = 1\mathrm{ms}$ 检测到故障，经 $\Delta t_2 = 200\mathrm{\mu s}$ 延迟，触发故障隔离保护动作，经 $\Delta t_3 = 300\mathrm{\mu s}$ 延迟，给 CBU 的 LCS 闭锁指令，经 $\Delta t_4 = 50\mathrm{\mu s}$ 延迟，给快速机械开关分闸指令，经 $\Delta t_5 = 2\mathrm{ms}$ 后快速机械开关完全打开，经 $\Delta t_6 = 100\mathrm{\mu s}$ 后，恢复故障侧 DC/DC 变换器正常的触发信号，DC/DC 变换器恢复运行。

（2）对于 HB DC/DC 方案，待系统运行进入稳态后，5s 时刻故障发生，经 $\Delta t_1 = 1\mathrm{ms}$ 检测到故障，经 $\Delta t_2 = 200\mathrm{\mu s}$ 延迟，闭锁 DC/DC 变换器两侧子模块，经 $\Delta t_3 = 300\mathrm{\mu s}$ 延迟，给直流断路器断路信号，经 $\Delta t_4 = 50\mathrm{\mu s}$ 延迟，给直流断路器的快速机械开关分闸指令，经 $\Delta t_5 = 2\mathrm{ms}$ 后快速机械开关完全打开，待故障线路电流降为零后 DC/DC 变换器恢复运行。

DCFI DC/DC 和 HB DC/DC 两侧端口直流电压如图 5-29 所示，图 5-30 为 DCFI DC/DC 和 HB DC/DC 的故障仿真波形。

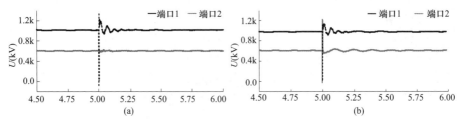

图 5-29 两端口直流电压波形
（a）DCFI DC/DC；（b）HB DC/DC

由图 5-29（a）可知，对于 DCFI DC/DC，端口 2 的电压在故障隔离模式下不采取任何措施，其仍维持稳定，端口 1 的电压在故障隔离模式下降为零；由图 5-29（b）可知，对于 HB DC/DC，端口 1、2 都在故障后闭锁，端口 1 的电压降为零，端口 2 由于电容充电而电压升高，从而阻止了故障电流的馈入，这两种方案系统在故障清除后均很快恢复稳态运行。

对比图 5-30 可得，$t = 5s$ 时 DC/DC 变换器出口侧发生直流线路双极短路故障，由于 DC/DC 变换器出口侧还连接有 C2，C3 换流站，直流电压并不会降到零，此时 DC/DC 变换器故障侧电容迅速向故障点放电，非故障侧换流站 C5 向短路点馈流，同时 DC/DC 变换器出口侧其他换流站 C2，C3 也向故障点馈流，此时故障线路上的电流迅速上升。在 $t = 5.001s$ 时检测到故障。

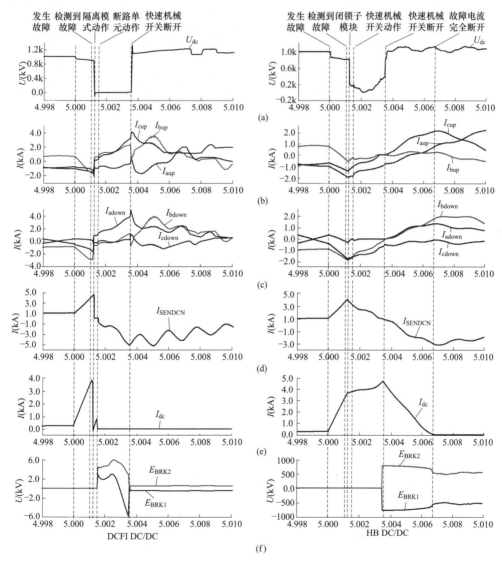

图 5-30　DCFI DC/DC 和 HB DC/DC 故障仿真波形

（a）故障侧 DC/DC 直流电压波形；（b）故障侧 DC/DC 上桥臂电流波形；（c）故障侧 DC/DC 下桥臂电流波形；
（d）故障侧 DC/DC 直流电流波形；（e）故障线路直流电流波形；（f）断路单元电压波形

105

对于 DCFI DC/DC，在 $t=5.0012$s 时故障隔离模式动作，DC/DC 变换器出口侧直流电压降为零，故障侧 DC/DC 变换器上下桥臂电流和直流电流开始反向增大，且故障侧 DC/DC 变换器无明显的桥臂过电流和直流过电流（不超过 6kA，持续时间约为 3.5ms，且最大故障电流上升率约为 1.77kA/ms<3.2kA/ms，符合实际工程的要求），子模块中的 IGBT 不会由于过流而烧毁，可见该拓扑适应直流双极短路故障特征。对于 HB DC/DC，在 $t=5.0012$s 时闭锁两侧 DC/DC 变换器子模块，此时 DC/DC 变换器出口侧直流电压降为零，故障侧 DC/DC 变换器上下桥臂电流和直流电流开始反向增大。

对比 5-30 图（e）与图 5-30（f）可得，对于 DCFI DC/DC，$t=5.0015$s 时刻 CBU 的 LCS 闭锁，故障线路电流迅速减小至接近于零，待 $t=5.00355$s 时刻快速机械开关断开后，故障电流减小为零，故障线路被切除。由于故障隔离模式的作用，在切除故障电流时，CBU 两端的电压小于 10kV。对于 HB DC/DC，$t=5.0015$s 时刻直流断路器动作，到 $t=5.00355$s 时刻快速机械开关完全断开后，故障电流切换至主断路器通路中，$t=5.0065$s 左右故障电流减小为零，故障线路被切除。直流断路器在切除故障电流时，直流断路器需要承受约为 1.5 倍额定电压的过电压，额外需要约为 3ms 的能量耗散时间。两种 DC/DC 变换器方案相比较而言，DCFI DC/DC CBU 所需的 IGBT 数量较直流断路器所需 IGBT 数量大大减少，从而在直流断路器成本上大大减少。

对于 DCFI DC/DC，故障隔离期间故障转移支路会承受一定的过电流和过电压。在故障转移支路两端并联 MOV，以防止故障清除后闭锁故障转移支路导致的过电压。如图 5-31 所示，故障隔离期间故障转移支路的 IGBT 会承受峰值约为 3kA 的过电流和峰值约为 100kV 的电压。

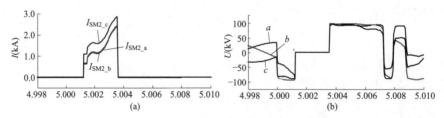

图 5-31　DCFI DC/DC 故障转移支路仿真波形
（a）故障转移支路电流波形；（b）故障转移支路电压波形

如图 5-32 所示，对于直流电网中 DC/DC 变换器出口侧其他直流线路 B62、B63 上的双极短路故障，DCFI DC/DC 也能很好地起到故障隔离的作用。

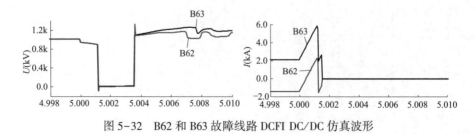

图 5-32　B62 和 B63 故障线路 DCFI DC/DC 仿真波形

考虑到直流电网需要将多个直流电压等级实现互联，需要通过多个 DC/DC 变换器实现

106

直-交-直变换。将图5-25所示的直流电网拓扑改成如图5-33所示的多个直流电压等级的直流电网拓扑,其中直流母线B4、B8电压等级为200kV。

如图5-33~图5-36所示,设置和图5-28相同的故障,DC/DC A站和B站故障期间不会发生过流而导致IGBT烧毁,并且由于直流电网中DC/DC A站端口1和B站端口1故障隔离模式同时作用,故障线路两侧断开故障电流产生的过电压大大减小,故障线路B61始末端的直流断路器均可以用CBU替代,又更进一步降低了直流断路器的成本。

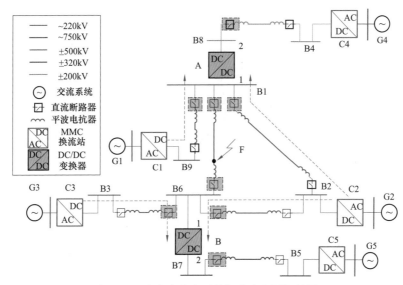

图5-33 多个直流电压等级直流电网拓扑图

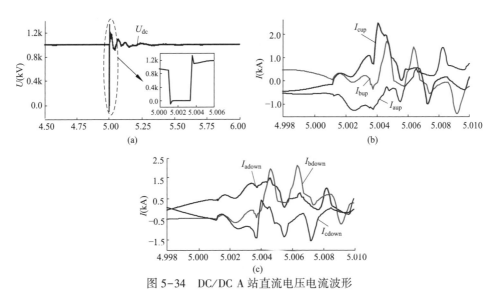

图5-34 DC/DC A站直流电压电流波形
(a)DC/CD A站端口1直流电压波形;(b)DC/DC A站故障侧上桥臂电流波形;
(c)DC/DC A站故障侧下桥臂电流波形

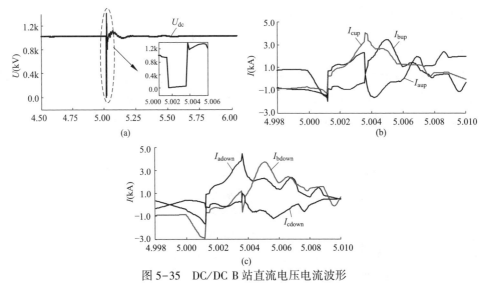

图 5-35　DC/DC B 站直流电压电流波形

（a）DC/DC B 端口 1 直流电压波形；（b）DC/DCB 站故障侧上桥臂电流波形；
（c）DC/DCB 站故障侧下桥臂电流波形

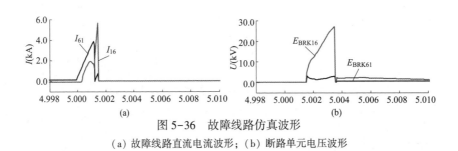

图 5-36　故障线路仿真波形

（a）故障线路直流电流波形；（b）断路单元电压波形

5.3.5　经济性分析

比较 DCFI DC/DC 和 HB DC/DC 的经济性，其主要差别在 DCFI DC/DC 的附加电路—故障转移支路和两者断路器配置上。

假定本节模型这些配置采用 ABB 公司的 5SNA 3000K452300 型的 IGBT 元件，其额定电压额定电流为 4.5kV/3kA。正常情况下考虑电压安全裕度，其安全承压为 2.25kV，且该型号可以在 1ms 内承受 6kA 的过电流。

由表 5-5 可知，对于 DCFI DC/DC 方案，需要配置 8 个 CBU 和 16 个直流断路器。断开故障时 CBU 产生的过电压最大值约为 30kV，考虑一定的裕度，取 50kV，50/2.25=23，则每一单极直流线路上的 CBU 需要 23×2=46 个 IGBT；由于该 IGBT 峰值电流为 6kA，故障隔离期间故障电流峰值不超过 6kA，稳态时电流小于 3kA，不需要增加并联支路，一共需要 46×8=368 个 IGBT。

对于 HB DC/DC 方案，需要配置 24 个直流断路器。HB DC/DC 方案在切断故障电流时会产生相当于 1.5 倍额定电压的过电压，主断路器是该直流断路器主要的设备，其需要承受最大的过电压。故障隔离期间故障电流峰值不超过 6kA，且稳态时电流小于 3kA，不需要增加并联支路，750/2.25 = 334，考虑到直流断路器设计为可以双向切断电流，所需334×2 = 668 个 IGBT。直流断路器的 LCSJI 所需的 IGBT 个数相对主断路器较少，忽略不计。则断路器方面 DCFI DC/DC 需要 668×16 = 10 688 个 IGBT，HB DC/DC 需要 668×24 = 16 032 个 IGBT。

对于 DCFI DC/DC 故障转移支路，考虑一定安全电压裕度，取保护电压值为 150kV，150/2.25 = 67，由于故障转移支路是反向串联 IGBT 结构，则每一相需要 134 个 IGBT，由于电流峰值没有超过 6kA，不需要并联支路，则 DCFI DC/DC 的故障转移支路需要 134×3×2 = 804 个 IGBT。

由于 IGBT 造价较高，由表 5-5 可知，仅考虑故障转移支路和断路器配置时，DCFI DC/DC 额外所需的 IBGT 个数几乎是 HB DC/DC 的 3/4 倍，DCFI DC/DC 应用于直流电网时，当 DC/DC 变换器出口侧连接有多个换流站时，其经济性有优势，且具有优良的故障隔离的能力。

表 5-5 　　　　　　　　　　**DCFI DC/DC 和 HB DC/DC 经济性对比**

对比参数	DCFI DC/DC	HB DC/DC
直流断路器个数	16	24
CBU 个数	8	—
故障转移支路 IGBT 个数	804	—
CBU IGBT 个数	368	—
直流断路器 IGBT 个数	10 688	16 032
合计 IGBT 个数	11 860	16 032

当直流电网模型中配置有 2 个 DCFI DC/DC 时，DC/DC 变换器出口侧直流线路均只需要配置 CBU 即可，进一步减少了直流电网中直流断路器个数所占断路器的比例。由于 CBU 的成本较直流断路器大幅降低，从而断路器成本进一步降低。

5.4　本章小结

本章重点讨论和分析了三种基于增强型 MMC 拓扑的直流故障处理方案，并对其拓扑结构、工作原理、控制策略和经济性进行了详细分析。对三种拓扑方案进行了 PSCAD/EMTDC 仿真验证和物理实验测试。辅助断路型 MMC 拓扑造价适中，同时可靠性高，虽然不能进行直流电压等级的变换，但适用于各种潮流反转的情况；故障隔离型 DC-DC 变换器拓扑更适用于不同直流电压等级系统的互联场合；增强型辅助断路 MMC 拓扑是三种方案中经济性最好的，并且其控制过程简单、故障处理迅速，但其可靠性较低，适合于潮流反转较少的应用场合。

参 考 文 献

［1］姚良忠，吴婧，王志冰，等．未来高压直流电网发展形态分析［J］．中国电机工程学报，2014，34（34）：6007-6020.

［2］Van Hertem D, Ghandhari M, Delimar M. Technical limitations towards a Super Grid：A European prospective［C］//2010 IEEE International Energy Conference and Exhibition（Energy Con）. Manama：IEEE, 2010：302-309.

［3］Sch n Aö, Bakran M. A new HVDC-DC converter with inherent fault clearing capability［C］//15th EPE. Lille, France：IEEE, 2013, 1-10.

［4］Sch n Aö, Bakran M. High power HVDC-DC converters for the interconnection of HVDC lines with different line topologies［C］//IEEE ECCE-Asia ICPE Conference. Hiroshima, Japan：IEEE, 2014：3255-3262.

［5］左文平，林卫星，姚良忠，等．直流-直流自耦变压器控制与直流故障隔离［J］．中国电机工程学报，2016，36（9）：2398-2407.

［6］朱思丞，赵成勇，李帅，等．可隔离直流故障的直流电网用 DC/DC 变换器拓扑［J］．电力系统自动化，2018，42（07）：108-115+129.

第6章 采用高压直流断路器的故障隔离

当直流短路故障发生时，除了使用第 5 章介绍的增强型 MMC 拓扑实现直流电网故障隔离以外，还可以利用高压直流断路器隔离故障区域。本章将围绕直流断路器这一直流电网中的重要设备展开，以经典的混合式直流断路器设计为例，对混合型直流断路器的拓扑结构与工作原理进行介绍；并提出三种具有故障限流能力的直流断路器拓扑：IGBT 型、晶闸管型以及单钳位往复型拓扑。最后，本章还将介绍一种高压直流断路器的时序配合方法。

6.1 混合式高压直流断路器概述

由于直流电网的故障电流发展速度远大于交流系统，高压直流断路器需要在故障电流达到稳态值前将其成功开断，因此开断速度与切断容量成为高压直流断路器研究的重点。直流断路器研究领域中，出现最早的是机械式高压直流断路器，主要由机械开关、反向电流发生电路、能量吸收回路组成。机械式断路器虽然原理简单，通态损耗小，制造成本低，但是灭弧时间长，开断速度难以满足直流电网中的开断要求。随后出现了使用晶闸管开断的全固态高压直流断路器，该类型的断路器虽然可以快速切断故障电流，但是通态损耗大，制造成本高，而且受到器件选择的制约，难以应用于直流电网中电压等级较高的场景。为了兼顾机械式断路器的低损耗与固态断路器的高分断速度的优势，由长期通流的载流支路、负责电流转移的电流转移支路，及能量吸收支路构成的混合式高压直流断路器在工程实际中被广泛采用。

本节以 ABB 公司研发的混合式高压直流断路器为例，介绍了混合式高压直流断路器的拓扑结构与工作原理。

ABB 公司在 2012 年取得突破性进展，研制出了世界上首台混合式高压直流断路器。该混合式高压直流断路器电压等级达到 320kV，额定电流为 2kA，其拓扑结构如图 6-1 所示。

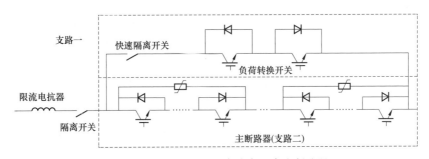

图 6-1 ABB 研发的混合式高压直流断路器

该高压直流断路器主要由两个支路组成：支路一由快速隔离开关和少量 IGBT 串联构成，具有低通态损耗的特点，即在正常运行时导通，可降低断路器的运行损耗；支路二（包含能量吸收回路）由若干模块串联构成，其中，每个模块额定电压为 80kV，由 40 只 IGBT 串联（双向开断时需 80 只 IGBT 反串联）构成，并与避雷器并联。故障发生时通过开关控制将电流由支路一转移到支路二，随后关断该支路中的电力电子器件，并经能量吸收回路耗散掉系统的剩余能量。

图 6-1 中所示高压直流断路器的工作方式为：

（1）正常通流时，电流由支路一导通，而支路二中无电流流过。由于支路一中串联的 IGBT 数量较少，可以显著降低断路器的通流损耗。

（2）开断时，首先使载流支路中的 IGBT 闭锁，当其两端电压高于支路二中串联 IGBT 的正向导通压降时，电流转移至支路二中。

（3）打开高速隔离开关至安全的开距，但其并不承担大电流开断任务。

（4）支路二中的 IGBT 闭锁，随着瞬时电压（transient interruption voltage，TIV）峰值的增大，避雷器导通，电流转移至避雷器并衰减。

（5）最后打开剩余电流隔离断路器，完成整个开断过程。

开断过程中通过高压直流断路器的电流和其两端的电压发展过程可统一由图 6-2 来定性描述。

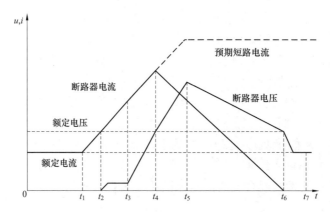

图 6-2　混合式高压直流断路器开断过程波形示意图

图 6-2 中各时刻的定义如下：

（1）短路发生时刻定义为 t_1。

（2）经过 t_2-t_1 的继电保护时间（由直流电网继电保护系统的故障检测时间、通信速度以及保护策略选择所需时间决定），断路器于 t_2 时刻收到开断指令，随着断路器各部件按一定时序动作，短路电流逐渐向能量吸收支路转移。

（3）t_3 时刻，断路器两端电压（即 TIV）开始显著升高。t_2-t_3 时间内，断路器两端会呈现一较低的电压，这是电流转移支路串联 IGBT 的导通管压降，其值与 IGBT 串联数量有关。

（4）t_4 时刻，流过断路器的电流开始下降，这一时刻，高压直流断路器电压上升到与系统电压相当的水平。

（5）t_5 时刻，TIV 达到峰值，可以认为这一时刻对应着短路电流完全转移至能量吸收支路。

（6）t_5-t_6时间内，能量吸收支路中的电流逐渐减小，至t_6时刻，减小到接近于零的值，对应着避雷器的剩余电流。

（7）t_7时刻，剩余电流隔离断路器开断，电流达到零点。

但是，该方案中没有采用限流开断技术，并且在检测到故障发生后需先进行电流转移操作，电流顺利转移且隔离开关完全打开后才能执行断路操作，考虑到故障点有可能距离较远，信号传输延迟以及检测算法耗时等因素，准确的故障检测时间通常大于2ms，且快速隔离开关动作时间需2ms，由于直流系统故障电流上升率远大于交流系统，且IGBT的过电流能力有限，故障电流将超过该型断路器的关断上限，限制了该型断路器的额定电压电流等级，且能量吸收仍需要一定的时间。因此该拓扑无法满足当前直流输电高电压、大电流的发展需求。适用于高电压、大电流场合的直流断路器的研发已经得到了很大的重视。

6.2　新型高压直流断路器拓扑

在高电压、大容量场合中故障电流上升过快，增加平波电抗器的使用又会影响系统的动态特性，电力电子器件除串联外还需并联使用，本节针对这些问题，提出三种带有限流功能的高压直流断路器。

6.2.1　IGBT型

6.2.1.1　拓扑结构及工作原理

IGBT型高压直流断路器拓扑如图6-3所示[1]。图中，MOA表示金属氧化物避雷器，VT表示全控型电力电子开关管，VH表示晶闸管，L_1-L_n为各支路电抗，UFD为超快速机械开关。

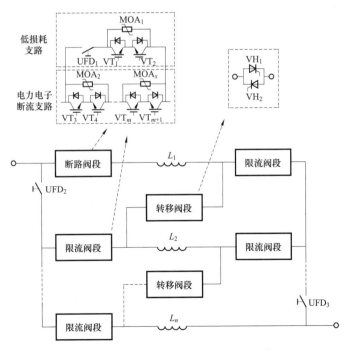

图6-3　基于IGBT器件的直流限流断路器

该断路器由断路阀段、限流阀段、转移阀段组成，其中断路阀段与限流阀段的结构相同，都包含低损耗支路、电力电子断流支路以及能量吸收支路。由于 IGBT 器件的耐压能力有限，因此要采取适当的保护措施，这里采用工程上常用的 MOA 来限制过电压峰值。由于断路阀段在执行操作时过电压等级以及系统释放的能量远大于限流阀段，所以二者在器件使用量、MOA 参数配置方面有所不同。所有阀段内的 IGBT 模块之间都配置有电阻、电容、二极管构成的 RCD 均压回路，以免局部过电压。由于需要双向开断，IGBT 模块采用反串联连接，使其可关断任意方向的电流。

该拓扑有以下几种操作模式：

（1）正常工作状态：把所有支路的电感并联以减少等效电感值，此时每个支路流过 $1/n$（n 为电感支路数）的电流；

（2）故障限流模式：该模式下通过开关管的控制使原本并联的支路电感串联起来，将系统电感由 $(1/n)L$ 增大为 nL 以达到限流效果；

（3）断路模式：该模式下控制所有支路关断，以快速切断系统电流；

（4）先限流后断路模式：该模式下，先将支路电感串联起来，此时根据电感的特性，使得系统电流大大降低，同时上升速率也大大减小，最后可以选择执行关断或恢复正常操作。这种模式能够为故障检测赢得更多的时间，降低误判的发生率；而对于常规的断路方案来说，由于直流系统故障电流上升率较高，进一步压缩故障检测时间将导致误判的发生率提高。该断路器限流后故障电流上升率大大降低，若确定是误判即可取消后续的断路操作，并可选择维持在限流状态或恢复正常运行状态。

先限流后断路模式的操作过程如下。当系统出现短路故障时，先执行限流操作：将所有限流阀段中的低损耗支路的 IGBT 关断，待电流转移到电力电子断流支路后，分断 UFD，待触头达到安全间距后，断开电力电子支路的所有 IGBT，此时能量转移到能量吸收回路中进行耗散，待限流阀段电流降为零后分断配置在支路之间的 UFD 以防止后续的断路操作对限流阀段造成冲击，此时每个支路的电感变为串联连接方式，由于电感的电流不能突变，使得线路总电流将降为原来的 $1/n$，此时系统的总电感也增加为 nL，以有效抑制故障电流的上升率；如果后续确定是永久性故障，则对断路阀段执行同样的操作以完全切断系统电流，若为误判或暂时性故障，则重新开通限流阀段的开关管，恢复正常运行模式。

由于流过电感的电流不易突变，在扰动作用下不会出现各支路暂态电流突变，所以用电感将电路分为几个支路的做法避免了暂态的均流问题，而如果将 IGBT 直接并联，则需要采取附加均流电路以保证运行中各 IGBT 的暂态电流均衡以免局部过电流，为额定电流较小的 IGBT 器件关断较大的故障电流提供了新思路。由于单个 IGBT 关断的电流值为总电流的 $1/n$，关断过程中器件所受到电流的热效应冲击大大减小。考虑到电感电流不能突变，在限流操作时系统故障电流会大大减小（由于电感的存在，并联切换成串联时每个支路电流突变受到抑制），能量吸收回路的采用是为了吸收限流瞬间系统电感（包括平波电抗、线路等效电感）储存的能量，避免 IGBT 器件出现过电压，以提高系统的可靠性。

6.2.1.2 工作机理分析

断路器进行限流操作时的变换过程如图 6-4 所示，通过对开关管的操作改变电感的连接方式，使

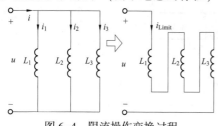

图 6-4 限流操作变换过程

得等效电感大大增加。

在进行限流前，各个电感是并联的，这时每个支路的电流表达式为

$$\begin{cases} i_1 = \dfrac{1}{L_1} \displaystyle\int_{-\infty}^{t} u(\xi)\,\mathrm{d}\xi \\[2mm] i_2 = \dfrac{1}{L_2} \displaystyle\int_{-\infty}^{t} u(\xi)\,\mathrm{d}\xi \\[2mm] i_3 = \dfrac{1}{L_3} \displaystyle\int_{-\infty}^{t} u(\xi)\,\mathrm{d}\xi \end{cases} \tag{6-1}$$

该路的总电流为

$$\begin{aligned} i &= i_1 + i_2 + i_3 \\ &= \left(\frac{1}{L_1} + \frac{1}{L_2} + \frac{1}{L_3} \right) \int_{-\infty}^{t} u(\xi)\,\mathrm{d}\xi \\ &= \frac{1}{L} \int_{-\infty}^{t} u(\xi)\,\mathrm{d}\xi \end{aligned} \tag{6-2}$$

其中，等效总电感大小为

$$L = \frac{L_1 L_2 L_3}{L_2 L_3 + L_1 L_3 + L_1 L_2} \tag{6-3}$$

每条支路的电流大小为

$$i_1 = \frac{L}{L_1}i = \frac{L_2 L_3}{L_2 L_3 + L_1 L_3 + L_1 L_2}i \tag{6-4}$$

$$i_2 = \frac{L}{L_2}i = \frac{L_1 L_3}{L_2 L_3 + L_1 L_3 + L_1 L_2}i \tag{6-5}$$

$$i_3 = \frac{L}{L_3}i = \frac{L_1 L_2}{L_2 L_3 + L_1 L_3 + L_1 L_2}i \tag{6-6}$$

由式（6-4）～式（6-6）可见，支路电流的大小取决于 L_1、L_2、L_3 的大小，可根据该支路内不同功率器件的耐压等级和通流能力灵活选取每一支路的电感值，使该支路流过合适的电流，本节将每一支路设定为相同的电感值，即所有支路电流相等。

限流之前即各电感支路并联状态下的磁链瞬时值为

$$\begin{aligned} \psi_{\mathrm{L}}(0_-) &= \psi_{\mathrm{L}1}(0_-) + \psi_{\mathrm{L}2}(0_-) + \psi_{\mathrm{L}3}(0_-) \\ &= L_1 i_{\mathrm{L}1}(0_-) + L_2 i_{\mathrm{L}2}(0_-) + L_3 i_{\mathrm{L}3}(0_-) \end{aligned} \tag{6-7}$$

限流时控制相应的开关管，使电感串联起来，这时的等效电路如图 6-5 所示。

限流之后磁链的瞬时值为

$$\begin{aligned} \psi_{\mathrm{L}}(0_+) &= \psi_{\mathrm{L}1}(0_+) + \psi_{\mathrm{L}2}(0_+) + \psi_{\mathrm{L}3}(0_+) \\ &= (L_1 + L_2 + L_3)i_{\mathrm{Limit}}(0_+) \end{aligned} \tag{6-8}$$

其中，i_{Limit} 为限流之后的电流值。在该回路中，根据磁链守恒方程如式（6-9）所示

$$\psi_{\mathrm{L}}(0_-) = \psi_{\mathrm{L}}(0_+) \tag{6-9}$$

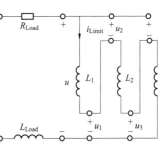

图 6-5　限流之后的等效电路

考虑到电感值 $L_1 = L_2 = L_3$，电感电流在限流瞬间维持不变，则 $i_{Limit} = i_{L1} = i_{L2} = i_{L3}$。系统电流 i 在限流操作时下降为限流前每个电感并联时流过的电流值。

由上述分析可知，限流瞬间电感 L_1、L_2、L_3 流过的电流基本不变，所以该断路器内部不会产生过电压，由于断路器此刻等效电感值 L 较大，忽略线路电阻，列写磁链守恒方程可得到限流时刻 $t = 0_+$ 系统的电流瞬时值为

$$i = \frac{3(L + L_{Load})i_{L1}}{3L + L_{Load}} \tag{6-10}$$

式中，i_{L1} 为限流前每个电感支路流过的电流，一般为 i/n。由于 L_{Load} 远小于 L，所以限流瞬间系统总电流发生改变，近似等于限流前每个支路的电流。

由于在限流瞬间，L_{Load} 中流过的电流发生跃变，电感两端必然出现冲击电压，大小为

$$
\begin{aligned}
u_{Load} &= L_{Load}[i_L(0_+) - i_L(0_-)]\delta(t) \\
&\approx -L_{Load}(i - i_{L1})\delta(t)
\end{aligned} \tag{6-11}
$$

根据 KVL，断路器两端承受的冲击电压为

$$u_L \approx L_{load}(i - i_{L1})\delta(t) \tag{6-12}$$

式中，$\delta(t)$ 为单位冲击函数，其满足

$$
\left.
\begin{aligned}
&\delta(t) = 0 \quad (t \neq 0) \\
&\int_{-\infty}^{+\infty} \delta(t)\,dt = 1
\end{aligned}
\right\} \tag{6-13}
$$

由图 6-5 可知此时每组开关管以及电感两端的电压方程满足式（6-14）的约束条件

$$
\left\{
\begin{aligned}
&u_1 = u_{L2} + u_3 = u_{L2} + u_{L3} \\
&u_4 = u_2 + u_{L2} = u_{L1} + u_{L2}
\end{aligned}
\right. \tag{6-14}
$$

由式（6-14）可见，每组开关管都会承受瞬间的冲击电压，其中 u_1、u_4 承受的电压较高，分别比相邻支路的电压高出一个电感两端的电压，在多组支路时电压分布也符合这种规律。按照这种规律可以得到各阀段串联的 IGBT 模块数量以及 MOA 的保护电压等参数。

6.2.1.3 损耗与造价分析

通态损耗与造价为衡量高压直流断路器可行性的重要因素。为了体现本节所提限流式高压直流断路器方案的优势，在通态损耗与成本方面将其与上述 ABB 方案进行对比。

1. 通态损耗对比

对于 ABB 与全球能源互联网研究院的方案，低损耗通路中只含有数个 IGBT 模块，所以损耗较小。对于本节所提限流式断路器拓扑，由于具有限流的作用，在相同系统参数及操作时间下断路阀段需要转移的故障电流小于上述两种方案，从而可进一步减小 IGBT 模块数量，但为了发挥故障限流的优势，限流过程可能持续较长的时间以等待故障检测信号，所以在断路阀段的低损耗通路中配置的 IGBT 与 ABB 方案相同；对于限流阀段的低损耗支路，由于限流时支路电流仅为系统电流的 $1/n$，所以该阀段的 IGBT 的数量可进一步减小。考虑到 n 条支路并联，每条支路的电流较小，IGBT 导通压降也相对较小，损耗也较低。但考虑到三种方案的 IGBT 总数很小，所以三者的通态损耗无明显差别。

2. 低损耗通路成本分析

由于并联分流作用，本节所提方案每条支路流过的电流较小，UFD 可以采取轻量级的触头，轻量级触头带来的好处有两个方面：①制作工艺相对简单，成本较低；②触头的分断

速度可以进一步加快。较重的触头在分断时，由于材料惯性及其他因素，对拉杆以及驱动装置要求高得多，在现有工艺和材料的制约下，分断速度很难提高，而对于轻量级触头，分断时间可达到100μs，更快的速度意味着相同的时间可达到更大的分断间隙、拥有更高的绝缘电压等级，对降低成本及提高性能都具有重要意义。但考虑到需要配置多个UFD，在分断速度提高的情况下，电磁斥力驱动机构的功率不会明显减小，所以UFD的整体造价可认为比ABB方案略高。

3. 电力电子断流支路成本分析

为了方便对比，断流支路的IGBT都采用ABB方案使用的型号5SNA 2000K450300，其额定参数为4.5kV/2kA，考虑到工程上一般预留50%的安全裕量，单个IGBT承受电压为2.25kV，考虑到IGBT可以承受短时间的过电流，可将通流能力视为4kA。

设系统电压等级为500kV、容量为1000MW，此时电力电子断流单元保护电压一般设为750kV。在现有技术条件下，由于检测方法大多与交流系统类似，再加上信号处理传输延迟，导致直流电网中故障检测时间较慢，即使故障检测时间能控制在3ms以内，还要考虑到UFD需2ms的动作时间，在通过平波电抗器将故障电流上升率抑制为5kA/ms的情况下，关断时最大故障电流将达到27kA，如果仅依赖线路电流变化率突变来检测故障，最快可在300μs内做出反应，缺点是若出现小的扰动也会使断路器误动作。所以这里假定准确的故障检测时间为3ms，疑似故障检测时间为300μs。所以采用ABB的断路器方案在达到双向关断需求时需要串联的IGBT数量为666个，需要并联的数量为7个，IGBT的总使用量为4662个。

对于本节所提限流式断路器拓扑，由于断路阀段保护电压仍为750kV，根据限流的作用，在故障发生300μs时采取限流操作，2.3ms之后便工作在故障限流模式，5ms时故障电流仅为12kA，所以断路阀段所需串联的IGBT数量为666个，需要并联的数量为3个，并联均流电路的使用也得以大大减少，该阀段IGBT的使用量为1998个，如果增大支路数量，限流效果会更好，关断时的故障电流也随之变小，该阀段器件将无需并联使用；对于限流阀段，由于限流过程中产生的过电压较低，且断路时限流阀段已经被UFD隔离，故其保护电压可设在较低的水平，但如果设的电压过低会使该路的能量吸收减慢，加大限流操作的延迟，故这里将限流操作的保护电压设为550kV，此时每个阀段串联的器件数量为488个，且无需并联使用。限流与断路阀段的IGBT使用量总和为3950个，略小于上述两种方案，且如果将限流阀段的保护电压降低，总器件使用量可进一步减少，所以该方案的IGBT使用量略少。对于转移阀段，由于正常导通时仅起到隔离不同支路的作用，此时承受的电压仅为电抗器上的压降，且在限流时已触发导通，所以仅需串联数个晶闸管，对于整个断路器所用器件数量来说可忽略不计。

综上所述，本节提出的限流式断路器可以在正常工作时呈现较低的电感值，不影响系统的动态特性，而故障时将电感值迅速增大，充分发挥其限流功能，且每条支路的电流等级较低，UFD的触头也较轻，分闸速度较快，在同样的时间将达到更长的分断间隙，将避免多断口的使用或减少断口的数量。考虑到每条支路都有平波电抗器，所以该方案在同等条件下的成本有一定的增加，但能适应较长的故障检测时间，具有深入研究的价值。

6.2.1.4 仿真分析

采用PSCAD软件对本节所提混合式直流断路器进行仿真，仿真步长为5μs，系统电压设为500kV，额定容量为1000MW，线路长度为100km，线路等效电感为46.6mH，等效电阻为1.3Ω，等效电容为28μF。仿真中该直流限流断路器采用三条支路，每条支路电感值为

90mH，断路阀段保护电压设置为 750kV，串联 IGBT 数量为 666 个，限流阀段保护电压设置为 550kV，串联 IGBT 的数量为 488 个。

由于该拓扑的工作模式较多，而快速限流操作将断路器内所有支路的电感从并联转换成串联的同时故障电流也会大幅度降低，且故障电流上升率也能得到很好的抑制，工程意义较大，先限流，待电流降到最低值后再执行断路的操作已包含限流与断路的整个过程，所以无需单独对限流与断路进行仿真。

先限流后断路的仿真波形如图 6-6 所示。

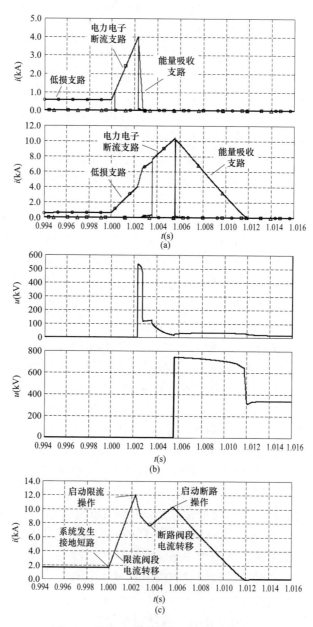

图 6-6 限流和关断操作下电压电流波形
（a）限流、断路阀段电流转移过程；（b）限流、断路阀段两端电压波形；（c）系统电流波形

118

系统初始电流为 1.8kA，在 1.0s 时发生双极短路，由于稳态运行时各阀段都处于通态，所以限流阀段与断路阀段的电流开始迅速上升，系统在 1.0003s 时检测到疑似故障发生（电流上升率突变），这时启动限流操作：将限流阀段的低损耗支路 IGBT 关闭，然后打开该支路的 UFD，待 UFD 完全打开之后，关断该阀段的电力电子断流支路的 IGBT，能量转移到能量吸收支路进行耗散。图 6-6（a）显示限流阀段电流随之下降为零，该阀段的能量转移到与之并联的 MOA 中耗散掉。

由于在限流过程中限流阀段 MOA 保护动作，吸收了一部分存储在电感中的能量，所以限流之后系统电流虽然大幅度减小，但未达到理论值：即限流前系统电流的 $1/n$。在限流过程中系统电流在 1.0035s 时下降到限流状态下的最低值 7.5kA，之后电流重新上升，但上升率远比限流前的小；系统在 1.0036s 执行断路阀段电流转移操作，1.0056s 关断断路阀段的电力电子断流支路，由图 6-6（a）可见此刻断路阀段电流下降为零，能量转移到 MOA 中进行耗散。断路与限流阀段中低损耗支路、电力电子断流支路、能量吸收回路之间的电流转移过程中，由于 MOA 的电压保护作用，限流与断路阀段两端的电压都在设置的范围内，如图 6-6（b）所示。

图 6-6（c）是系统总电流的变化曲线，在系统发生双极短路瞬间，系统故障电流迅速上升，达到 12kA 时由于限流操作的执行以及电感的作用，此时故障电流开始明显下降，待限流阀段的能量吸收回路对限流操作产生的能量吸收完成，故障电流重新开始以较低的斜率上升，在 1.0056s 时由于断路操作的执行以及断路阀段 MOA 的耗能作用，系统故障电流迅速减小为零。

为了保证图 6-5 中各阀段的暂态电压 u_1、u_2、u_3、u_4 在正常范围内，分别在各阀段两端加装 MOA1、MOA2、MOA3、MOA4，其在限流过程中的能量吸收曲线如图 6-7（a）所示。由图可见 MOA1、MOA4 在整个限流过程中吸收的能量为 1200kJ，高于 MOA2、MOA3 的 450kJ，与式（6-14）对该阀段暂态电压的分析结果相对应。

图 6-7（b）为断路阀段的 MOA 能量吸收波形。由图可见，断路过程中该阀段的 MOA 共吸收 35MJ 能量，能量吸收的大小是配置避雷器的重要依据之一。

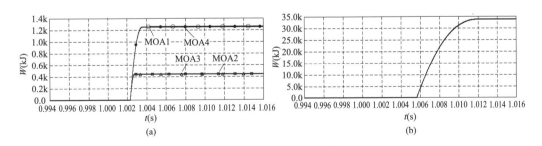

图 6-7　限流和关断过程中 MOA 的能量吸收曲线
（a）限流阀段 MOA 能量吸收波形；（b）断路阀段 MOA 能量吸收波形

6.2.2　晶闸管型

6.2.2.1　拓扑结构和工作原理

晶闸管型直流断路器拓扑结构如图 6-8 所示[2]。图中，MOA 代表金属氧化物避雷器；

T_A、T_B 代表阀段内晶闸管；T_D 代表阀段内 IGBT；L 为电抗器；C 为辅助电容；$T_1 \sim T_N$ 为支路晶闸管。

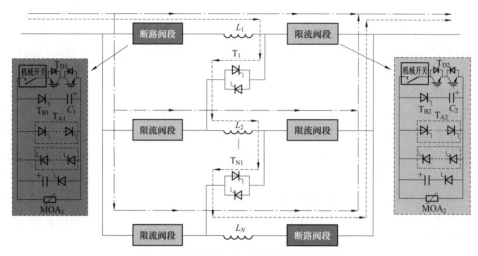

图 6-8　限流混合式直流断路器拓扑结构

该断路器由断路阀段和限流阀段组成，断路阀段与限流阀段具体拓扑分别如图 6-8 中深色阴影框和浅色阴影框中所示。每个阀段内的电容配备有充电电源，正常状态时按图中电容正极所标识预先充电。图 6-8 中点划线所示为正常运行时电流通路，虚线所示为故障限流时的电流通路。

该限流混合式直流断路器具有四种操作模式：正常工作、故障限流模式、直接断路模式、先限流后断路模式。具体工作过程类似 IGBT 型高压直流断路器。

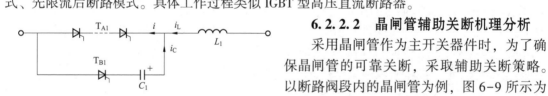

图 6-9　晶闸管关断模型

6.2.2.2　晶闸管辅助关断机理分析

采用晶闸管作为主开关器件时，为了确保晶闸管的可靠关断，采取辅助关断策略。以断路阀段内的晶闸管为例，图 6-9 所示为晶闸管关断过程简化电路。

系统初始状态 $t =$ （t_{1-}）时 IGBT 和晶闸管 T_{A1} 处于开通状态，流过的电流为 i_0，其导通压降较低，为 U_1，电容电压为 U_C，晶闸管与电感两端的总电压为 U_S。在 t_1 时刻将 T_{A1} 关断，并触发晶闸管 T_{B1} 导通，在 T_{B1} 导通的瞬间，电容 C_1 上承受的电压有一个跃变

$$U_C(t_{1+}) = U_C(t_{1-}) + \frac{1}{C} \int_{t_{1-}}^{t_{1+}} i_C(t)\,\mathrm{d}t \qquad (6-15)$$

其中，C 表示电容 C_1 的容值，且

$$U_C(t_{1-}) = U_1 \qquad (6-16)$$

这时电容上产生的冲击电流大小为

$$i_C = C[U_C(t_{1+}) - U_C(t_{1-})]\delta(t) \qquad (6-17)$$

使得电感 L_1 两端产生的反向冲击电压大小为

$$U_L = L_1[i_L(t_{1+}) - i_L(t_{1-})]\delta(t) \qquad (6-18)$$

当电感两端的电压与电容两端的电压相等时，电容的冲击电流将只能流过晶闸管 T_{A1}，

其大小为

$$i = C\left[U_C(t_{1+}) - U_C(t_{1-})\right]\delta(t) - \left[i_L(t_{1+}) - i_L(t_{1-})\right] \tag{6-19}$$

这时晶闸管 T_{A1} 会瞬间流过反向恢复电流，使晶闸管关断。此时由于电容在放电或反向充电，T_{B1} 上承受的电压较小，一般配置数个串联可以达到要求。

由上述分析可知，经过合理配置电容容值和初始电压的大小，就可使其有效关断。在 T_{A1} 有效关断之后，随着电容放电并反向充电完成，开始对电流进行阻断，T_{B1} 随后也截止，该阀段被有效切断。

6.2.2.3 仿真分析

为了验证本节提出的组合式断路器的可行性，在 PSCAD/EMTDC 中搭建了如图 6-10 所示的直流电网模型测试系统，部分系统参数如表 6-1、表 6-2 所示，直流断路器参数如表 6-3 所示。

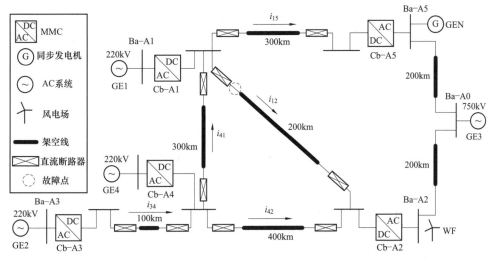

图 6-10　直流电网测试模型

表 6-1　　　　　　　　　　　　　　　MMC 参数

换流站	控制策略	桥臂电抗（mH）	单桥臂子模块数量	子模块电容（μF）
Cb-A1	$Q = 0\text{MVar}$ $P = -1800\text{MW}$	96	250	7500
Cb-A2	$Q = 0\text{MVar}$ $U_{DC} = 1000\text{kV}$	48	250	14000
Cb-A3	$Q = 0\text{MVar}$ $P = 2000\text{MW}$	96	250	7500
Cb-A4	$Q = 0\text{MVar}$ $P = -1500\text{MW}$	96	250	7500
Cb-A5	$Q = 0\text{MVar}$ $P = 2000\text{MW}$	96	250	7500

表 6-2   直流线路参数

直流线路	架空线路
R_{dc}（Ω/km）	0.015
L_{dc}（mH/km）	0.82
C_{dc}（μF/km）	0.012
I_{Max}（kA）	3.0

表 6-3   直流断路器参数

参数	数值
电压等级（kV）	500
并联支路数（N）	3
限流电抗（$L_1=L_2=L_3$）（H）	0.3
断路阀段辅助关断电容 C_1（μF）	5
限流阀段辅助关断电容 C_2（μF）	5
断路阀段电容预充电电压 U_{cha1}（kV）	7
限流阀段电容预充电电压 U_{cha1}（kV）	6
避雷器保护水平 U_{MOA}（kV）	750

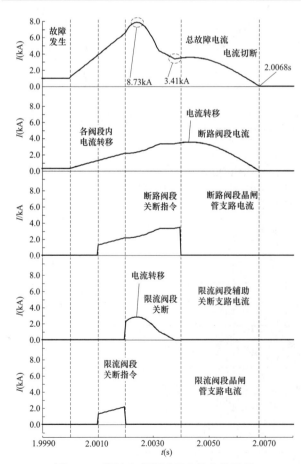

图 6-11 限流和关断过程中的电流波形

本节重点突出直流断路器故障仿真，并未考虑直流电网启动过程。直流电网在 $t=2s$ 前已经运行稳定。在 $t=2s$ 设置双极短路故障，故障位置为直流线路 12 靠近换流站 Cb-A1 处，如图 6-10 所示。采用直流断路器先限流再切除故障，限流过程和切断过程不同阀段电流如图 6-11 所示。

在 $t=2s$ 时故障放生，故障线路 12 电流迅速上升，$t=2.001s$ 时检测到线路过流，直流断路器开始启动限流措施。此时各个阀段内的电流通路开始由稳态通路转移到晶闸管主支路，稳态通路 IGBT 停止触发，快速机械开关打开，为后续动作做准备。

$t=2.002s$ 时，机械开关已经打开，关断限流阀段主支路晶闸管，触发辅助关断支路晶闸管，经过 2ms，限流阀段完成关断，直流断路器 3 条支路并联转为串联，实现限流，故障电流由 7.83kA 降为 3.41kA。限流之后系统电流虽然大幅度减小，但未达到理论值：即限流前

122

系统电流的 1/3。这是因为晶闸管的关断需要辅助支路，不能实现瞬间关断，并且在限流过程中该阀段 MOA 保护动作，吸收了一部分存储在电感中的能量，之后电流重新上升，但上升率远比限流前的小。

$t=2.004\mathrm{s}$ 时，断路阀段开始关断，触发辅助支路晶闸管，并停止触发断路阀段主支路晶闸管。其关断过程与限流阀段关断过程一致，只是需要 MOA 吸收更多的能量，关断时间也较限流阀段关断时间长。

$t=2.007\mathrm{s}$ 时，线路 12 电流减小为零，系统故障被清除。

直流断路器切除故障前后，直流电网中各直流线路电流情况如图 6-12 所示。

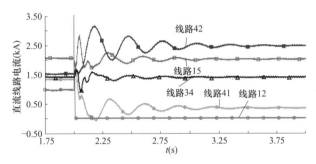

图 6-12　换流站功率和直流线路潮流分布

从发生故障到故障切除，整个故障暂态过程中各换流站的功率传输并未中断，这降低了整个电网产生振荡的风险。线路 12 的故障从直流电网中切除后，电流在其他线路上进行了重新分配。在大型网状直流电网设计时，需要装设直流潮流控制器，防止故障切除直流线路后其余线路出现过载。

6.2.3　单钳位往复型

6.2.3.1　拓扑结构与工作原理

单钳位子模块（Clamped Single Sub-Module，CSSM）构成的单钳位模块型往复限流式高压直流断路器拓扑结构如图 6-13（a）所示。断路器的支路数量可以是任意奇数，图 6-13（a）以 3 支路为例进行分析。

图 6-13（a）中实线代表断路器稳态运行时的电流通路，点划线代表故障状态下的电流通路。稳态运行时，断路器的三条支路并联运行，可以减小断路器对直流电网的影响，提高电网的稳态性能；故障状态时，断路器阻抗增加为单条支路的三倍，能够有效地限制故障电流。

该断路器的断路阀段由通流支路、转移支路和避雷器支路三部分组成，如图 6-13（b）所示。通流支路包含一个快速机械开关 S 和 N_1 个串联 CSSM，主要用于流过稳态电流和进行故障限流；转移支路由 N_2 个 CSSM 串联而成，主要用于转移故障电流以及进行故障清除；避雷器支路由若干串联避雷器组成，主要用于故障电流清除时通过避雷器吸收冲击电压能量，保护子模块电容。

如图 6-13（c）所示为单钳位子模块的拓扑结构。在本节所提断路器拓扑中，单钳位子模块有旁路和闭锁工作两种工作状态。该子模块处于旁路状态时，T1 关断，T2、T3 导通；处于闭锁状态时，T1、T2、T3 均关断。两种状态的电流通路分别如图 6-13（d）、（e）所示。

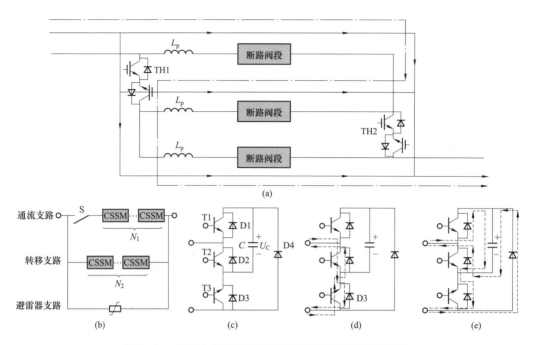

图 6-13　单钳位模块型往复限流式高压直流断路器拓扑

（a）断路器主拓扑；（b）断路阀段拓扑；（c）CSSM 拓扑；
（d）CSSM 旁路时的电流通路；（e）CSSM 闭锁时的电流通路

CSSM 具有双向通流特性，电流在图 6-13（a）的电流通路中可以双向流动，能够适应潮流反转等多种要求，具有良好的适用性。

为了体现断路器的工作机理，将两端换流站由两个属于同一电压等级但电压值略有差异的电压源模拟，如图 6-14 所示。

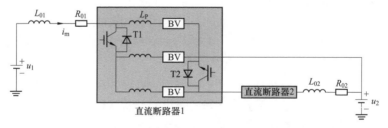

图 6-14　电压源模拟的两端换流站等效电路

其中，L_{01}、L_{02} 为两端换流站平波电抗器，R_{01}、R_{02} 为线路等效电阻，u_1、u_2 分别为两端换流器直流电压，i_m 为流过断路器的总电流，BV 为断路阀段。

下面将对断路器的正常运行、故障限流以及故障开断过程进行分析。在本节提出的断路器中，每个断路阀段同一支路中所有 CSSM 的控制方式都相同，为简明起见，下文用"某支路闭锁/旁路/投入"来指代该支路中所有 CSSM 的统一控制状态。

当 t_1 时刻发生直流侧故障时，断路器工作过程分为 5 个阶段：①稳态运行阶段；②故障检测阶段；③限流阶段；④电流转移和分断延时阶段；⑤故障清除阶段。断路器在阶段③正式介入故障过程，并于阶段⑤完成故障电流的清除。

5 个阶段的具体分析如下：

1. 稳态运行阶段（$t_0 \sim t_1$）

此阶段下断路器三条支路并联，断路阀段中转移支路闭锁，通流支路旁路，断路器等效电路如图 6-15 所示。直流断路器 1 中，R_{on1} 为通流支路投入电路的电力电子开关器件等效电阻，L_{p} 为支路内限流电感，R_{p} 为 L_{p} 的稳态电阻。

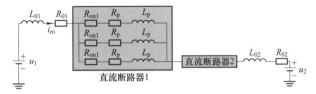

图 6-15　正常运行等效电路

稳态运行时，断路器的稳态工作电流为

$$I_1 = I_0 = i_{\mathrm{m}}(t_0) = \frac{u_1 - u_2}{R_{01} + R_{02} + \dfrac{2}{3}(R_{\mathrm{on1}} + R_{\mathrm{p}})} \tag{6-20}$$

稳态电流的大小主要由两端换流站的电压差、线路电阻影响，一般换流站间的电压差很小，稳态电流的数值往往只有几千安。

2. 故障检测阶段（$t_1 \sim t_2$）

发生直流故障后，保护装置尚需要一定时间进行检测，这段时间内断路器不动作，故障电流将经通流支路自由发展。故障状态下的等效电路如图 6-16 所示。

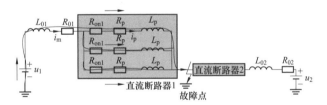

图 6-16　直流故障等效电路

R_{02}、L_{02}、u_2 和直流断路器 2 不影响直流断路器 1 的暂态过程。根据图 6-16 列出方程

$$- u_1 + \left(L_{01} + \frac{1}{3}L_{\mathrm{p}}\right)\frac{\mathrm{d}i_{\mathrm{m}}}{\mathrm{d}t} + \left[R_{01} + \frac{1}{3}(R_{\mathrm{on1}} + R_{\mathrm{p}})\right]i_{\mathrm{m}} = 0 \tag{6-21}$$

令

$$\begin{cases} u_{\mathrm{eq}} = - u_1 \\ L_{\mathrm{eqp}} = L_{01} + \dfrac{1}{3}L_{\mathrm{p}} \\ R_{\mathrm{eqp}} = R_{01} + \dfrac{1}{3}(R_{\mathrm{on1}} + R_{\mathrm{p}}) \end{cases} \tag{6-22}$$

方程（6-21）简写为

$$u_{\mathrm{eq}} + L_{\mathrm{eqp}}\frac{\mathrm{d}i_{\mathrm{m}}}{\mathrm{d}t} + R_{\mathrm{eqp}}i_{\mathrm{m}} = 0 \tag{6-23}$$

这一阶段中 $i_{\mathrm{m}}(t)$ 的初值 $i_{\mathrm{m}}(t_1)$ 为稳态电流 I_1。

式（6-23）的时域解为

$$i_{\mathrm{m}}(t) = -\frac{u_{\mathrm{eq}}}{R_{\mathrm{eqp}}} + \left[I_1 + \frac{u_{\mathrm{eq}}}{R_{\mathrm{eqp}}} \right] \mathrm{e}^{-\frac{t-t_1}{\tau}}, \quad t > t_1, \quad \tau_{\mathrm{p}} = \frac{L_{\mathrm{eqp}}}{R_{\mathrm{eqp}}} \tag{6-24}$$

发生故障后，故障电流以几何指数增长，其时间常数由故障点到换流站直流侧出口的等效电感和等效电阻决定。故障电流往往几毫秒内就能增长到很大的数值。

3. 限流阶段（$t_2 \sim t_3$）

保护装置检测到故障后，在 t_2 时刻发出指令，令通流支路闭锁，同时转换 IGBT 组 TH1、TH2 关断，断路器三条支路从并联结构变为串联，进入限流状态。此时等效电路如图 6-17 所示。故障过程中对直流断路器 1 无影响的直流断路器 2、R_{02}、L_{02} 和电压源 u_2 略去。

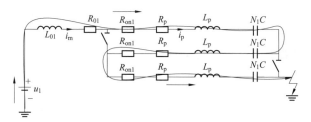

图 6-17　限流阶段等效电路

从故障检测阶段到限流阶段，IGBT 的关断使得断路器拓扑发生了突变，使用拉普拉斯变换法在频率内对电路求解。

t_{2-} 时刻初值

$$i_{L01}(t_{2-}) = 3i_{\mathrm{p}}(t_{2-}) = I_2, \quad u_{\mathrm{c}}(t_{2-}) = 0 \tag{6-25}$$

其中 I_2 为阶段②末时刻的总电流 i_{m}（t_{2-}）。

通流支路串联电容个数远远小于转移支路，可以认为通流支路闭锁后，短路电流仍流过通流支路。

t_{2+} 时刻运算电路如图 6-18 所示。

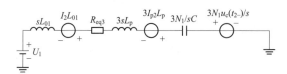

图 6-18　限流阶段运算电路

结合式（6-24）、式（6-25），可得

$$-\frac{U_1}{s} + sL_{01}I_{\mathrm{m}} - L_{01}I_2 + R_{01}I_{\mathrm{m}} + 3\left(R_{\mathrm{on1}}I_{\mathrm{m}} + R_{\mathrm{p}}I_{\mathrm{m}} + sL_{\mathrm{p}}I_{\mathrm{m}} - L_{\mathrm{p}}I_{\mathrm{p}2} + \frac{N_1}{sC}I_{\mathrm{m}} + \frac{N_1 u_{\mathrm{c}}(t_{2-})}{s} \right) = 0 \tag{6-26}$$

式中，N_1 为通流支路串联电容个数；C 为 CSSM 中电容容值。$I_{\mathrm{p}2}$ 为限流电感中 t_{2-} 时刻的电流。

$$I_{\mathrm{p}2} = \frac{1}{3}I_2 \tag{6-27}$$

由于电容没有预充电，所以

$$\frac{u_c(t_{2-})}{s} = 0 \tag{6-28}$$

由式（6-26）解得

$$I_m = \frac{\dfrac{U_1}{s} + L_{01}I_2 + L_p I_2}{s(L_{01} + 3L_p) + R_{01} + 3R_{on} + 3R_p + \dfrac{3N_1}{sC}} \tag{6-29}$$

令

$$\begin{cases} A = L_{01}I_2 + L_p I_2 \\ R_{eqs} = R_{01} + 3R_{on} + 3R_p \\ L_{eqs} = L_{01} + 3L_p \\ D = \dfrac{3N_1}{C} \end{cases} \tag{6-30}$$

进行拉氏反变换得

$$i_m(t) = \frac{A}{L_{eqs}} e^{-\frac{t-t_2}{\tau_3}} \left[\cos\omega(t - t_2) + k_3 \sin\omega(t - t_2) \right], \quad t > t_2 \tag{6-31}$$

其中

$$\begin{cases} \tau_3 = \dfrac{2L_{eqs}}{R_{eqs}} \\ \omega = \sqrt{\dfrac{D}{L_{eqs}} - \dfrac{1}{\tau_3^2}}a \\ k_3 = \dfrac{U_1\tau_3 - A}{A\tau\omega} \end{cases} \tag{6-32}$$

在限流阶段，CSSM 电容将在极短时间内充电至额定电压，因此限流时间很短。但电容充电后具有反压，对直流电流的限制能力很强，具有很好的限流效果。

4. 电流转移和分断延时阶段（$t_3 \sim t_4$）

t_3 时刻前，若故障已清除，故障电流将不再继续发展，可以重新触发 CSSM 使得通流支路旁路，直接恢复正常运行；反之则需要进行断路动作。保护装置判断需要断路动作后，令转移支路旁路，故障电流将从通流支路转移到转移支路。进一步检测通流支路的电流，当其小于快速机械开关的开断允许电流后，给出分闸指令。若检测到通流支路的电流仍大于机械开关允许开断电流，则说明此端断路器拒动，需要调用对端断路器动作以完成故障隔离。电流转移过程如图 6-19 所示。

电流转移完成后，机械开关收到分闸指令。一般而言，机械开关的分断需要 2ms 延时，在延时阶段内，由于转移支路处于旁路状态，故障电流仍然自由上升。

分断延时阶段中，投入电路中的 CSSM 数由通流支路的 N_1 个变为转移支路的 N_2 个，电力电子器件的总导通电阻为 R_{on2}。由图 6-20 列出方程

$$-u_1 + (L_{01} + 3L_p)\frac{di_m}{dt} + \left[R_{01} + 3(R_{on2} + R_p) \right]i_m = 0 \tag{6-33}$$

解得

$$i_m(t) = -\frac{u_{eq}}{R_{eqs}} + \left[I_3 + \frac{u_{eq}}{R_{eqs}}\right]e^{-\frac{t-t_3}{\tau}}, \quad t > t_3, \quad \tau_s = \frac{L_{eqs}}{R_{eqs}} \tag{6-34}$$

其中 I_3 为阶段③末时刻的总电流 $i_m(t_3)$。

由于机械开关有分断延时，本来已经下降的故障电流重新升高。但凭借断路器的串联结构和平抗、限流电感的作用，这一阶段的故障电流发展速度将低于阶段①。

5. 故障清除阶段（$t_4 \sim t_5$）

直到机械开关完全分断后，闭锁转移支路，故障电流为转移支路电容充电，随后通过避雷器放电，故障电流下降。需要说明的是，由于避雷器是非线性元件，阶段⑤只有避雷器放电前的部分可以解析计算。

转移支路闭锁后，CSSM 电容投入到电路中，由图 6-21 列出方程

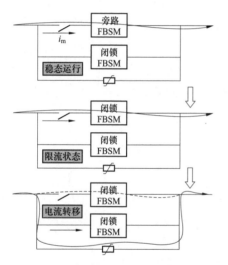

图 6-19　断路阀段电流转移示意图

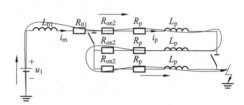

图 6-20　分断延时阶段等效电路

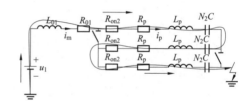

图 6-21　故障清除等效电路

$$\begin{cases} -u_1 + (L_{01} + 3L_p)\frac{di_m}{dt} + [R_{01} + 3(R_{on2} + R_p)]i_m + 3N_2u_C = 0 \\ i_m = C\frac{du_c}{dt} \end{cases} \tag{6-35}$$

式中，$u_c(t)$ 是每个子模块电容的电压。

解得

$$i_m(t) = Ce^{-\frac{t-t_4}{\tau_5}}\left[\left(\frac{K_1}{\tau_5} + K_2\omega_5\right)\cos\omega_5(t - t_4) + \left(\frac{K_2}{\tau_5} - K_1\omega_5\right)\sin\omega_5(t - t_4)\right], \quad t > t_4 \tag{6-36}$$

其中

$$\tau_5 = \frac{2(L_{01} + 3L_p)}{3(R_{on2} + R_p)}$$

$$\omega_5 = \frac{\sqrt{12N_2C(L_{01} + 3L_p) - 9(R_{on2} + R_p)^2C^2}}{2C(L_{01} + 3L_p)}$$

$$K_1 = -\frac{u_1}{3N_2}$$

$$K_2 = \frac{\dfrac{I_4}{C} - K_1 A_2}{B_2} \qquad (6-37)$$

式中，I_4 为阶段④末时刻的总电流 i_m（t_4）。

6.2.3.2　断路器性能分析

搭建如图 6-14 所示的仿真测试系统，系统额定电压 500kV。在 $t_1 = 1\text{s}$ 时发生故障，经过保护延时后，保护装置发出动作指令。系统中，$L_{01} = L_{02} = 80\text{mH}$，$L_p = 90\text{mH}$，$R_{01} = 0.25\Omega$，$R_{02} = 0.8\Omega$，$u_1 = 500\text{kV}$，$u_2 = 497\text{kV}$，CSSM 电容 $C = 200\mu\text{F}$。

流过断路器的总电流以及断路阀段内各支路电流如图 6-22 所示。

图 6-22 波形可分为如下阶段：

$t_0 \sim t_1$ 时刻：稳态运行阶段。t_1 时刻故障发生。

$t_1 \sim t_2$ 时刻：故障检测阶段。这一阶段内保护装置尚未启动，故障电流由稳态值 2.26kA 迅速发展到 11.60kA。t_2 时刻保护装置检测到故障，断路器开始动作。

$t_2 \sim t_3$ 时刻：限流阶段。转换 IGBT 组 TH1、TH2 关断，断路器的连接方式由并联变换为串联。所有断路阀段中通流支路闭

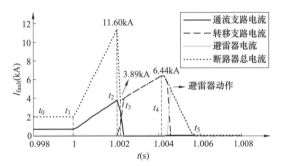

图 6-22　断路器故障暂态波形

锁，其子模块电容投入电路进行限流，故障电流由 11.60kA 降为 3.89A。

$t_3 \sim t_4$ 时刻：电流转移和分断延时阶段。保护装置检测到通流支路子模块电容电压超过额定承压值，旁路主支路，电流从通流支路迅速向转移支路转移。电流转移完成后，给出机械开关分闸指令。一般来说，机械开关分断需要 2ms 延时。在机械开关分断的时间内，只有限流电抗产生作用，故障电流重新增大，直到 t_4 时刻机械开关分断完毕。

$t_4 \sim t_5$ 时刻：故障清除阶段。机械开关分断完成后，转移支路闭锁，故障电流为串联的 CSSM 充电，随后通过避雷器放电。

避雷器动作时刻与设定的避雷器额定电压有关。一般来说，避雷器额定电压的选取需要考虑 CSSM 的承压能力。

转换 IGBT 组承担着改变电路结构的作用，当电路结构突变后，其两端电压也会突变，因此需要一定数量的 IGBT 串联以防止器件损坏。图 6-23 为转换 IGBT 组 TH1 在断路器工作过程中两端的电压。

下面将对比基于公式的解析计算结果和基于迭代方法的仿真计算结果的区别，以验证解析计算公式的正确性。

解析计算结果可以应用到控制保护系统中，利用解析计算公式可以快速预测断路器中电流的发展趋势，从而制定相应的故障穿越策略。

采用本节中搭建的仿真系统，对 6.2.3.1 节中的计算结果进行验证。计算结果和仿真结果的对比如图 6-24 所示。

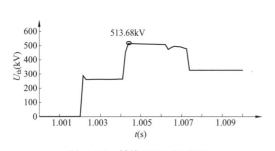

图 6-23 转换 IGBT 组承压

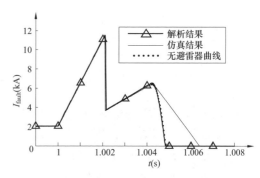

图 6-24 解析计算结果和仿真结果对比

由图 6-24 解析结果和仿真结果的对比可以看出，解析计算结果和仿真结果在阶段①到阶段⑤避雷器动作前近乎重合，拟合程度很高。

在避雷器的非线性区域，解析计算结果与仿真结果差距较大。图中虚线为移除避雷器后的仿真结果，与解析计算结果一致程度较高，也间接反映了解析结果在解析过程中的正确性。

综上所述，在避雷器动作前，直流断路器的暂态特性可以通过 6.2.3.1 节的解析计算结果描述。但由于避雷器具有非线性特性，当避雷器动作后，难以进行相应的解析计算。

为检验所提新拓扑的性能，取相同的电路参数，与 6.2.1 所提拓扑在 6.2.3.1 故障条件下进行仿真，故障电流波形如图 6-25 所示。

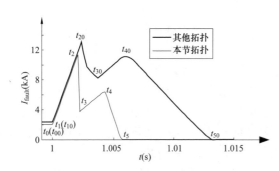

图 6-25 两种拓扑的断路器故障暂态波形

从图 6-25 中可以看出，t_1 时刻故障发生后，在 t_2 及 t_{20} 两种拓扑的保护装置启动前，二者故障电流按相同方式发展。进入限流阶段后，本节所提拓扑使用电容和电感同时限流，最终的限流时间较短，限流效果较好。在故障清除阶段，使用电容隔离故障电流的拓扑抑制电流速度更快。从总体上看，本节所提拓扑在发生故障后的故障电流清除时间为 6.1ms。而 6.2.1 节所提拓扑的故障穿越时间为 13ms。

配置方面，IGBT 取与 6.2.1 节相同的 5SNA 2000K450300 型号，其额定参数为 4.5kV/2kA。考虑到工程上一般预留 50% 裕度，单个 IGBT 承受电压为 2.25kV，IGBT 短时间可承受过电流，可将通流能力视为 4kA。

设系统电压等级为 500kV，容量为 1000MW，电力电子断流单元保护电压一般设为 750kV。在 6.2.1 节中，考虑到 IGBT 的串联分压和并联分流，所需 IGBT 个数为 3950 个。

对于本节拓扑，由于 CSSM 中 IGBT 所需承压最大值为电容电压值，因此电容电压值不应超过 2.25kV。电容承压最高时刻在故障清除阶段，三个断路阀段中转移支路串联，为满足电容电压值限制，三个阀段的转移支路共需 333 个 CSSM，每个阀段内转移支路上的 CSSM 数目为 111 个。为保证断路器的正常工作，通流支路上 CSSM 的数目应远小于转移支路，可取为 10 个。通流支路在故障检测阶段将流过较大故障电流，转移支路在等待机械开关分断的时间内也会承受再次增加的故障电流，考虑到 IGBT 的通流能力，根据 6.1 节仿真结果，通流支路的 CSSM 中 IGBT 的并联数应取为 3，转移支路的并联数应取为 2。因此断路阀段所需 IGBT 数目为（111×3×2+10×3×3）×3＝2268（个）。

根据图 6-23 的仿真结果，转换 IGBT 组两端的电压最高可以达到 513.68kV，考虑每个 IGBT 承压 2.25kV，则单向的 IGBT 串联个数为 513.68÷2.25＝228（个）。双向串联的 IGBT 总数为 228×2＝456（个）。从而两组转换 IGBT 组所需 IGBT 数目为 456×2＝912（个），从而断路器所需 IGBT 总数为 2268+912＝3180（个）。

综上所述，本节所提拓扑具有较强的故障清除能力，相比 6.2.1 节所提拓扑，可以节省约 19.49% 的 IGBT，经济性更高。

根据上述计算结果，断路器在稳态运行时，每个阀段通流支路包含 10 个 CSSM，电流稳态时流过每个 CSSM 的 1 个 IGBT 和 1 个二极管，每个 IGBT 通态电阻为 0.01Ω，每个二极管通态电阻为 0.01Ω，共 3 个阀段。若三个阀段串联，则其通态电阻为 10×2×0.01×3＝0.6（Ω）。根据《电力工程电气设计手册　电气一次部分》数据，此电阻相当于约 20km 的导线电阻，考虑断路器在两端换流站出口布置，则相当于增加了约 40km 输电线路电阻。在电压等级较高时，这一阻值对直流电网的稳态性能将有一定影响。而通过三条支路的并联运行，完成同样的功能，直流断路器的通态电阻可以下降为 10×2×0.01/3＝0.067（Ω），其电阻值下降为原来的 1/9，对直流电网线路的稳态性能影响大大降低。

6.2.3.3　直流电网断路仿真

在实际直流电网中验证本节所提出的单钳位模块型往复限流式高压直流断路器性能。测试系统如图 6-26 所示。部分系统参数如表 6-4 所示。

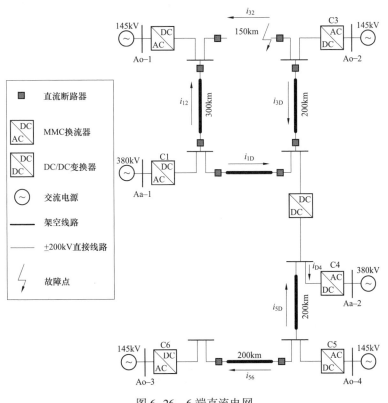

图 6-26　6 端直流电网

表 6-4   **6 端直流电网参数**

换流站	桥臂子模块数	子模块电容（μF）	桥臂电抗（mH）	控制策略
C1	233	7000	50	$U_{dc} = 400\text{kV}$ $Q = 0\text{Mvar}$
C2	233	7000	50	$P = -2000\text{MW}$ $Q = 0\text{Mvar}$
C3	233	15 000	50	$P = -1500\text{MW}$ $Q = 0\text{Mvar}$
C4	233	3000	19	$U_{dc} = 400\text{kV}$ $Q = 0\text{Mvar}$
C5	233	2000	29	$P = -500\text{MW}$ $Q = 0\text{Mvar}$
C6	233	2000	29	$P = -1000\text{MW}$ $Q = 0\text{Mvar}$

本节突出显示直流断路器的故障仿真，对直流电网的启动过程不作考虑。直流电网在 1.5s 以前已经处于稳态。$t = 1.5$s 时，在图 6-26 所示故障点处发生双极短路故障。

在直流电网中，本节所提出的断路器也体现了其限流能力和故障清除能力，随后断路器进行正常限流、关断动作，完成故障的穿越。故障过程中流过断路器的总电流和流过断路阀段中通流支路、转移支路的电流如图 6-27 所示。

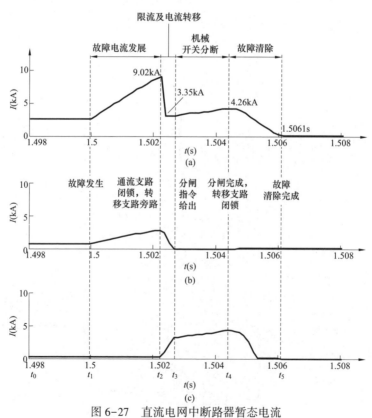

图 6-27   直流电网中断路器暂态电流

（a）总电流；（b）通流支路电流；（c）转移支路电流

电网中的直流故障会造成换流站电压迅速跌落，使得电网电压出现不平衡，故障恢复时需要重建系统电压，不利于快速恢复。使用断路器进行限流和断路后，可以减缓换流站子模块电容放电过程，维持换流站电压。如图 6-28 所示为换流站 C3 直流电压。

如图 6-28 所示，没有直流断路器（虚线）时，换流站电压在故障后持续降低，而投入直流断路器后（实线），换流站电压可以维持在较高水平，有利于直流电网故障后恢复重启。

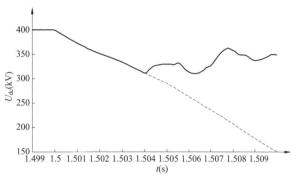

图 6-28 　断路器对直流电压的影响

6.3　高压直流断路器时序配合方法

随着直流电网规模不断增大，相联的换流站数目不断增多，直流电网中高压直流断路器的数量也将大大增加；同时柔性直流电网普遍采用架空线路作为输电线路，其故障发生概率远高于输电电缆。因此，未来直流电网将与交流电网相似，不能只考虑高压直流断路器正常动作情况，必须同时考虑一个或几个直流断路器拒动后其余直流断路器的时序配合问题。

本节将分析直流电网保护中高压直流断路器的时序配合需求，提出高压直流断路器的新型时序配合方法。

6.3.1　动作逻辑

高压直流断路器时序配合方法的主要作用是在直流电网系统发生直流故障且存在一个或多个直流断路器拒动时，其余直流断路器能够迅速动作，在不过分扩大故障区域的前提下隔离直流故障，尽可能地缩小故障区域，最大限度地保护直流电网的安全稳定运行。

以直流线路 14 发生直流故障为例进行说明。此时线路 14 两端的高压直流断路器 BRK14 和 BRK41 应动作。若高压直流断路器 BRK14 无法正常动作，则此时直流故障无法隔离。因此为隔离直流故障并防止故障区域进一步扩大，需要 Cb-A1 站换流器出口侧直流断路器 BRK1（若换流器出口无直流断路器则可采用闭锁换流器加断开交流断路器的方式）以及直流线路 13 上的直流断路器 BRK13 动作，此时称这些直流断路器为后备直流断路器。其动作逻辑与故障隔离区域如图 6-29 所示。

直流电网在发生直流故障后其储能元件将快速放电，直流故障电流迅速增大，此时若存在高压直流断路器拒动则需要快速动作后备直流断路器。若不对高压直流断路器的时序配合方法进行特殊设计，以直流线路 14 发生直流正极接地短路故障为例，高压直流断路器 BRK14 拒动情况下的后备直流断路器时序配合方法及故障电流幅值如图 6-30 所示。

由图 6-30 可知，$t=1\text{s}$ 时发生直流故障，$t=1.002\text{s}$ 时检测出直流故障，此时故障线路 14 两端的高压直流断路器启动，2ms 后其主开断回路动作，但由于此时高压直流断路器 BRK14 未能正常动作，直流故障电流将继续增大。假设 $t=1.0045\text{s}$ 时检测出 BRK14 拒动并

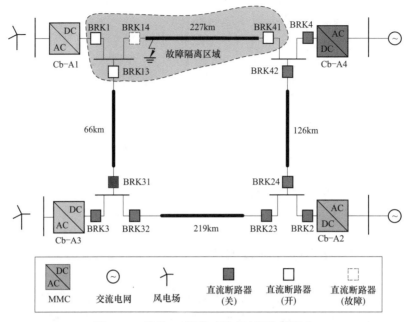

图 6-29　线路 14 故障时的直流断路器配合

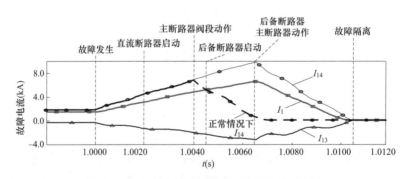

图 6-30　传统时序配合方案下的线路故障电流

启动后备直流断路器，则又需经过 2ms 后，后备直流断路器（即 BRK1 和 BRK13）的主开断回路才能够开始动作。从故障发生到故障隔离大约耗时 10.5ms，与直流断路器正常动作时的 6.9ms 相比明显延长。另外，BRK14 拒动情况下其线路故障电流峰值达到了 10kA，说明该时序配合方法下高压直流断路器拒动时其故障电流将继续增大到较高水平，且故障隔离时间也将增加。因此，有必要对高压直流断路器的时序配合方案进行重新设计。

6.3.2　高压直流断路器的新型时序配合方法

针对直流电网中高压直流断路器时序配合方法的快速性需求，本节提出了一种直流电网保护方案中高压直流断路器的新型时序配合方法。该时序配合方法与传统时序配合方法的对比如图 6-31 所示。

图 6-31 中，t_1 为故障发生时刻；t_2 时刻直流断路器启动；t_3 时刻故障判断方法启动；t_4 为新型时序配合方法后备直流断路器的主开断回路动作时刻；t_5 为传统时序配合方法后备直

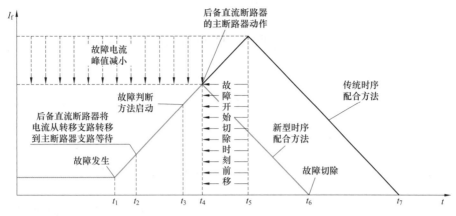

图 6-31 直流断路器时序配合方法对比

流断路器的主开断回路动作时刻；t_6 为新型时序配合方法的故障切除时刻；t_7 为传统时序配合方法的故障切除时刻。

新型时序配合方法的动作过程如下：

（1）t_2 时刻需要动作的高压直流断路器和与之对应的后备直流断路器同时开始断开机械开关；

（2）2ms 后 t_3 时刻转移支路中的快速机械开关断开，高压直流断路器中的故障电流从转移支路转移到了主开断回路中，此时后备直流断路器的主开断回路处于通流状态而不动作；

（3）如果 Δt 时间后 t_4 时刻故障判断方法的保护判据成立，则后备直流断路器的主开断回路开始动作；

（4）t_6 时刻断开故障电流并隔离故障区域。

由图 6-31 可知，新型时序配合方法下故障电流达到峰值的时刻为 t_4，此时的故障电流幅值记为 $I_f(t_4)$，则故障回路中电抗器储存的能量 $E_1(t_4)$ 为

$$E_1(t_4) = \frac{1}{2}L_{eq}i_f^2(t_4) \qquad (6\text{-}38)$$

传统时序配合方法下故障电流达到峰值的时刻为 t_5，此时故障电流幅值记为 $I_f(t_5)$，则故障回路中电抗器储存的能量 $E_2(t_5)$ 为

$$E_2(t_5) = \frac{1}{2}L_{eq}i_f^2(t_5) \qquad (6\text{-}39)$$

由分析可知两种时序配合方法的后备直流断路器的主开断回路动作时刻 t_4 和 t_5，故障电流幅值 $I_f(t_4)$ 和 $I_f(t_5)$ 满足关系

$$\begin{cases} t_5 = t_4 + 0.002\text{s} \\ I_f(t_4) < I_f(t_5) \end{cases} \qquad (6\text{-}40)$$

由于故障回路中的等效电阻 R_{eq} 一般情况下非常小，此处忽略能量耗散过程中等效电阻耗散的能量，此时电抗中储存的能量 $E_1(t_4)$，$E_2(t_5)$ 以及耗能支路需要耗散的能量 E_{MOA1}，E_{MOA2} 满足关系

$$E_{MOA1} \approx E_1(t_4) < E_2(t_5) \approx E_{MOA2} \qquad (6\text{-}41)$$

由此可得新型时序配合方法下主开断回路断开故障电流的时间间隔 Δt_1 和传统时序配合

方法下主开断回路断开故障电流的时间间隔 Δt_2 满足关系

$$\Delta t_1 < \Delta t_2 \tag{6-42}$$

因此新型时序配合方法较之传统时序配合方法节省的时间 Δt_s 为

$$\Delta t_s = t_5 - t_4 + \Delta t_2 - \Delta t_1 > 0.002s \tag{6-43}$$

6.3.3 适用于直流断路器配合的故障判断方法

直流故障隔离过程中存在直流断路器拒动时需要准确判断出拒动的直流断路器，从而使与之对应的后备直流断路器动作。本节针对该问题提出了一种适用于高压直流断路器配合的故障判断方法。该方法分为电流突变检测与电流差值检测两个部分。

1. 电流突变检测

直流故障电流在故障发生后将快速上升，同时直流故障电流会在高压直流断路器的主开断回路动作后快速减小直至为 0。因此可知故障电流在主开断回路动作前后存在一个明显的拐点，即直流故障电流变化率在此刻存在突变。若对前后一个采样间隔 T 的故障电流变化率作差，则可用此判据初步判断直流断路器的主开断回路是否正常动作，其保护逻辑如式（6-44）所示

$$\begin{cases} \dfrac{di(t-T)}{dt} - \dfrac{di(t)}{dt} > D_{set} & \text{断路器正常动作，} \\ & \text{检测结束} \\ \dfrac{di(t-T)}{dt} - \dfrac{di(t)}{dt} < D_{set} & \text{断路器不正常动作，} \\ & \text{转入电流差值检测} \end{cases} \tag{6-44}$$

式中，$di(t-T)/dt$ 为一个采样间隔 T 前的故障电流变化率；$di(t)/dt$ 为当前时刻下的故障电流变化率；D_{set} 为故障电流变化率差值的整定值。

文中 D_{set} 是在灵敏度分析的基础上选取电流变化率差值最小的情况，并在保留了 50% 裕度的情况下选取的整定值，现实中应根据实际工程情况进行选取，其公式如下

$$D_{set} = \frac{\text{电流变化率差值最小值}}{1 + 50\%} \tag{6-45}$$

2. 电流差值检测

该方法测量并储存直流断路器中主开断回路动作时的线路故障电流 $I_f(t_3)$，将延时 Δt 时间间隔后的故障电流 $I_f(t)$ 与 $I_f(t_3)$ 取绝对值后作差得 $\Delta I(t)$。本节中 Δt 取 500μs。延时 Δt 理论上应该选取得越短越好，可以减少故障电流的发展时间，但是本节为了保证故障判断方法的可靠性选取了 500μs 相对较长的时间。实际中应根据工程需要和器件的故障电流耐受水平进行综合选取。

$$\Delta I(t) = \left| I_f(t) \right| - \left| I_f(t_3) \right|, \quad t > t_3 + \Delta t \tag{6-46}$$

若 $\Delta I(t)$ 大于故障电流差值整定值 I_{set}，说明高压直流断路器无法正常开断故障电流，主开断回路动作后故障电流继续增大，故而后备直流断路器动作；若 $\Delta I(t)$ 小于或等于 I_{set}，则说明主开断回路动作后故障电流减小，此时该检测方法继续运行，若检测到故障电流为零，即确定故障线路被隔离，检测结束。该保护逻辑如式（6-47）所示

$$\begin{cases} \Delta I(t) > I_{set} & \text{AND} & I_f(t) \neq 0 & \text{后备直流断路器动作} \\ \Delta I(t) \leq I_{set} & \text{AND} & I_f(t) \neq 0 & \text{检测继续进行} \\ I_f(t) = 0 & & & \text{检测结束} \end{cases} \tag{6-47}$$

文中 I_{set} 是在灵敏度分析的基础上选取电流幅值差值最大的情况，并在保留了 50% 裕度的情况下选取的整定值，现实中应根据实际工程情况进行选取，其公式如下

$$I_{set} = \frac{\text{电流幅值差值最大值}}{1 + 50\%} \tag{6-48}$$

综上，本节提出的故障判断方法结合了电流突变检测和电流差值检测，故障期间两部分检测同时进行。值得一提的是，本节提出的直流故障判断方法是针对直流断路器的故障判断方法，其通过直流断路器处的电流信息判断直流断路器是否存在拒动。该故障判断方法只涉及站内通信，无需判别远端的直流断路器是否存在拒动，故在保护的可靠性上得到了保证。

该故障判断方法的保护逻辑如图 6-32 所示。

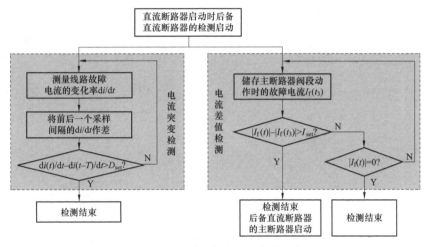

图 6-32　故障判断方法的保护逻辑

由图 6-32，在主开断回路动作前后若电流突变检测检测出故障电流变化率发生突变，则说明此时直流断路器正常动作，不需后备直流断路器动作，因此将该故障判断方法关闭；若故障电流变化率不发生突变，同时电流差值检测检测出延时后的实际故障电流与主开断回路动作时的故障电流之差大于整定值，则说明此时直流断路器未正常动作，需要后备直流断路器动作开断回路来隔离故障。

6.3.4　仿真分析

本节首先验证提出的高压直流断路器新型时序配合方案，将该方案与传统的时序配合方案进行比较，两种方案的故障判断方法均采用本节提出的适用于直流断路器配合的故障判断方法，对比分析两种方案下故障线路的电流幅值与故障隔离时间。然后本节将验证提出的故障判断方法的正确性和有效性，并对不同故障位置与过渡电阻情况下的电流突变检测和电流差值检测进行灵敏度分析。

6.3.4.1　直流断路器的时序配合方法验证

在 PSCAD/EMTDC 环境下搭建四端柔性直流电网仿真模型。设 $t=1$s 时线路 14 发生直流正极接地短路故障，$t=1.002$s 时检测到直流故障并启动高压直流断路器。设定 T 为 50μs，

D_{set} 为 4kA/ms，I_{set} 为 0。若 BRK14 正常动作，则直流故障电流在 1.004s 后将开始减小，此时后备直流断路器的主开断回路不会动作；若 BRK14 无法正常动作，则 1.004s 后直流故障电流还将继续增大，此时故障判断方法将检测出未正常动作的直流断路器，进而后备直流断路器动作开断回路隔离故障。该直流断路器时序配合方法下的线路故障仿真结果与传统时序配合方法下的仿真结果如图 6-33 所示。

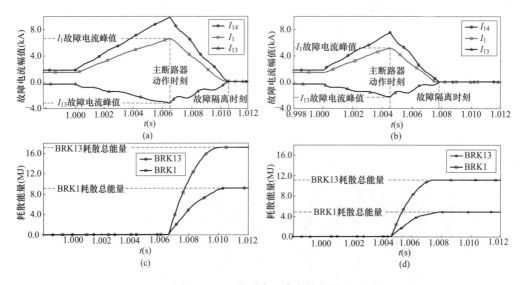

图 6-33　两种时序配合方法的对比

（a）传统时序配合方法的故障电流；（b）新型时序配合方法的故障电流；
（c）传统时序配合方法的直流断路器耗散能量；（d）新型时序配合方法的直流断路器耗散能量

由图 6-33 可以看出，新型时序配合方法将故障开始切除的时间前移，其各线路的故障电流峰值均有所降低，从而有效减少了直流断路器中耗能支路需要耗散的能量，因而直流故障的故障隔离时间将有效减少。两种时序配合方法下的对比如表 6-5 所示，括号中百分比表示新型时序配合方法的指标除以传统时序配合方法的指标后所得的百分数。由表 6-5 可知，本章提出的新型时序配合方法在该算例中减少了直流断路器开断故障电流水平 20% 以上，减少的故障总隔离时间大于 2ms，同时减少了直流断路器开断故障电流时耗散的能量 30% 以上，总体来说，本节提出的新型时序配合方法较之传统时序配合方法可以有效减少故障电流幅值、故障隔离时间和直流断路器耗能的能量。

表 6-5　　　　　　　　　　两种时序配合方法的对比

对比参数	新型时序配合方法		传统时序配合方法	
故障电流峰值（kA）	5.12	2.38	6.54	3.26
故障隔离时间（s）	1.0076	1.0079	1.0103	1.0105
直流断路器耗散能量（MJ）	11.11	4.82	17.09	9.08

6.3.4.2　故障判断方法验证

本节分别验证电流突变检测与电流差值检测的正确性和有效性。设 $t = 1.000$s 时线路 14

138

始端发生正极接地短路故障，$t = 1.002\text{s}$ 时线路两端的直流断路器开始动作。

1. 电流突变检测

电流突变检测的关键在于高压直流断路器中主开断回路动作前后故障电流的变化率是否存在突变。设置 D_{set} 为 4kA/ms，高压直流断路器正常动作与未正常动作时故障电流变化率差值的对比如图 6-34 所示。

由图 6-34 可知，若故障电流的变化率在主开断回路动作前后存在突变，说明高压直流断路器能够正常动作切断故障电流，此时应直接关闭故障判断方法；而当直流断路器未正常动作时，故障电流变化率在主开断回路动作前后不会发生突变，此时检测将继续运行，若电流差值检测判据成立，则将动作后备直流断路器的主开断回路来切断故障电流。

2. 电流差值检测

电流差值检测将主开断回路动作时的故障电流幅值与延时 Δt 之后的故障电流幅值作比较。设置 I_{set} 为 -0.5kA，高压直流断路器正常动作与未正常动作时故障电流幅值的对比如图 6-35 所示。

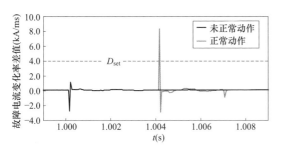

图 6-34　两种情况下故障电流变化率差值对比

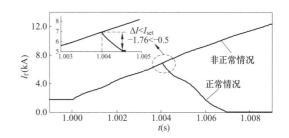

图 6-35　两种情况下故障电流幅值对比

由图 6-35 可知，若高压直流断路器正常动作，则在其主开断回路动作后其故障电流幅值将减小直至为零；而在直流断路器未正常动作情况下，故障电流将继续增大，若对故障电流差值的整定值 I_{set} 进行合理选取，则可用此方法判断直流断路器是否正常动作。

6.3.4.3　故障判断方法灵敏度分析

本节对故障判断方法进行灵敏度分析，为电流突变检测和电流差值检测中整定值 D_{set} 和 I_{set} 的选取提供依据。分别改变直流故障位置与直流故障的过渡电阻，得到高压直流断路器正常动作时的电流变化率差值与电流幅值差值如图 6-36 所示。

由图 6-36（a）、（c）可以看出，不同故障位置下过渡电阻从 0 增大到 100Ω 时故障电流变化率差值基本不变，说明过渡电阻的存在对故障电流变化率差值的影响较小。另外，不同过渡电阻下故障位置从距线路始端 0 到 100% 线路距离时故障电流变化率差值大体上呈减小趋势，但是其变化的幅值并不大。

从图 6-36（b）、（d）中可以看出，不同故障位置下随着过渡电阻的增大，故障电流幅值差值呈减小的趋势，但变化的幅度较小。另外，随着故障位置从距线路始端 0 到 100% 线路距离变化时故障电流幅值差值呈上升趋势。

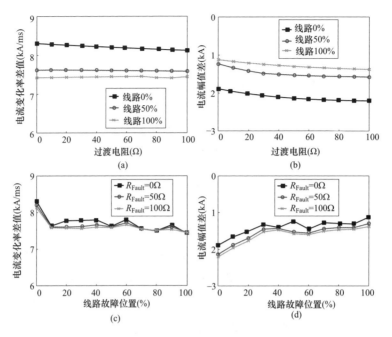

图 6-36　灵敏度分析

（a）不同过渡电阻下的电流变化率差值；（b）不同过渡电阻下的电流幅值差值；
（c）不同故障位置下的电流变化率差值；（d）不同故障位置下的电流幅值差值

6.4　本章小结

本章提出了三种具备往复限流能力的混合式高压直流断路器拓扑，详细分析了每种直流断路器的限流、断路过程，并对各个阶段进行了详细解析计算，电磁暂态仿真验证了上述拓扑的实用性以及计算方法的正确性。作为直流电网中除了换流器之外最核心的设备，高压直流断路器在故障的隔离中发挥了重要作用。为此，本章提出了一种直流电网保护中高压直流断路器的时序配合方法，并提出了检测直流断路器是否存在拒动的判据。上述方法可以在直流断路器拒动情况下有效减小其余直流断路器的开断直流故障电流水平，同时缩减故障隔离时间和减小直流断路器中耗能支路耗散的能量，大幅增加了新型高压直流断路器的工程实用价值。

参 考 文 献

［1］李帅，赵成勇，许建中，等．一种新型限流式高压直流断路器拓扑［J］.电工技术学报，2017，32（17）：102-110.

［2］李承昱，李帅，赵成勇，等．适用于直流电网的限流混合式直流断路器［J］.中国电机工程学报，2017，37（24）：7154-7162+7429.

第 7 章 混合 MMC 无闭锁直流故障穿越

正在建设中的张北直流电网采用半桥换流器加装高压直流断路器的方案清除直流故障，由于直流断路器在切断容量和切断速度上面临挑战，作为可选技术路线之一的混合 MMC 受到了广泛关注。本章将从混合 MMC 的启动方式和基本工作原理出发，介绍三种混合 MMC 的直流故障电流控制模式，进而提出混合 MMC 型直流电网的协调控制保护策略。

7.1 自励式闭锁启动方法

三相 MMC 拓扑结构如图 7-1 所示，由 6 个桥臂组成，每个桥臂由 N_H 个半桥子模块、N_F 个全桥子模块和桥臂电感串联而成。

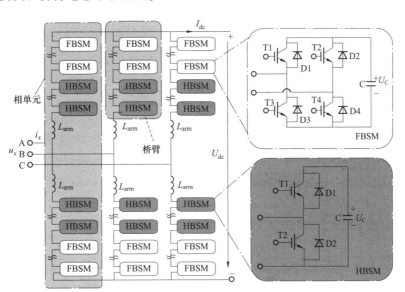

图 7-1 混合 MMC 及子模块拓扑

从时间尺度看，MMC 自励预充电启动过程分为两个阶段：不控充电阶段（此时换流器闭锁）和可控充电阶段（此时换流器已解锁）。下面对两个充电过程进行详细分析。

7.1.1 不控充电阶段

在不控充电阶段，换流器启动之前各子模块电压为零，由于子模块触发电路通常是通过电容分压取能的，故此阶段 IGBT 因缺乏足够的触发能量而闭锁，此时交流系统只能通过子模块内与 IGBT 反并联的二极管对电容进行充电。不控充电阶段包括三个阶段：

（1）阶段 A，在启动过程中的不控充电阶段，为了解决功率器件的取能，FBSM 和 HBSM 均闭锁，但如图 7-2 所示，FBSM 无论电流方向如何，电容均会进行充电，而 HBSM 的电容只在电流为正时进行充电，这样会导致 FBSM 和 HBSM 二者电容电压不一致。

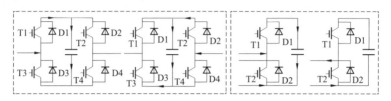

图 7-2　FBSM 和 HBSM 闭锁充电图

（2）阶段 B，由于在上一阶段 FBSM 和 HBSM 的电容电压会出现不一致，需要附加此阶段来解决，在阶段 B 中将 FBSM 旁路，交流系统将对 HBSM 进行不控充电，待系统检测到 HBSM 的电容电压平均值等于 FBSM 的电容电压平均值时，阶段 B 结束。

（3）阶段 C，FBSM 工作于 HBSM 工作模式继续进行不控充电，其中 FBSM 的 HBSM 工作方式如图 7-3 所示，当 FBSM 的 T1、T2 和 T3 均闭锁，T4 导通时，若电流为正，FBSM 的电容会进行充电，若电流为负，其电容会被旁路。这种导通机制与 HBSM 相同，所以当 FBSM 的 T4 常导通时，FBSM 可等效为 HBSM。

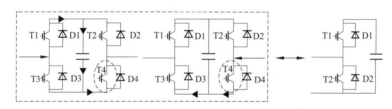

图 7-3　FBSM 中 T4 常导通等效电路

以 a、b 两相为例，当 FBSM 运行于 HBSM 模式时，混合型 MMC 的不控充电阶段的充电回路如图 7-4 所示。

根据上述分析可知在阶段 A 时，混合型 MMC 满足以下关系

$$N_\mathrm{H}U_\mathrm{CH} + 2N_\mathrm{F}U_\mathrm{CF} = U_\mathrm{LL} \tag{7-1}$$

式中，U_CH 和 U_CF 分别为阶段 A 结束时 HBSM 和 FBSM 的电容电压；U_LL 为交流线电压峰值；N_H 为半桥子模块个数；N_F 为全桥子模块个数。

在阶段 C 将 FBSM 切换为 HBSM 时，电流按图 7-4 所示方向流通，此时不控充电回路中的电压 U 为

$$U = (N_\mathrm{H} + N_\mathrm{F})U_\mathrm{CF} \tag{7-2}$$

将式（7-1）和式（7-2）作差可得

$$U_\mathrm{LL} - U = N_\mathrm{H}U_\mathrm{CH} + (N_\mathrm{F} - N_\mathrm{H})U_\mathrm{CF} \tag{7-3}$$

由式（7-3）可见，若 $U_\mathrm{LL}-U>0$，由于回路中电压小于线电压峰值，将继续进行不控充电阶段。

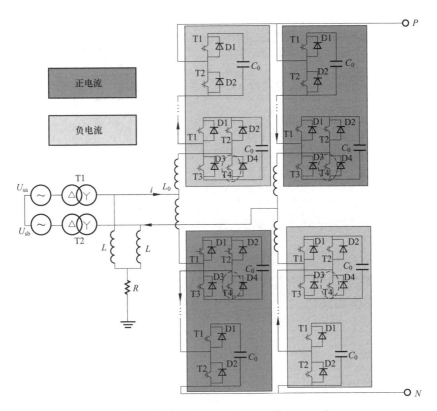

图 7-4　不控充电阶段充电电流通路（a、b 相）

按图 7-4 所示电流方向流通，交流电压对 N 个串联的电容进行充电，桥臂中各子模块电容电压在不控充电阶段达到本阶段最大值 U_{C1}

$$U_{C1} = \sqrt{2}\, U_{LL}/N \tag{7-4}$$

根据式（7-4）可以计算出在不控充电阶段每个子模块所能达到的电压值。

7.1.2　可控充电阶段

在可控充电阶段，子模块电容电压已达到一定的值，子模块 IGBT 已具有可控性，换流器基于特定的控制策略继续充电，直到电容电压达到预设水平。可控充电阶段也分为三个阶段：

（1）阶段 D，当 FBSM 和 HBSM 的子模块电压达到 U_{C1} 后，此时不控充电阶段完成，由于换流器两端均采用此方式启动，所以整流侧和逆变侧分别建立了各自的直流电压，此时控制直流电压斜率上升至额定值，阶段 D 完成。

（2）阶段 E，在整流侧和逆变侧的直流电压均达到额定值后，连接两端换流器，按指令值以一定斜率升高有功功率至额定值后，完成换流站的启动过程。

（3）阶段 F，换流器进入稳态运行。

综合以上介绍的混合型 MMC 的分段启动方式，可得图 7-5 表示的混合型 MMC 启动控制策略流程图。

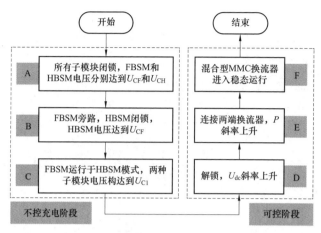

图 7-5　混合型 MMC 启动控制策略流程图

7.2　调制及均压方法

7.2.1　调制原理

三相 MMC 拓扑结构如图 7-1 所示，其交流侧输出电压及电流分别为 u_x，i_x（x = a，b，c），上下桥臂电压及电流分别为 u_{px}、u_{nx}、i_{px}、i_{nx}。不考虑过调制情况，有

$$\begin{cases} u_x = U_m \cos\omega t \\ i_x = I_m \cos(\omega t + \varphi_x) \end{cases} \tag{7-5}$$

式中，U_m，I_m 为 MMC 交流侧电压、电流峰值；φ_x 为电压电流夹角；ω 为 MMC 交流侧输出相电压角频率。

定义交流电压调制比为 M_{ac}，有

$$U_m = M_{ac} \frac{U_{dcn}}{2} \tag{7-6}$$

式中，U_{dcn} 为 MMC 额定直流电压。额定直流电压是柔性直流输电系统的参考值，其与 IGBT 通流能力和子模块数目密切相关。设子模块额定电容电压为 U_{cn}，桥臂子模块数目 $N = N_F + N_H$，则 $U_{dcn} = NU_{cn}$。定义直流电压调制比为 M_{dc}（$U_{dcmin} \leqslant M_{dc} \leqslant 1$，$U_{dcmin}$ 为允许的最小直流运行电压的标幺值），则 MMC 直流输出电压 U_{dc} 为

$$U_{dc} = M_{dc} U_{dcn} \tag{7-7}$$

忽略桥臂电抗上的压降，根据基尔霍夫电压定律可得

$$\begin{cases} u_{px} = \frac{1}{2} U_{dc} - u_x \\ u_{nx} = \frac{1}{2} U_{dc} + u_x \end{cases} \tag{7-8}$$

式中，u_{px}、u_{nx}（x = a，b，c）分别为换流器一相上、下桥臂电压瞬时值。额定运行时，即当 $M_{dc} = 1$ 时，由式（7-8）可知桥臂运行电压范围为

$$\frac{U_{\text{dcn}}(1 - M_{\text{ac}})}{2} \leqslant \{u_{\text{p}x}, \ u_{\text{n}x}\} \leqslant \frac{U_{\text{dcn}}(1 + M_{\text{ac}})}{2}$$

降压运行时，交流侧电压值不变，桥臂运行电压范围为

$$\frac{U_{\text{dcn}}(M_{\text{dc}} - M_{\text{ac}})}{2} \leqslant \{u_{\text{p}x}, \ u_{\text{n}x}\} \leqslant \frac{U_{\text{dcn}}(M_{\text{dc}} + M_{\text{ac}})}{2}$$

取二者的并集，即在给定的 M_{ac} 和 U_{dc} 最小值下，可得桥臂电压的绝对运行范围

$$\frac{U_{\text{dcn}}(U_{\text{dcmin}} - M_{\text{ac}})}{2} \leqslant \{u_{\text{p}x}, \ u_{\text{n}x}\} \leqslant \frac{U_{\text{dcn}}(1 + M_{\text{ac}})}{2}$$

当 $U_{\text{dcmin}} < M_{\text{ac}}$ 时，桥臂需产生负电压，即需要对应的 FBSM 来产生该负电压值。由于正的桥臂电压既可由 HBSM 产生，也可由 FBSM 产生，因此每个桥臂需要串联的全桥子模块数为 $N_{\text{F}} = \dfrac{M_{\text{ac}} - U_{\text{dcmin}}}{2}N$。

7.2.2 线性排序均压算法

传统戴维南等效模型在对高电平数 MMC 子模块电容电压排序时，由于大量开关器件的引入，使得仿真速度变缓，效率下降。本节将提出一种基于实际关断电阻值的适用于半—全混合 MMC 子模块电容电压线性排序算法。

图 7-6 为子模块电容电压线性排序算法流程，具体步骤说明如下：

步骤 I：对前一个步长（$(t-\Delta T)$ 时刻），N 个子模块分为"投入"和"切除"两组，得到每组子模块电容电压升序排列列表，假设"投入"组内的子模块为 $\{a_1, \ a_2, \ \cdots, \ a_k\}$，"切除"组内的子模块为 $\{b_1, \ b_2, \ \cdots, \ b_m\}$ （$k+m=N$）。

步骤 II：在步骤 I 中将"投入"组内子模块等效的 MMC 戴维南支路在电磁暂态程序中求解之后，加以相应的电容电压增量进行电容电压更新，假设其从 $\{a_1, \ a_2, \ \cdots, \ a_k\}$ 变为了

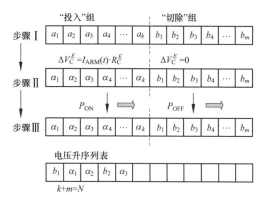

图 7-6 线性排序算法

$\{\alpha_1, \ \alpha_2, \ \cdots, \ \alpha_k\}$。同时，"切除"组内的子模块电容电压增量为 0，仍以 $\{b_1, \ b_2, \ \cdots, \ b_m\}$ 表示，因此其仍为升序排列。

步骤 III：在步骤 II 操作后，可得到更新后的两组子模块电容电压 $\{\alpha_1, \ \alpha_2, \ \cdots, \ \alpha_k\}$ 和 $\{b_1, \ b_2, \ \cdots, \ b_m\}$，且 $\{b_1, \ b_2, \ \cdots, \ b_m\}$ 为升序排列。接下来只需重新将这 N 个子模块电容电压按照升序排列，以便下个仿真步长使用。

为了更好的进行排列操作，下面研究 $\{\alpha_1, \ \alpha_2, \ \cdots, \ \alpha_k\}$ 的特征，即"投入"组电容电压在一个仿真步长内的变化情况。为了不失一般性并且易于理解，下面先以全桥型子模块为例进行介绍。

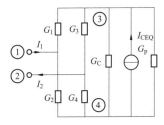

图 7-7 全桥型子模块伴随电路

7.2.2.1　子模块电容电压计算方法

为了便于列节点导纳方程，将全桥子模块的伴随电路转化为导纳支路的形式，如图 7-7 所示，其中 G_P 为电容的泄漏电导。

首先确定子模块的内部节点和外部节点并编号，令外部节点为 1、2 号节点，其余为内部节点。根据图 7-7 列写全桥子模块的全节点电压方程如式（7-9）所示

$$
\begin{bmatrix}
G_1+G_2 & 0 & -G_1 & -G_2 \\
0 & G_3+G_4 & -G_3 & -G_4 \\
-G_1 & -G_3 & G_1+G_C+G_3+G_P & -G_C-G_P \\
-G_2 & -G_4 & -G_C-G_P & G_2+G_C+G_4+G_P
\end{bmatrix}
\begin{bmatrix}
V_1 \\ V_2 \\ V_3 \\ V_4
\end{bmatrix}
=
\begin{bmatrix}
0 \\ 0 \\ I_{CEQ}(t-\Delta T) \\ -I_{CEQ}(t-\Delta T)
\end{bmatrix}
+
\begin{bmatrix}
I_1 \\ -I_2 \\ 0 \\ 0
\end{bmatrix}
$$

$$(7-9)$$

全节点电压方程中的不定导纳矩阵不可逆，且为了便于求出子模块的诺顿等效参数，这里以节点 2 为参考节点，则式（7-9）变为

$$
\begin{bmatrix}
G_1+G_2 & -G_1 & -G_2 \\
-G_1 & G_1+G_C+G_P+G_3 & -G_C-G_P \\
-G_2 & -G_C-G_P & G_2+G_C+G_P+G_4
\end{bmatrix}
\begin{bmatrix}
V_1 \\ V_3 \\ V_4
\end{bmatrix}
=
\begin{bmatrix}
0 \\ I_{CEQ}(t-\Delta T) \\ -I_{CEQ}(t-\Delta T)
\end{bmatrix}
+
\begin{bmatrix}
I_1 \\ 0 \\ 0
\end{bmatrix}
$$

$$(7-10)$$

式（7-10）可以写成如下的形式

$$
\begin{bmatrix}
Y_{11} & Y_{12} \\
Y_{21} & Y_{22}
\end{bmatrix}
\begin{bmatrix}
V_{EX} \\ V_{IN}
\end{bmatrix}
=
\begin{bmatrix}
J_{EX} \\ J_{IN}
\end{bmatrix}
+
\begin{bmatrix}
I_{EX} \\ I_{IN}
\end{bmatrix}
\tag{7-11}
$$

式中，下标 EX 表示外部节点（1、2 号节点），即为与子模块外部电路相连的节点，下标为 IN 表示内部节点（3、4 号节点），即不可及节点。利用快速嵌套同时求解法对式（7-11）进行处理，即用外部节点的信息来表示内部节点的信息，消去内部节点的

$$
Y_{11}V_{EX} + Y_{12}V_{IN} = J_{EX} + I_{EX} \tag{7-12}
$$

$$
Y_{21}V_{EX} + Y_{22}V_{IN} = J_{IN} + I_{IN} = J_{IN} \tag{7-13}
$$

从式（7-12）中可以解出 V_{IN}，如果求出 V_{EX}，则可以利用式（7-13）求解各子模块电容电压

$$
V_{IN} = Y_{22}^{-1}(J_{IN} - Y_{21}V_{EX}) \tag{7-14}
$$

将式（7-14）代入式（7-12）可以得到

$$
(Y_{11} - Y_{12}Y_{22}^{-1}Y_{21})V_{EX} = I_{EX} + J_{EX} - Y_{12}Y_{22}^{-1}J_{IN} \tag{7-15}
$$

在式（7-15）中，令

$$
Y_{EX} = Y_{11} - Y_{12}Y_{22}^{-1}Y_{21} \tag{7-16}
$$

$$
J_{EX}^{Tsf} = J_{EX} - Y_{12}Y_{22}^{-1}J_{IN} \tag{7-17}
$$

其中，式（7-16）为诺顿等效电导，式（7-17）为诺顿等效电流源，则最终可以得到式（7-18）

$$
Y_{EX}V_{EX} = I_{EX} + J_{EX}^{Tsf} \tag{7-18}
$$

子模块以节点 2 为参考节点，因此矩阵 Y_{11} 中只有一个元素，Y_{11} 降阶为一个实数，因此

式（7-18）变为一个实数方程，I_{EX} 则为桥臂电流 I_{ARM}。通过式（7-18）解出 V_{EX}

$$V_{EX} = Y_{EX}^{-1}(I_{EX} + J_{EX}^{Tsf}) \tag{7-19}$$

将式（7-19）代入式（7-14）中

$$\begin{aligned}
V_{IN} &= Y_{22}^{-1}J_{IN} - Y_{22}^{-1}Y_{21}Y^{-1}EX(I_{EX} + J_{EX}^{Tsf}) \\
&= Y_{22}^{-1}J_{IN} - Y_{22}^{-1}Y_{21}Y_{EX}^{-1}I_{ARM} - Y_{22}^{-1}Y_{21}V_{SMEQ}
\end{aligned} \tag{7-20}$$

式（7-20）中，V_{SMEQ} 为子模块的等效戴维南电压源。将全桥子模块的结点电压方程按照上述步骤处理，式（7-20）中的 V_{IN} 中包含电容两端两个节点的电压。在后续内容中，令 $G_1+G_2=G_L$，$G_3+G_4=G_S$，$G_2G_3G_4+G_1G_3G_4+G_1G_2G_4+G_1G_2G_3=G_H$，则全桥子模块的电容电压，如式（7-21）所示

$$V_C(t) = \frac{I_{ARM}(t) \cdot (G_1G_4 - G_2G_3) + V_{CEQ}(t - \Delta T) \cdot G_LG_SG_C}{G_LG_S \cdot (G_C + G_P) + G_H} \tag{7-21}$$

7.2.2.2 离散化子模块电容

1. 后退欧拉法

若采用后退欧拉法离散化子模块电容，则有

$$\begin{cases}
V_C(t) = V_{CEQ}(t - \Delta T) + I_C(t) \cdot R_C \\
V_{CEQ}(t - \Delta T) = V_C(t - \Delta T) \\
R_C = \Delta T/C
\end{cases} \tag{7-22}$$

根据式（7-21）和式（7-22）可得

$$V_C(t) = \frac{I_{ARM}(t) \cdot (G_1G_4 - G_2G_3) + V_C(t - \Delta T) \cdot G_LG_SG_C}{G_LG_S \cdot (G_C + G_P) + G_H} \tag{7-23}$$

假设第 M 个子模块和第 N 个子模块在同一组中，并且在 t 时刻 $V_{CM}(t-\Delta T) \geqslant V_{CN}(t-\Delta T)$，则根据式（7-23）可以得到

$$V_{CM}(t) = \frac{I_{ARM}(t) \cdot (G_{1M}G_{4M} - G_{2M}G_{3M}) + V_{CM}(t - \Delta T) \cdot G_{LM}G_{SM}G_C}{G_{LM}G_{SM} \cdot (G_C + G_P) + G_{HM}} \tag{7-24}$$

$$V_{CN}(t) = \frac{I_{ARM}(t) \cdot (G_{1N}G_{4N} - G_{2N}G_{3N}) + V_{CN}(t - \Delta T) G_{LN}G_{SN}G_C}{G_{LN}G_{SN} \cdot (G_C + G_P) + G_H} \tag{7-25}$$

由于第 M 个子模块和第 N 个子模块在 t 时刻处于同一个组中，因此二者通断状态相同，则式（7-24）和式（7-25）中对应的电导参数均相等，对二式作差可得

$$V_{CM}(t) - V_{CN}(t) = \frac{[V_{CM}(t - \Delta T) - V_{CN}(t - \Delta T)] \cdot G_{LM}G_{SM}G_C}{G_{LM}G_{SM} \cdot (G_C + G_P) + G_{HM}} \tag{7-26}$$

根据前面的假设有 $V_{CM}(t-\Delta T) - V_{CN}(t-\Delta T) \geqslant 0$，则由式（7-26）可知，显然 $V_{CM}(t) - V_{CN}(t) \geqslant 0$，即在后退欧拉法下，任意两个同组内的子模块电容电压更新前后其大小关系不发生变化。所以，在关断电阻取实际值的时候，同一组内呈升序排列的子模块电容电压在一个仿真步长内完成更新后，依然为升序排列。

2. 梯形积分法

若采用梯形积分法离散化子模块电容，则

$$\begin{cases}
V_C(t) = V_{CEQ}(t - \Delta T) + I_C(t) \cdot R_C \\
V_{CEQ}(t - \Delta T) = I_C(t - \Delta T) \cdot R_C + V_C(t - \Delta T) \\
R_C = \Delta T/2C
\end{cases} \tag{7-27}$$

若想得到 $V_C(t)$ 和 $V_C(t-\Delta T)$ 的关系，则应从式（7-21）和（7-27）入手，消去 $V_{CEQ}(t-\Delta T)$ 和 $I_C(t-\Delta T)$。则先求出 $V_C(t)$ 和 $I_C(t)$ 的关系。将（7-27）的第一行代入（7-21）中可得

$$V_C(t) = \frac{I_{ARM}(t)\cdot(G_1G_4 - G_2G_3) + [V_C(t) - I_C(t)/G_C]\cdot G_LG_SG_C}{G_LG_S\cdot(G_C + G_P) + G_H} \tag{7-28}$$

则 $V_C(t)$ 和 $I_C(t)$ 的关系可以求出

$$I_C(t) = \frac{I_{ARM}(t)\cdot(G_1G_4 - G_2G_3) - V_C(t)\cdot[G_LG_SG_P + G_H]}{G_LG_S} \tag{7-29}$$

通过（7-29）可求出 $V_C(t-\Delta T)$ 和 $I_C(t-\Delta T)$ 的关系，随后将（7-27）的第二行代入（7-20）中并根据 $V_C(t-\Delta T)$ 和 $I_C(t-\Delta T)$ 的关系，在此过程中，由于 G_1 和 G_2，G_3 和 G_4 之间为互补关系，因此 G_L，G_S，G_H 均为常数，最终可以得到 $V_C(t)$ 和 $V_C(t-\Delta T)$ 如式（7-30）所示。

$$V_C(t) = \frac{I_{ARM}(t)\cdot(G_1G_4 - G_2G_3) + I_{ARM}(t-\Delta T)\cdot(G_1'G_4' - G_2'G_3')}{G_LG_S\cdot(G_C + G_P) + G_H}$$
$$+ \frac{V_C(t-\Delta T)\cdot[G_LG_S\cdot(G_C - G_P) - G_H]}{G_LG_S\cdot(G_C + G_P) + G_H} \tag{7-30}$$

其中 G_i'（i=1，2，3，4）为上一时刻的开关器件的等效电导值，且可以很容易的证明 $V_C(t-\Delta T)$ 的系数在正常运行的情况下是大于 0 的。随后的证明过程与后退欧拉法的证明过程相似。因此若 $V_{CM}(t-\Delta T) - V_{CN}(t-\Delta T) \geqslant 0$，则在一个仿真步长后 $V_{CM}(t) - V_{CN}(t) \geqslant 0$ 仍成立。

综上，不管应用后退欧拉法还是梯形积分法离散化子模块电容，都可知在一个仿真步长后，$\{\alpha_1，\alpha_2，\cdots，\alpha_k\}$ 仍为正序排列。

7.2.2.3 线性排序实现

根据步骤Ⅱ可知，$\{b_1，b_2，\cdots b_m\}$ 为升序排列，而且由 $\{\alpha_1，\alpha_2，\cdots，\alpha_k\}$ 也为正序排列，所以得到新的 N 个子模块电容电压升序排列表过程得以简化。具体流程如图 7-8 所示，A 组为投入组，B 组为切除组。

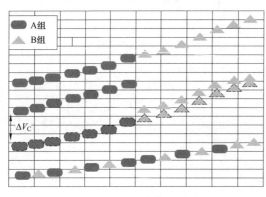

图 7-8　线性排序流程图

为了便于编程实现，引入两个指针 P_{ON} 和 P_{OFF}。在排序的初始时刻，$P_{ON} = 1$，$P_{OFF} = 1$。"投入"组中第一个元素与"切除"组中第一个元 α_1 素 b_1 进行比较。如果 $b_1 < \alpha_1$，则 b_1 移动到"电压升序列表"中的第一个元素位置，同时 $P_{ON} = 1$，$P_{OFF} = 2$，这意味着在下次比较中，α_1 将和 b_2 比较；相反，如果 $b_1 > \alpha_1$，则 α_1 移动到"电压升序列表"中的第一个元素位置，同时 $P_{ON} = 2$，$P_{OFF} = 1$，这意味着在下次比较中，α_2 将和 b_1 比较；将上述过程重复进行 $N-1$ 次即可填满组合列表中全部 N 个位置，且均按照电容电压幅值按升序排列。

值得注意的是，当采用梯形积分法离散化子模块电容时，子模块电容电压增量不仅与当

前时刻的开关状态有关，而且与前一时刻的状态也有关，因此，对于子模块的电容电压分四组排序：①A 组，t、$t-\Delta T$ 时刻均为投入状态；②B 组，t 时刻为投入状态、$t-\Delta T$ 时刻为切除状态；③C 组，t 时刻为切除状态、$t-\Delta T$ 时刻为投入状态；④D 组，t、$t-\Delta T$ 时刻均为切除状态。排序过程与上述类似，如图 7-9 所示。

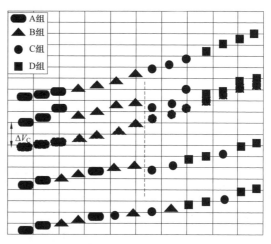

图 7-9　线性排序算法（分四组排序）

先分别对 A、B 组和 C、D 组进行上述排序，然后将排序后的两个升序数列再排序得到最后的结果。

由于半桥子模块和全桥子模块结构相近，因此可将上述排序过程退化应用到半桥 MMC 戴维南等效模型中去，即对于后退欧拉法，在上述式（7-30）中令 $G_3=0$，$G_4 \to \infty$ 即可退化到半桥 MMC，其子模块电容电压如式（7-31）所示。

$$V_{\mathrm{C}}(t) = \frac{I_{\mathrm{ARM}}(t) \cdot G_1 + V_{\mathrm{CEQ}}(t-\Delta T) \cdot (G_1 + G_2) \cdot G_{\mathrm{C}}}{(G_1 + G_2) \cdot (G_{\mathrm{C}} + G_{\mathrm{P}}) + G_1 G_2} \tag{7-31}$$

对于梯形积分法同理。

所以，线性排序的思想便可拓展到半—全混合型 MMC 中去，即先对半桥和全桥子模块电容电压分别进行线性排序，再将全桥和半桥的两组结果进行一次线性排序，可大幅提高仿真效率。

分析复杂子模块时，子模块的电容均连接在内部节点上，对任一子模块来说，其电容两端节点的电压可以通过式（7-20）求出，因此子模块其中一个电容的电压为 V_{IN} 中两个对应的元素相减，而在式（7-21）中 I_{ARM}、Y_{EX} 和 V_{SMEQ} 均为一维，其中一个电容的电压可以将式（7-21）中的矩阵展开计算，则有

$$V_{\mathrm{C}}'(t) = A_1 \cdot I_{\mathrm{CEQ1}}(t-\Delta T) + B_1 \cdot I_{\mathrm{CEQ2}}(t-\Delta T)$$
$$+ C_1 \cdot Y^{-1}{}_{\mathrm{EX}} \cdot I_{\mathrm{ARM}}(t) + D_1 \cdot V_{\mathrm{SMEQ}} \tag{7-32}$$

$$V_{\mathrm{C}}''(t) = A_2 \cdot I_{\mathrm{CEQ1}}(t-\Delta T) + B_2 \cdot I_{\mathrm{CEQ2}}(t-\Delta T)$$
$$+ C_2 \cdot Y^{-1}{}_{\mathrm{EX}} \cdot I_{\mathrm{ARM}}(t) + D_2 \cdot V_{\mathrm{SMEQ}} \tag{7-33}$$

$$V_{\mathrm{C}}(t) = V_{\mathrm{C}}'(t) - V_{\mathrm{C}}''(t)$$
$$= (A_1 - A_2) \cdot I_{\mathrm{CEQ1}}(t-\Delta T) + (B_1 - B_2) \cdot I_{\mathrm{CEQ2}}(t-\Delta T)$$
$$+ (C_1 - C_2) \cdot Y^{-1}{}_{\mathrm{EX}} \cdot I_{\mathrm{ARM}}(t) + (D_1 - D_2) \cdot V_{\mathrm{SMEQ}} \tag{7-34}$$

在式（7-34）中 $I_{\mathrm{CEQ1}}(t-\Delta T) = V_{\mathrm{CEQ1}}(t-\Delta T) \cdot G_{\mathrm{C}}$，$I_{\mathrm{CEQ2}}(t-\Delta T) = V_{\mathrm{CEQ2}}(t-\Delta T) \cdot G_{\mathrm{C}}$，令 $A_1 - A_2 = A$，$B_1 - B_2 = B$，$C_1 - C_2 = C$，$D_1 - D_2 = D$，且由于子模块电容离散化后该电路变为线性电路，可用叠加定理，则不妨设 $V_{\mathrm{SMEQ}} = K_1 V_{\mathrm{CEQ1}}(t-\Delta T) + K_2 V_{\mathrm{CEQ2}}(t-\Delta T)$，其中 A、B、C、

D 以及 K_1 和 K_2 均为与子模块开关器件的等效电导有关的系数。因此，式（7-34）变为

$$V_C(t) = (A \cdot G_C + K_1 \cdot D) \cdot V_{CEQ1}(t - \Delta T)$$
$$+ (B \cdot G_C + K_2 \cdot D) \cdot V_{CEQ2}(t - \Delta T) + C \cdot Y^{-1}{}_{EX} \cdot I_{ARM}(t) \qquad (7-35)$$

在后退欧拉法下，其基本公式如式（7-22）所示，则 V_C (t) 和 V_C $(t-\Delta T)$ 可以很显然的求出。对于单电容子模块来说，可以设 V_{CEQ2} $(t-\Delta T) = 0$，则很显然有

$$V_C(t) = (A \cdot G_C + K_1 \cdot D) \cdot V_C(t - \Delta T) + C \cdot Y^{-1}{}_{EX} \cdot I_{ARM}(t) \qquad (7-36)$$

类似地，可以通过证明得到在 V_C $(t-\Delta T)$ 的系数大于 0 的这一判定条件下，任意两个同组内的子模块电容电压更新前后其大小关系不发生变化。

对于多电容子模块来说（两个电容），可将子模块类型分为两类：①能够实现内部电容间自均压的子模块（如双半桥子模块）；②不能实现内部电容间自均压的子模块（如箝位双子模块）。对于能够实现内部自均压的子模块来说，由于其控制方式使其内部的两个电容的电压时刻保持相等或相近，因此可认为 V_{CEQ1} $(t-\Delta T) = V_{CEQ2}$ $(t-\Delta T)$，则该种子模块的分组方式与单电容子模块是类似的。而对于不能实现内部自均压的子模块来说，一般这类子模块的电容只起到在闭锁时箝位直流故障电流的作用，而正常运行时两个电容并没有互相充放电的回路，因此可将该类子模块结构简化为几个单电容子模块串联的情况，该种情况的分组与半-全混合拓扑的情况相似。因此，双电容子模块可根据其特性转化为单电容子模块的形式来进行证明，因此该线性排序算法对双电容子模块型 MMC 的等效模型也是适用的。

7.2.2.4 仿真验证

在 PSCAD/EMTDC 中分别搭建了基于线性排序算法和冒泡排序算法的全桥型 MMC 戴维南等效模型 41 电平 MMC-HVDC 测试系统，直流电压额定值为 ±200kV，子模块电容电压额定值为 10kV。本节分别设置了交流侧三相短路故障和直流侧单极接地故障以测试线性排序算法的精确度，并计算了两种模型波形的相对误差。

仿真波形对比如下：

1. 稳态运行波形

图 7-10 为稳态运行情况下的两种模型的波形。

图中子模块电容电压波形取 A 相上桥臂子模块中的 20 个进行展示。从波形中可以看出，基于两种算法的模型的波形几乎完全重合，相对误差均在 3% 以内，线性排序算法有着很高的仿真精度。

2. 三相故障时运行波形

在系统运行 2s 时发生三相短路故障，故障持续 0.5s。图 7-11 为三相故障时的波形对比，并在图中标出了最大的相对误差点。

图 7-12 为三相接地故障时采用两种不同算法的模型的子模块电容电压的波形，选取其中 20 个的波形进行展示。可以看出，在发生大扰动时，基于两种不同排序算法的模型的波形几乎完全重合，相对误差均在可接受范围内，表明线性排序算法在暂态故障情况下的仿真精度很高。

3. 直流侧单极接地故障时运行波形

在系统运行 2s 时发生单极接地故障，故障发生后 3ms 换流器闭锁，故障持续 0.1s 后消失，闭锁持续 1s。图 7-13 为故障时直流电流、直流电压、A 相上桥臂电流、A 相上桥臂电压的波形。图 7-14 为直流侧单极接地故障时采用两种不同算法的模型的子模块电容电压的

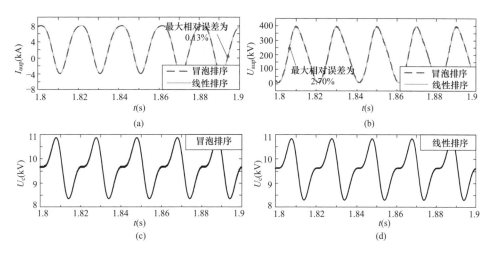

图 7-10 稳态波形对比

（a）A 相上桥臂电流；（b）A 相上桥臂电压；（c）冒泡排序算法子模块电容电压；（d）线性排序算法子模块电容电压

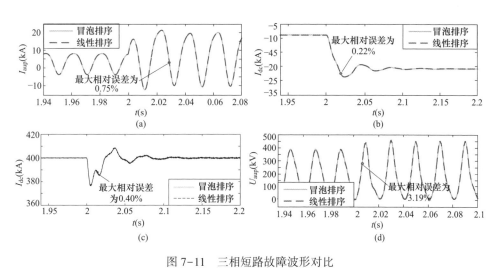

图 7-11 三相短路故障波形对比

（a）A 相上桥臂电流；（b）直流电流；（c）直流电压；（d）A 相上桥臂电压

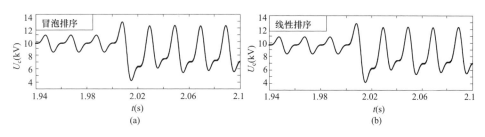

图 7-12 三相短路故障时子模块电容电压

（a）冒泡排序算法子模块电容电压；（b）线性排序算法子模块电容电压

波形。其中子模块电容电压选取了其中 20 个波形进行展示。

图 7-13、图 7-14 的波形证明了全桥子模块在直流故障后闭锁可以有效的隔离直流短路故障电流。可以看出，在发生单极接地故障时，基于两种不同算法的模型的波形吻合度很

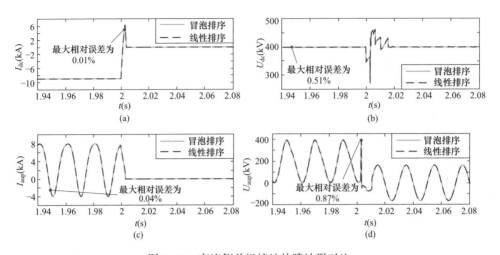

图 7-13　直流侧单极接地故障波形对比

（a）直流电流；（b）直流电压；（c）A 相上桥臂电流；（d）A 相上桥臂电压

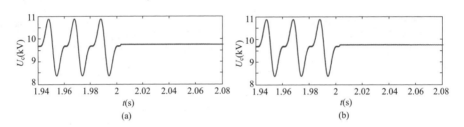

图 7-14　单极接地故障时子模块电容电压

（a）线性排序算法子模块电容电压；（b）冒泡排序算法子模块电容电压

高，各参量相对误差均很小，基于线性排序算法的波形在直流故障以及闭锁情况下均有着很高的仿真精度。

　　分别搭建 41 电平、101 电平、201 电平、301 电平单端全桥子模块 MMC 系统，采用线性排序算法和冒泡排序算法对 CPU 用时进行对比，计算对应的加速比，如表 7-1 所示。仿真总时长为 1s，仿真步长为 20μs。硬件配置为：CPU，英特尔酷睿 i7-6700HQ，2.6GHz；内存，8GB。

表 7-1　　　　　　　　　　　　　　仿 真 时 间 对 比

电平数	冒泡排序（s）	线性排序（s）	加速比
41	7.875	5.641	1.40
101	18.078	6.437	2.81
201	53.500	7.734	6.92
301	111.890	8.906	12.56

　　表 7-1 中可以看出，在仿真高电平 MMC 时，采用线性排序算法的模型仿真用时要明显少于采用冒泡排序算法的模型，而随着电平数的进一步增加，线性排序算法的优势将更加明显。因此，在仿真由高电平数 MMC 构成的大规模的直流电网时，线性排序算法在仿真效率上具有很大的优势。

7.3 故障电流控制模式

7.3.1 柔性直流电网直流短路故障机理

根据直流侧发生故障后故障电流清除方法不同，柔性直流电网的基本构网方式有两种：①半桥子模块 MMC 加直流断路器方式；②无直流断路器但采用具备直流故障自清除能力的 MMC[1]。本节分析构网方式②下直流电网的故障机理，同时，为不失一般性且可充分阐述直流电网的故障特性，本节以四端真双极柔性直流电网为研究对象，各换流器均采用混合 MMC，其网络拓扑图如图 7-15 所示。为便于后续分析，定义距故障点较近的换流站为近端故障站，距故障点较远的换流站为远端非故障站。

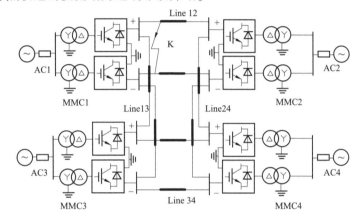

图 7-15 直流电网示意图

直流电网故障传播速度快、范围大，不但近端故障站快速持续向短路点馈入大电流，远端非故障站也持续较大的电流馈入。与点对点柔性直流系统故障电流馈入过程有所差异，直流电网中各换流站本质上是一个强耦合非线性的多端系统，相邻换流站间存在电容充放电等相互作用[2]。为定性分析直流电网故障点馈入电流的主要影响因素，本节以双极金属性短路故障为例，忽略其余换流站及远端非故障站对近端故障站的耦合，只考虑由于线路阻抗不同所带来的故障电流馈入差异。

换流站双极短路故障等效电路如图 7-16 所示，以换流器 i 为例，此时换流器拓扑可以等效为 RLC 二阶放电回路，其中，L_i 为桥臂电抗，R_i 为桥臂等效电阻，C_i 为子模块电容，L_{i1} 为换流器 i 对故障点放电回路直流侧等效电抗，R_{i1} 为换流器 i 对故障点放电回路直流侧等效电阻。

该阶段的暂态过程可用下式表示

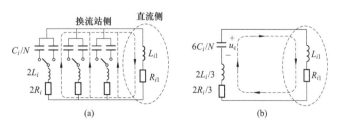

图 7-16 混合 MMC 双极短路故障等效电路

（a）电路示意图；（b）等效电路图

$$L_{ie}C_{ie}\frac{d^2u_C}{dt^2} + R_{ie}C_{ie}\frac{du_C}{dt} + u_C = 0 \tag{7-37}$$

式中 $L_{ie} = 2L_i/3 + L_{il}$、$R_{ie} = 2R_i/3 + R_{il}$、$C_{ie} = 6C_i/N$。方程的特征根为

$$\lambda_{1,2} = -\frac{R_e}{2L_e} + \sqrt{\left(\frac{R_e}{2L_e}\right)^2 - \frac{1}{L_eC_e}} = -\sigma \pm j\omega'$$

式中，$\sigma = R_e/2L_e$，$\omega' = \sqrt{1/L_eC_e - (R_e/2L_e)^2}$。

故障瞬间换流站 i 直流电压、出口处线路电流的值为 U_{i0}、I_{i0}，可近似认为级联子模块电容电压初始值亦为 U_{i0}。由此可求得电容电压 u_C 和故障回路电流 i_1 的暂态解为

$$\begin{cases} u_C = Ae^{-\sigma t}\sin(\omega't + \theta) \\ i_1 = A\sqrt{\dfrac{C_e}{L_e}}e^{-\sigma t}\sin(\omega't + \theta - \beta) \end{cases} \tag{7-38}$$

式中

$$\begin{cases} A = \sqrt{U_{i0}^2 + \left(\dfrac{U_{i0}\sigma}{\omega'} - \dfrac{I_{i0}}{\omega'C_e}\right)^2} \\ \theta = \arctan\left(\dfrac{U_{i0}}{\dfrac{U_{i0}\sigma}{\omega'} - \dfrac{I_{i0}}{\omega'C_e}}\right) \\ \beta = \arctan\left(\dfrac{\omega'}{\sigma}\right) \end{cases}$$

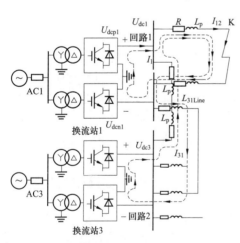

图 7-17 直流电网故障电流馈入示意图

直流电网故障示意图如图 7-17 所示，换流站 1 出口 K 点发生双极短路故障，为定性研究换流站对故障点馈入电流的贡献、分析故障所需切除线路直流电流 I_{12} 大小，不失一般性，主要分析近端故障站 MMC1 馈入 K 点电流 I_1 和远端非故障站 MMC3 馈入 K 点电流 I_{31}，忽略其余站及远端非故障站对近端故障站的耦合，只考虑放电回路阻抗差异。

MMC1 和 MMC3 分别通过回路 1 和 2 对故障点 K 放电，I_1 和 I_{31} 为 MMC1 和 MMC3 对故障点 K 放电电流。由于 MMC1 与 MMC3 之间存在长距离输电线路，对故障点 K 而言，MMC3 直流侧等效电感 L_{31} 远大于 MMC1 直流侧等效电感 L_{11}，即 $L_{31} \gg L_{11}$，换流站桥臂电感及等效电阻近似相等，则有 $L_{3e} \gg L_{1e}$，由式（7-38）可知，故障回路 1 电流 I_1 大于故障回路 2 电流 I_{31}。

以换流站 1 正极出口母线为例，分析直流线路故障电流。根据 KCL 定律知，故障线路电流 I_{12}

$$I_{12} = I_{23} + I_1 \tag{7-39}$$

因 I_1 大于 I_{31}，故障线路电流 I_{12} 主要由近端换流站 1 提供。至此，定性分析了故障线路电流组成，三种故障穿越方式将在 7.3.2 节中提出并逐一分析。

7.3.2 混合 MMC 直流故障穿越控制

柔性直流电网直流侧故障可采用两种方案：①网侧限流方案，强行增加故障回路阻抗；②源侧限流方案，降低故障点的源侧电压。这两种方案的基本原理如图 7-18 所示。结合 7.2 节分析，充分利用混合 MMC 负电平输出及直流电压控制能力，本节提出一种直流电网下的源侧限流方案。

首先分析混合 MMC 单端控制框图，如图 7-19 所示。

其中控制系统分为外环控制和内环控制，有功类外环控制量包括有功功率 P_s、直流电压 U_{dc}、子模块平均电容电压 U_c；无功类外环控制量包括无功功率 Q_s、交流电压 U_s。正常情况下，定直流电压站有功类外环控制量为 U_{dc}，定有功功率站的有功类外环控制量为 P_s。通过交流内环控制器得

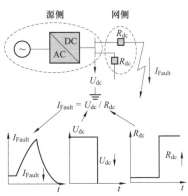

图 7-18　源侧和网侧限流方案

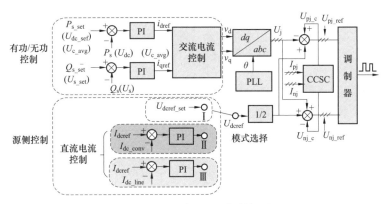

图 7-19　混合 MMC 控制框图

$$\begin{cases} i_{dref} = (P_{s\_set} - P_s)\left(k_{po} + \dfrac{k_{io}}{s}\right) \\ i_{qref} = (Q_{s\_set} - Q_s)\left(k_{po} + \dfrac{k_{io}}{s}\right) \end{cases} \tag{7-40}$$

$$\begin{cases} v_d = u_d - \left(k_{pi} + \dfrac{k_{ii}}{s}\right)(i_{dref} - i_d) + \omega L v_q \\ v_q = u_q - \left(k_{pi} + \dfrac{k_{ii}}{s}\right)(i_{qref} - i_q) + \omega L v_d \end{cases} \tag{7-41}$$

式中，ωL 用于解耦有功和无功控制；u_d、u_q 和 i_d、i_q 由 Park 变换得到，变量 K_p 和 K_i 是 PI 控制器的增益。可得内电流环控制器产生的混合 MMC 的电压基准如式（7-42）所示，其中 U_{dcref} 是混合 MMC 中控制的附加自由度。

$$\begin{cases} U_{\mathrm{px\_ref}} = \dfrac{1}{2}U_{\mathrm{dcref}} - U_{\mathrm{x}} + U_{\mathrm{px\_c}} \\[2mm] U_{\mathrm{nx\_ref}} = \dfrac{1}{2}U_{\mathrm{dcref}} + U_{\mathrm{x}} - U_{\mathrm{px\_c}} \end{cases} \qquad (x=\mathrm{a,~b,~c}) \qquad (7\text{-}42)$$

新增一维控制灵活度，即直流电流内环控制，可根据模式选择直流电压参考值 U_{dcref}，实现电压控制器和直流电流控制器的切换。Ⅰ为正常控制模式，各站均将 U_{dcref} 设定为额定值。

适用于直流电网故障穿越的模式Ⅱ（直流端口电流控制）和模式Ⅲ（直流线路电流控制），模式Ⅱ和Ⅲ中 U_{dcref} 分别由直流电流参考值 I_{dcref} 与直流端口电流 $I_{\mathrm{dc\_port}}$、直流线路电流 $I_{\mathrm{dc\_line}}$ 比较后经 PI 环节输出，故障时将 I_{dcref} 置 0，动态调节直流电压来控制 $I_{\mathrm{dc\_port}}$、$I_{\mathrm{dc\_line}}$ 至 0。

柔性直流电网全网采用模式Ⅱ可实现全网穿越，仅近端故障站采用模式Ⅱ可实现近端故障站出口穿越，仅近端故障站采用模式Ⅲ可实现近端故障站线路穿越。随后将就此三种穿越方式的原理、性能以及器件需求一一分析。

1. 全网穿越方式

由于全网无闭锁故障穿越（模式Ⅱ），适用于未装设直流断路器的应用场景，可依靠快速机械开关切除故障。直流故障发生后，如式（7-43）所示，将 I_{dcref} 置 0 后与端口电流 $I_{\mathrm{dc\_port}}$ 比较，经 PI 输出极间电压以适应短路故障。其故障隔离机理是充分利用全桥子模块输出负电平的能力。

$$U_{\mathrm{dcref}} = (I_{\mathrm{dcref}} - I_{\mathrm{dc\text{-}port}})\left(k_{\mathrm{p}} + \frac{k_{\mathrm{i}}}{s}\right) \qquad (7\text{-}43)$$

通过将各站端口电流控制为 0，可将故障线路电流降至 0，实现无需断路器即可切除故障。

针对双极短路故障，全网直流电流指令置 0；针对单极接地故障，故障极各站直流电流指令置 0。故障极有功类控制改为定子模块电容电压控制，无功类控制保持不变。全网穿越控制方式通过快速机械开关切除故障，但是会导致全网短时断电。

2. 近端故障站出口穿越方式

本小节提出一种近端故障站采用出口电流控制（模式Ⅱ），其余换流站维持原电压不变的故障穿越方式。

由 7.2 节知，故障线路电流主要由近端故障站馈入，故可通过近端故障站选取模式Ⅱ大幅降低故障线路电流。以图 7-17 为例，近端故障站 MMC_1 控制出口电流，其向故障点 K 的馈入 I_1 降至 0。随着 MMC_1 出口电流下降，其直流电压降低形成"虚短"，换流器出口电位与故障点 K 处电位差减小，致使远端非故障站 MMC_3 注入电流 I_{31} 在母线 1 处分流。I_{31} 一部分流入故障点，另一部分流入换流站 1。虽然同一相上下桥臂内正负电平相抵消，但对每一桥臂而言，其外特性均呈现为单一极性电压，不可等效为"短路"。因 MMC 内部同时存在阻抗，即桥臂电感 L_{arm} 和等效电阻 R_{arm}，I_{31} 仅有小部分流入换流站 1。以最为严重的金属性故障为例，MMC_3 向 MMC_1 馈入电流远小于向故障点 K，无法有效形成故障点前移。

由于换流站出口存在多馈线，MMC_3 电流持续馈入，故障线路电流 I_{12} 在控制投入后下降主要由 I_1 所贡献，I_1 与故障电流增幅相抵消致使 I_{12} 下降。至 1 站出口电流不再下降，远端非故障站 MMC₃ 持续向故障点 K 馈入，故障线路电流 I_{12} 主要由 MMC₃ 所贡献，即 $I_{12} \approx I_{31}$。此后 I_{12} 逐渐增加。

针对双极短路故障，近端故障站直流电流指令置 0；针对单极接地故障，故障极近端站直流电流指令置 0。近端故障站有功类控制改为定子模块电容电压控制，无功类控制策略保持不变。近端故障站出口穿越方式可大幅降低故障线路电流，依靠小容量直流断路器切除故障。

3. 近端故障站线路穿越方式

本小节提出一种近端故障站采用故障线路电流控制（模式Ⅲ），其余换流站维持原电压不变的故障穿越方式。近端故障站将 I_{dcref} 设置为 0，与线路电流 I_{dc_line} 的差值作为比例积分环节输入，动态输出负的直流电压来控制线路电流至参考值 0。

$$U_{dcref} = (I_{dcref} - I_{dc-line}) \left(k_p + \frac{k_i}{s} \right) \quad (7-44)$$

与双端系统有所不同，电网中的故障线路置零，导致混合 MMC 的控制置零是时变跟踪的，动态输出直流电压对故障电流进行实时控制。充分利用全桥子模块的负电平输出能力，将远端站电流馈入引入近端站，实现故障线路电流降至 0 左右，无需断路器即可切除故障。

以图 7-17 为例，近端故障站 MMC₁ 控制 I_{dc_line}，其向故障点 K 馈入电流 I_1 下降的同时，MMC₃ 向故障点 K 馈入电流 I_{31} 也降低。其本质可将 MMC₁ 和 MMC₃ 等效成一个整体，以故障线路电流 I_{12} 为控制目标，通过增加一定数量的全桥子模块，使得近端故障站 MMC₁ 具有抵消 MMC₃ 馈入电流的能力，将 MMC₃ 向故障点 K 馈入电流引入 MMC₁，从而实现故障线路电流 $I_{12} \approx 0$。此时无需直流断路器，且故障影响范围仅为故障点两侧，不会造成全网供电中断。

针对双极短路故障，近端故障站控制故障线路电流为 0；针对单极接地故障，故障极近端站控制故障线路电流为 0。近端故障站有功类控制改为定子模块电容电压控制，无功类控制保持不变。近端故障站线路穿越方式无需远端非故障站降电压，依靠快速机械开关即可切除故障。

需说明的是，在故障穿越时，短时内全桥子模块会全部负投入，半桥子模块不再输出正电平，从而降低近端故障站直流电压至负最大值，快速控制故障电流。其直流电压波动将在仿真部分阐述。

7.4 混合 MMC 型柔性直流电网的协调控制策略

为提升柔性直流电网的安全稳定运行能力，在发生故障时，通过上层控制系统对整个柔性直流电网进行调控，针对网络配置及设备裕度选择各换流站的故障穿越方式，改善电网的暂态性能。

7.4.1 故障穿越方式对比分析

7.3 节提出了三种混合 MMC 建构柔性直流电网的故障穿越方式，均可适用于单极接地及双极短路故障，各方法的性能对比如表 7-2 所示，以控制速度快、成本低、损耗小、可靠性高为性能优良，星号越多代表性能越优。

表 7-2　　　　　　　　　　　　三种故障穿越方式性能对比

性能	全网穿越方式	近端故障站出口穿越方式	近端故障站线路穿越方式
直流断路器	★★★★★	★★	★★★★★
持续供电能力	★	★★★★★	★★★★★
恢复速度	★★★★★	★★★	★★★
全桥比例	★★★★★	★★★★★	★★★
器件裕度	★★★★★	★★★★	★★★
无功功率传输	★★★★★	★★★★★	★★★★★

（1）全网穿越方式：依靠快速机械开关即可隔离故障，其故障影响范围为整个直流电网，会造成全网供电短时中断，故适用于对供电可靠性要求较低、网络投资较小的输电场合。

（2）近端故障站出口穿越方式：依靠小容量直流断路器即可隔离故障。此方式近端故障站几乎不需维持负电压，且对换流阀内器件的稳态裕度要求不高，同时可降低对断路器速动性和切断容量的要求，保证非故障区域持续供电，故适用于对供电可靠性要求高、适度降低投资的输电场合。

（3）近端故障站线路穿越方式：无需断路器，依靠快速机械开关即可切除故障，同时保证非故障区域持续供电。其本质是将电流引入换流阀内抵消故障电流，会增加换流阀内器件电流应力，需要适度增加器件的稳态裕度。故此方法可适用于对供电可靠性要求高、大幅降低投资的输电场合。

7.4.2　故障穿越方式协调配合方法

混合 MMC 型柔性直流电网故障清除时序如图 7-20 所示，分可否短时中断供电两种情

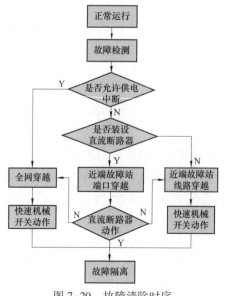

图 7-20　故障清除时序

形。对网络持续供电要求不高，采用全网穿越策略，通过快速机械开关隔离故障。对不允许供电中断的场合，根据初期投资不同分为两种情形：

（1）小容量断路器，近端故障站出口穿越方式；

（2）无需断路器，近端故障站线路穿越方式。

根据网络需求，各故障穿越方法可进行协调配合。柔性直流电网的主保护可设置为近端故障站出口穿越方式。因高压直流断路器可靠性尚有待提高，在断路器未动作情况下，若全桥比例足够且器件裕度较大，可以近端故障站线路穿越方式为后备保护；若不足则以全网穿越方式为后备保护，通过快速机械开关隔离故障。本节提出的柔性直流电网协调控制方法，可根据网络配置灵

活选择控制保护控制方案，实现各换流站协调配合，对混合 MMC 的柔性直流电网具有一定的适用性。

7.5　本章小结

本章介绍了混合 MMC 直流侧发生常见单极或双极短路故障时的保护和控制策略，提出了三种无闭锁穿越直流故障电流的控制方法，逐一分析了三种控制模式的原理及故障穿越性能，并给出了含混合 MMC 的柔性直流电网协调保护策略。仿真结果表明，直流故障发生后，所提出的故障电流控制方法可以将短路电流控制在零附近，可以在不依赖断路器的情况下实现故障电流的快速清除；同时，在故障穿越期间，换流器可以维持无功功率的传输。

参 考 文 献

［1］汤广福，贺之渊，庞辉. 柔性直流输电工程技术研究、应用及发展［J］. 电力系统自动化，2013，37（15）：3-14.

［2］C. Li，C. Zhao，J. Xu，etal. A Pole-to-Pole Short-Circuit Fault Current Calculation Method for DC Grids［J］. IEEE Transactions on Power Systems，2017，32（6）：4943-4953.

第8章 混合 MMC 的不对称分极控制

本章首先分析 MMC 交、直流侧电压偏置耦合的原理，然后以此为基础重新对 MMC 进行数学建模，设计出可实现电压偏置解耦的分极控制策略；其次，提出以 HBSM 和 FBSM 为基本单元的不对称混合 MMC 结构，针对不同的系统接线方式设计出不同的子模块配置原则；最后，设计不对称混合 MMC 的相关辅助控制策略，对直流侧不对称故障产生的过电压进行抑制，实现柔性直流系统直流侧的不对称稳态运行。

8.1 不对称数学模型的建立

8.1.1 交直流电压偏置耦合机理

现有的 MMC-HVDC 工程普遍采用 dq 解耦双闭环控制器，针对 MMC 的分析是将其上、下桥臂作为整体来考虑，对上、下桥臂采取统一控制；这将导致 MMC 交直流侧电压具有一定的偏置耦合。

首先对电压偏置率[2]进行定义，用字母 η 来表示，其计算公式为

$$\eta = \frac{U_{\max} + U_{\min}}{2(U_{\max} - U_{\min})} \tag{8-1}$$

假设交流电压的表达式为 $U_{ac} = A\sin(\omega t + \varphi) + E$，其中，$A$ 为交流侧电压基频交流分量的幅值，E 为其直流偏置分量，则交流电压的偏置率 η_{ac} 定义为

$$\eta_{ac} = \frac{2E}{2 \times 2A} \tag{8-2}$$

直流电压的偏置率 η_{dc} 定义为

$$\eta_{dc} = \frac{U_{dcp} + U_{dcn}}{2(U_{dcp} - U_{dcn})} \tag{8-3}$$

定义交直流电压偏置差 η_{diff} 为

$$\eta_{diff} = \eta_{dc} - \eta_{ac} \tag{8-4}$$

现基于此类控制器的设计思路对 MMC 进行建模，揭示其交、直流电压偏置耦合的机理。图 8-1 为 MMC 的电路结构及各电气量的定义。

忽略环流，MMC 内部电流由交流系统馈入的交流分量 i_s 和流向直流侧的直流分量 I_{dc} 两部分组成。假设 MMC 运行在三相对称条件下，图 8-2 与式（8-5）共同描述了 MMC 内部电流的关系。

设三相桥臂各相上、下桥臂电流为 i_{upj}，i_{downj}（j=a，b，c），则有

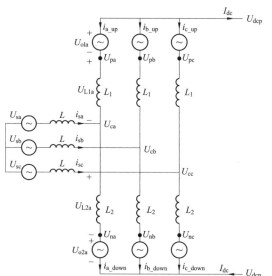

图 8-1　MMC 电路结构及电气变量定义示意图

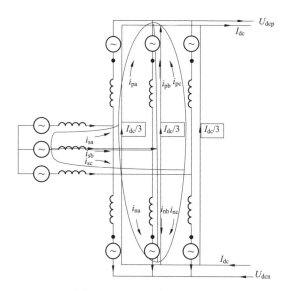

图 8-2　MMC 内部电流分量

$$\begin{cases} i_{\mathrm{up}} = -i_{\mathrm{p}} - \dfrac{1}{3}I_{\mathrm{dc}} \\[2mm] i_{\mathrm{down}} = i_{\mathrm{n}} - \dfrac{1}{3}I_{\mathrm{dc}} \\[2mm] i_{\mathrm{s}} = i_{\mathrm{p}} + i_{\mathrm{n}} \end{cases} \tag{8-5}$$

对于现有主流的 dq 解耦双闭环控制器，其上、下桥臂电流的交流分量 i_{p} 满足以下条件

$$i_{\mathrm{p}} = i_{\mathrm{n}} = \frac{1}{2}i_{\mathrm{s}} \tag{8-6}$$

假设 MMC 交流出口侧的电压偏置值为 E，则设 MMC 交流出口电压为

$$\boldsymbol{u}_{\mathrm{c}}(t) = \begin{pmatrix} u_{\mathrm{ca}}(t) \\ u_{\mathrm{cb}}(t) \\ u_{\mathrm{cc}}(t) \end{pmatrix} = \begin{pmatrix} \sqrt{2}\,U_{\mathrm{c}}\cos\omega t + E \\ \sqrt{2}\,U_{\mathrm{c}}\cos(\omega t - 120°) + E \\ \sqrt{2}\,U_{\mathrm{c}}\cos(\omega t + 120°) + E \end{pmatrix} \tag{8-7}$$

桥臂电流中的交流分量为

$$\boldsymbol{i}_{\mathrm{p}}(t) = \boldsymbol{i}_{\mathrm{n}}(t) = \frac{1}{2}\boldsymbol{i}_{\mathrm{s}}(t) = \frac{1}{2}\begin{pmatrix} i_{\mathrm{sa}}(t) \\ i_{\mathrm{sb}}(t) \\ i_{\mathrm{sc}}(t) \end{pmatrix} = \frac{1}{2}\begin{pmatrix} \sqrt{2}\,I_{\mathrm{s}}\cos(\omega t + \varphi) \\ \sqrt{2}\,I_{\mathrm{s}}\cos(\omega t - 120° + \varphi) \\ \sqrt{2}\,I_{\mathrm{s}}\cos(\omega t + 120° + \varphi) \end{pmatrix} \tag{8-8}$$

直流母线电压、直流电流的矩阵分别为

$$\boldsymbol{U}_{\mathrm{dcp}}(t) = \frac{1}{2}\begin{pmatrix} U_{\mathrm{dc}} \\ U_{\mathrm{dc}} \\ U_{\mathrm{dc}} \end{pmatrix}, \qquad \boldsymbol{U}_{\mathrm{dcn}}(t) = -\frac{1}{2}\begin{pmatrix} U_{\mathrm{dc}} \\ U_{\mathrm{dc}} \\ U_{\mathrm{dc}} \end{pmatrix}, \qquad \boldsymbol{I}_{\mathrm{dc}}(t) = \frac{1}{3}\begin{pmatrix} I_{\mathrm{dc}} \\ I_{\mathrm{dc}} \\ I_{\mathrm{dc}} \end{pmatrix} \tag{8-9}$$

根据基尔霍夫定律（KVL，KCL），对于上桥臂，其各电气量应满足

161

$$\begin{cases} u_{\mathrm{L1}} = L_1 \dfrac{\mathrm{d}i_{\mathrm{p}}}{\mathrm{d}t} \\ u_{\mathrm{p}} = u_{\mathrm{c}} + u_{\mathrm{L1}} \\ u_{\mathrm{o1}} = U_{\mathrm{dcp}} - u_{\mathrm{p}} \end{cases}, \qquad \boldsymbol{i}_{\mathrm{up}} = -\,\boldsymbol{i}_{\mathrm{p}} - \boldsymbol{I}_{\mathrm{dc}} \qquad (8\text{-}10)$$

对式（8-3）进行整理，则流过上桥臂三相电容的总功率为

$$p_1(t) = \boldsymbol{i}_{\mathrm{up}}^{\mathrm{T}} \boldsymbol{u}_{\mathrm{o1}} = \frac{3}{2} U_{\mathrm{c}} I_{\mathrm{s}} \cos\varphi - \frac{1}{2} U_{\mathrm{dc}} I_{\mathrm{dc}} - E I_{\mathrm{dc}} \qquad (8\text{-}11)$$

假设在子模块电容电压均值恒定，功率传输过程中的功率损失亦可忽略，则应有 $p_1(t) = 0$，此时式（8-11）可变为

$$\frac{3}{2} U_{\mathrm{c}} I_{\mathrm{s}} \cos\varphi = \frac{1}{2} U_{\mathrm{dc}} I_{\mathrm{dc}} + E I_{\mathrm{dc}} = \left(\frac{1}{2} U_{\mathrm{dc}} + E \right) I_{\mathrm{dc}} \qquad (8\text{-}12)$$

同理进行推导下桥臂的能量关系，有

$$\frac{3}{2} U_{\mathrm{c}} I_{\mathrm{s}} \cos\varphi = \left(-\frac{1}{2} U_{\mathrm{dc}} + E \right) (-I_{\mathrm{dc}}) \qquad (8\text{-}13)$$

从式（8-12）和（8-13）可以看出，当功率从交流侧分别通过上、下桥臂向直流侧传输时，交流电压的直流偏置值 E 直接影响上、下桥臂的传输功率值，同时该偏置值亦会影响直流侧电压的偏置情况。故在 MMC 内部将存在以下关系：设 $\eta_{\mathrm{ac}} = \dfrac{E}{2U_{\mathrm{c}}}$，对于基于此类控制方式的 MMC，此时必有 $\eta_{\mathrm{dc}} = \dfrac{E}{U_{\mathrm{dc}}}$。

根据调制策略，$U_{\mathrm{c}} = \dfrac{1}{2} M U_{\mathrm{dc}}$，假设调制度 M 是常数，对于 MMC 交、直流侧的电压偏置率，则有

$$M\eta_{\mathrm{ac}} = \eta_{\mathrm{dc}} \qquad (8\text{-}14)$$

式（8-14）表明基于现有的 dq 解耦双闭环控制器，MMC 交、直流侧的电压偏置率存在天然的正比例耦合关系。

由于对上、下桥臂进行对称统一的分析和控制，基于现有的 dq 解耦双闭环控制器，MMC 交、直流侧的电压偏置率存在天然的正比例耦合关系。如果要解除耦合，则需要对 MMC 重新将上、下桥臂分别进行分析，建立 MMC 的不对称数学模型。

8.1.2 不对称数学模型内部电流分析

现将图 8-2 中的电路等效为如图 8-3 所示，上、下桥臂的串联子模块组可分别看作两个具有直流偏置的交流系统。从交流侧角度分析，相当于原有的交流系统分别通过电流的交流分量 i_{p} 和 i_{n} 向这两个交流系统输送功率，电流的直流分量也流过这两个交流系统，将功率输送至直流侧。

由于不再对上、下桥臂进行对称统一的分析和控制，相关电气量将重新设立如下

$$\boldsymbol{u}_{\mathrm{c}}(t) = \begin{pmatrix} u_{\mathrm{ca}}(t) \\ u_{\mathrm{cb}}(t) \\ u_{\mathrm{cc}}(t) \end{pmatrix} = \begin{pmatrix} \sqrt{2}\,U_{\mathrm{c}} \cos\omega t + E \\ \sqrt{2}\,U_{\mathrm{c}} \cos(\omega t - 120°) + E \\ \sqrt{2}\,U_{\mathrm{c}} \cos(\omega t + 120°) + E \end{pmatrix} \qquad (8\text{-}15)$$

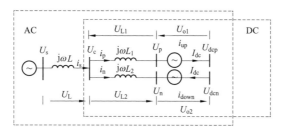

图 8-3 MMC 等效分析电路

$$\boldsymbol{U}_{\text{dcp}}(t) = \begin{pmatrix} U_{\text{dcp}} \\ U_{\text{dcp}} \\ U_{\text{dcp}} \end{pmatrix}, \qquad \boldsymbol{U}_{\text{dcn}}(t) = \begin{pmatrix} U_{\text{dcn}} \\ U_{\text{dcn}} \\ U_{\text{dcn}} \end{pmatrix}, \qquad \boldsymbol{I}_{\text{dc}}(t) = \frac{1}{3} \begin{pmatrix} I_{\text{dc}} \\ I_{\text{dc}} \\ I_{\text{dc}} \end{pmatrix} \tag{8-16}$$

$$\boldsymbol{i}_{\text{p}}(t) = \begin{pmatrix} i_{\text{pa}}(t) \\ i_{\text{pb}}(t) \\ i_{\text{pc}}(t) \end{pmatrix} = \begin{pmatrix} \sqrt{2}\,I_{\text{p}}\cos(\omega t + \varphi_1) \\ \sqrt{2}\,I_{\text{p}}\cos(\omega t - 120° + \varphi_1) \\ \sqrt{2}\,I_{\text{p}}\cos(\omega t + 120° + \varphi_1) \end{pmatrix},$$

$$\boldsymbol{i}_{\text{n}}(t) = \begin{pmatrix} i_{\text{na}}(t) \\ i_{\text{nb}}(t) \\ i_{\text{nc}}(t) \end{pmatrix} = \begin{pmatrix} \sqrt{2}\,I_{\text{n}}\cos(\omega t + \varphi_2) \\ \sqrt{2}\,I_{\text{n}}\cos(\omega t - 120° + \varphi_2) \\ \sqrt{2}\,I_{\text{n}}\cos(\omega t + 120° + \varphi_2) \end{pmatrix} \tag{8-17}$$

直流母线电压将不再是对称的 $\pm 1/2 U_{\text{dc}}$，桥臂电流的交流分量也不再相等，其幅值、初相角各自独立。

将以上重新设立的电气量代入式（8-10）进行计算

$$\begin{cases} u_{\text{L1}} = L_1 \dfrac{\mathrm{d}i_{\text{p}}}{\mathrm{d}t} \\ u_{\text{p}} = u_{\text{c}} + u_{\text{L1}} \\ u_{\text{o1}} = U_{\text{dcp}} - u_{\text{p}} \end{cases}, \qquad \boldsymbol{i}_{\text{up}} = -\boldsymbol{i}_{\text{p}} - \boldsymbol{I}_{\text{dc}} \tag{8-18}$$

得到流经上桥臂三相电容的总功率为

$$p_1(t) = \boldsymbol{i}_{\text{up}}^{\text{T}} \boldsymbol{u}_{\text{o1}} = 3U_{\text{c}}I_{\text{p}}\cos\varphi_1 - U_{\text{dcp}}I_{\text{dc}} \tag{8-19}$$

假设功率在流经上桥臂时没有损失，则 $p_1(t) = 0$，式（8-20）可写作

$$3U_{\text{c}}I_{\text{p}}\cos\varphi_1 = U_{\text{dcp}}I_{\text{dc}} \tag{8-20}$$

同理，对于下桥臂有

$$3U_{\text{c}}I_{\text{n}}\cos\varphi_2 = -U_{\text{dcn}}I_{\text{dc}} \tag{8-21}$$

由式（8-20）和（8-21）可以得出，MMC 交流侧馈入电流、直流母线电压、上下桥臂功率间为正比例相关的关系，设 P_{up}、P_{down} 分别为由换流器交流出口流入上、下桥臂的有功功率，则有

$$\begin{cases} I_{\text{p}}\cos\varphi_1 \\ I_{\text{n}}\cos\varphi_2 \end{cases} \propto \begin{cases} U_{\text{dcp}} \\ -U_{\text{dcn}} \end{cases} \propto \begin{cases} P_{\text{up}} \\ P_{\text{down}} \end{cases} \tag{8-22}$$

163

8.1.3 MMC 系统的有功功率平衡

假设 MMC 上、下桥臂子模块电容电压的平均值分别为 $U_{C\_up\_ave}$ 和 $U_{C\_down\_ave}$，上、下桥臂子模块电容值分别为 C_1 和 C_2，则存储在电容中的能量分别为

$$\begin{cases} W_{SM\_Cp} = \dfrac{3}{2} N_1 C_1 U_{C\_up\_ave}^2 \\ W_{SM\_Cn} = \dfrac{3}{2} N_2 C_2 U_{C\_down\_ave}^2 \end{cases} \quad (8-23)$$

上、下桥臂传输的功率分别为

$$\begin{cases} P_{SM\_Cp} = \dfrac{dW_{SM\_Cp}}{dt} = 3 N_1 C_1 U_{C\_up\_ave} \dfrac{dU_{C\_up\_ave}}{dt} \\ P_{SM\_Cn} = \dfrac{dW_{SM\_Cn}}{dt} = 3 N_2 C_2 U_{C\_down\_ave} \dfrac{dU_{C\_down\_ave}}{dt} \end{cases} \quad (8-24)$$

式（8-20）（8-21）是基于忽略子模块电容电压值的变化得到的结论，当考虑子模块电容电压变化时，应修正为

$$\begin{cases} 3U_c I_p \cos\varphi_1 = U_{dcp} I_{dc} + 3 N_1 C_1 U_{C\_up\_ave} \dfrac{dU_{C\_up\_ave}}{dt} \\ 3U_c I_n \cos\varphi_2 = -U_{dcn} I_{dc} + 3 N_2 C_2 U_{C\_down\_ave} \dfrac{dU_{C\_down\_ave}}{dt} \end{cases} \quad (8-25)$$

因为上、下桥臂不再严格对称，上、下桥臂子模块电容电压的变化也不相同。在上、下桥臂的子模块电容内部，由各自独立的电容电压平衡，需要在控制器设计时进行单独考虑。

8.2 半桥 MMC 分极控制策略

8.2.1 直接电流控制器坐标系的选取

类似于现有的 MMC 直接电流控制策略设计，可以通过派克变换将控制量变换到 dq 旋转坐标系中进行分析。但是，不同于之前的控制策略，用于锁相的电压值不再取自 PCC 处，而是换流器交流侧出口处，即图 8-3 中 U_c 处。根据正交派克变换矩阵及其物理意义，应有

$$\begin{cases} u_{cd} = \sqrt{3} U_c \\ u_{cq} = 0 \end{cases} \quad (8-26)$$

式中，U_c 为换流器出口处相电压有效值。则流向上、下桥臂的功率分别为

$$\begin{cases} P_{up} = u_{cd} i_{pd} \\ Q_{up} = -u_{cd} i_{pq} \end{cases} \qquad \begin{cases} P_{down} = u_{cd} i_{nd} \\ Q_{down} = -u_{cd} i_{nq} \end{cases} \quad (8-27)$$

由此，可以通过调节 i_{pd}，i_{pq}，i_{nd} 和 i_{nq} 的值，达到分别对 P_{up}，Q_{up}，P_{down} 和 Q_{down} 取值的控制。

8.2.2 内环电流控制器设计

内环电流控制器的设计类似于传统的双闭环控制策略，对于上下桥臂电压分别有

164

$$u_{\text{pabc}} = u_{\text{cabc}} - \left(R_1 i_{\text{pabc}} + L_1 \frac{\mathrm{d}i_{\text{pabc}}}{\mathrm{d}t} \right) \tag{8-28}$$

$$u_{\text{nabc}} = u_{\text{cabc}} - \left(R_2 i_{\text{nabc}} + L_2 \frac{\mathrm{d}i_{\text{nabc}}}{\mathrm{d}t} \right) \tag{8-29}$$

将其变换到 dq 旋转坐标系中为

$$\begin{cases} u_{\text{pd}} = u_{\text{cd}} - \left(R_1 i_{\text{pd}} + L_1 \dfrac{\mathrm{d}i_{\text{pd}}}{\mathrm{d}t} \right) + \omega L_1 i_{\text{pq}} \\[3mm] u_{\text{pq}} = u_{\text{cq}} - \left(R_1 i_{\text{pq}} + L_1 \dfrac{\mathrm{d}i_{\text{pq}}}{\mathrm{d}t} \right) + \omega L_1 i_{\text{pd}} \end{cases} \tag{8-30}$$

$$\begin{cases} u_{\text{nd}} = u_{\text{cd}} - \left(R_2 i_{\text{nd}} + L_2 \dfrac{\mathrm{d}i_{\text{nd}}}{\mathrm{d}t} \right) + \omega L_2 i_{\text{nq}} \\[3mm] u_{\text{nq}} = u_{\text{cq}} - \left(R_2 i_{\text{nq}} + L_2 \dfrac{\mathrm{d}i_{\text{nq}}}{\mathrm{d}t} \right) + \omega L_2 i_{\text{nd}} \end{cases} \tag{8-31}$$

由此可得 MMC 分极控制的内环电流控制器设计如图 8-4 所示。

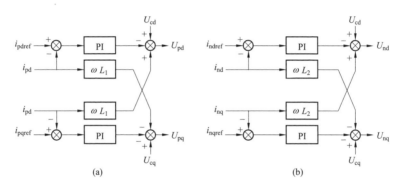

图 8-4 MMC 分极控制内环电流控制器

（a）上桥臂控制器；（b）下桥臂控制器

8.2.3 外环电压控制器设计

8.2.3.1 外环定直流电压/有功功率控制器设计

由式（8-22）~（8-27）可知，在定直流电压/有功功率控制时，通过一个 PI 控制器即可得到 i_{pdref} 和 i_{pnref}，如图 8-5（a）所示。

由上层系统级控制给出参数 P_{ref} 时，上、下桥臂有功功率的参考值分别为

$$\begin{cases} P_{\text{upref}} = k_{\text{Pup}} P_{\text{ref}} = \dfrac{U_{\text{dcp}}}{U_{\text{dc}}} P_{\text{ref}} \\[4mm] P_{\text{downref}} = k_{\text{Pdown}} P_{\text{ref}} = \dfrac{U_{\text{dcn}}}{U_{\text{dc}}} P_{\text{ref}} \end{cases} \tag{8-32}$$

由式（8-25）可知，子模块电容电压、直流电流均与系统的有功功率平衡相关，所以，需要添加如图 8-5（b）的辅助控制器，设 N_1、N_2 分别为上、下桥臂的串联子模块个数，定义子模块的电容电压值为

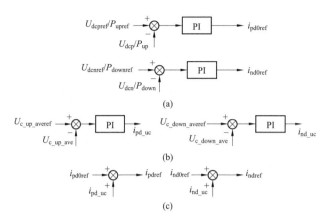

(a)

(b)

(c)

图 8-5　外环定直流电压/有功功率控制器

（a）定直流电压/有功功率主控制器；（b）子模块电容电压辅助控制器；（c）总控制器

$$\begin{cases} U_{C\_up\_ave} = \dfrac{U_{dc}(1 + \eta_{dc})}{N_1} \\ U_{C\_down\_ave} = \dfrac{U_{dc}(1 - \eta_{dc})}{N_2} \end{cases} \tag{8-33}$$

因此，最终的外环定直流电压/有功功率控制其框图如图 8-5（c）所示。

8.2.3.2　外环定交流电压/无功功率控制器设计

由式（8-27）可知，可以通过控制 i_{pq} 和 i_{nq} 分别控制 Q_{up} 和 Q_{down}。但是若要控制 PCC 处传送无功功率 Q_s，还需考虑变压器漏抗上消耗的无功功率 Q_L，如图 8-6 所示。

如果换流站为定无功功率控制，则 Q_{sref} 是由上层系统级控制给出参数；如果换流站为定交流电压控制，则 Q_{sref} 可由如图 8-7（a）所示的控制器得到。

$$\begin{cases} Q_s = -u_{sd}i_{sq} + u_{sq}i_{sd} \\ i_{sq} = i_{pq} + i_{nq} \end{cases} \tag{8-34}$$

其中 u_{sq}，u_{sq}，i_{sd} 和 i_{sq} 分别为 PCC 除所测得的电压电流，在 d、q 坐标轴的分量。外环控制器的控制框图如图 8-7 所示。

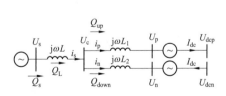

图 8-6　MMC 无功功率分布图

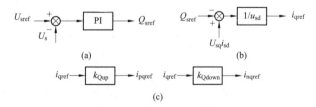

(a)

(b)

(c)

图 8-7　外环定交流电压/无功功率控制器

（a）定交流电压控制；（b）定无功功率控制；

（c）上、下桥臂 q 轴电流分量参考值

经分析，上下桥臂内环 d、q 轴电流参考值 i_{pqref}、i_{nqref} 为

166

$$\begin{cases} i_{\text{qref}} = i_{\text{sq}} = \dfrac{u_{\text{sq}} i_{\text{sd}} - Q_{\text{s}}}{u_{\text{sd}}} \\ i_{\text{pqref}} = k_{\text{Qup}} i_{\text{qref}} \\ i_{\text{nqref}} = k_{\text{Qdown}} i_{\text{qref}} \\ k_{\text{Qup}} + k_{\text{Qdown}} = 1 \end{cases} \qquad (8-35)$$

其中 k_{Qup} 和 k_{Qdown} 为上下桥臂所需发出无功功率的比例系数，可以自由设定，也可根据上下桥臂输出有功功率的比例进行优化设计。MMC 分极控制的整体控制框图，如图 8-8 所示。

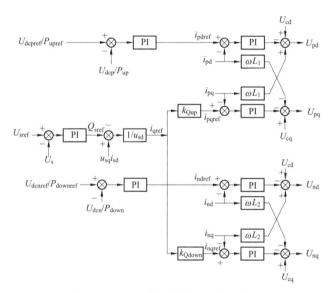

图 8-8　MMC 分极控制整体控制框图

经过对 8.2 节中图 8-4 和图 8-7 的整合，即可得到图 8-8 中所示的 MMC 分级控制整体控制框图。

8.3　不对称结构混合 MMC 模块配置原则

8.3.1　子模块混合型不对称 MMC 结构

由 8.1.1 节分析可知，MMC 交、直流侧电压偏置的耦合是由于对于上、下桥臂采用了统一对称的控制，其根本原因是 MMC 上、下桥臂严格对称的拓扑结构。可对 8.1.2、8.1.3 和 8.2 节控制策略进行仿真，验证所设计的分极控制策略具备与现有 dq 解耦双闭环控制器相同的控制效果，并具有一定的环流抑制效果。如果对该控制器进行具有工程意义的相关拓展应用，则需要对 MMC 的桥臂结构进行改造，必要时将不再强制要求换流器的上、下桥臂结构严格对称，即设计不对称 MMC 结构[3]；并且为了配合分极控制策略实现某些工况，需要桥臂串联子模块在兼顾成本的同时具有一定的负电平输出能力，必要时需同时配置 HBSM 与 FBSM 两种子模块。子模块混合型不对称 MMC，如图 8-9 所示。

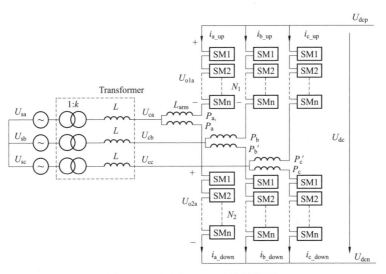

图 8-9　不对称 MMC 系统结构图

图 8-9 中，U_{o1i} 和 U_{o2i}（i=a，b，c）分别是各相上、下桥臂串联子模块的输出电压；U_{Pi} 和 $U_{P'i}$（i=a，b，c）是桥臂电抗与串联子模块连接点的电压（阀底点电压），在不考虑其他谐波时，可看做是基波正弦量叠加直流偏置值，而换流器出口电压 U_{ci}（i=a，b，c）具有和二者相同的输出电压波动范围。根据基尔霍夫电压定律（KVL），MMC 的运行原则应该满足

$$\begin{cases} U_{o1i} = U_{dcp} - U_{Pi} \\ U_{o2i} = U_{P'i} - U_{dcn} \end{cases} \tag{8-36}$$

根据式（8-36）所示关系，不对称 MMC 的运行原则可由式（8-37）表示，其中 N_1、N_2 分别为上、下桥臂各桥臂的子模块个数，$2N$ 为单相桥臂包含子模块总数（上桥臂数目与下桥臂数目之和），U_C 为子模块电容电压。

$$\begin{cases} U_{dc} = U_{dcp} - U_{dcn} \\ NU_C = U_{dc} \\ N_1 + N_2 = 2N \end{cases} \tag{8-37}$$

通常情况下，式（8-4）中的 $\eta_{diff} \in \left[-\dfrac{1}{2}, \dfrac{1}{2} \right]$，超出该范围则表示交、直流侧电压偏置差过大，将大大提高换流器与变压器的绝缘成本。并且，在工程实际中，为了方便接地，更倾向于使得交流电压偏置率 $\eta_{ac} = 0$，即变压器二次侧中性点电位为零。

现提出两套基于 HBSM 和 FBSM 的子模块配置原则，分别针对不同的工程场景需要：①直流电压可变，如对称单极 MMC 的单极降压运行；②直流电压保持不变。下面将对这两种工程需求下的子模块配置原则进行详细描述。

8.3.2　直流电压可变时子模块配置原则

对于具有直流电压变化要求的不对称 MMC，如果保持直流电压及直流电压偏置率变化的过程中交流电压的偏置率不变（通常情况下 $\eta_{ac} = 0$），则其上、下桥臂的输出电压需要同时跟随相应的直流母线电压变化。

在直流电压变化过程中，假设交直流电压偏置差 η_{diff} 的变化范围是 $[\eta_{\min}, \eta_{\max}]$，则对应该范围，在其边界分别有相应的直流电压值 $U_{\text{dc}}|_{\eta\_\min}$ 和 $U_{\text{dc}}|_{\eta\_\max}$。假设 N_1、N_2 分别为上、下桥臂各桥臂的子模块个数，n_H、n_F 为各桥臂 HBSM 和 FBSM 的个数，则有

$$\begin{cases} n_{\text{F1}} = \dfrac{|\eta_{\max}|}{2} \times \dfrac{U_{\text{dc}}|_{\eta\_\max}}{U_C}, \ n_{\text{H1}} = N_1 - n_{\text{F1}} \\ n_{\text{F2}} = \dfrac{|\eta_{\min}|}{2} \times \dfrac{U_{\text{dc}}|_{\eta\_\min}}{U_C}, \ n_{\text{H2}} = N_2 - n_{\text{F2}} \end{cases} \tag{8-38}$$

为了更直观地解释式（8-38）所示直流电压可变时子模块配置原则，现以表 8-1 进行举例说明。

表 8-1　　　　　　　　　　桥臂结构举例（一）

交流侧	直流侧（$U_{\text{dc}}=U_{\text{dcp}}-U_{\text{dcn}}=10\text{kV}$，$U_c=1\text{kV}$，$N=N_1+N_2=20$）							
	U_{dcp}	U_{dcn}	U_{dcp}	U_{dcn}	U_{dcp}	U_{dcn}	U_{dcp}	U_{dcn}
	5kV	-5kV	0~5kV	-5~0kV	3~5kV	-3~-5kV	3~5kV	-5~0kV
$U_{\text{smax}}=5\text{kV}$	0kV	10kV	-5kV	10kV	-2kV	10kV	-2kV	10kV
$U_{\text{smin}}=-5\text{kV}$	10kV	0kV	10kV	-5kV	10kV	-2kV	10kV	-5kV
η_{diff}	0		$\left[-\dfrac{1}{2},\dfrac{1}{2}\right]$		$\left[-\dfrac{1}{8},\dfrac{1}{8}\right]$		$\left[-\dfrac{1}{8},\dfrac{1}{2}\right]$	
子模块	上	下	上	下	上	下	上	下
	10 HBSM	10 HBSM	5FBSM 5HBSM	5FBSM 5HBSM	2FBSM 8HBSM	2FBSM 8HBSM	2FBSM 8HBSM	5FBSM 5HBSM

在保持交流电压偏置率 $\eta_{\text{ac}}=0$ 的要求下，不同的直流母线电压变化范围需要不同的桥臂子模块配置情况。表中列出了该桥臂能够满足其对应直流母线电压变化范围所需输出的电压最大值和最小值。表中第一列示例表明，当交直流电压偏置差 $\eta_{\text{diff}}=0$ 时，MMC 子模块的配置和现有的对称结构 MMC 相同，即全部由 HBSM 构成的对称结构 MMC 是这种不对称 MMC 形式的特例。当 η_{diff} 变化时，则需要配置具有负电平输出能力的 FBSM（图中灰色底色的数值小于 0），构成 HBSM 与 FBSM 为基本单元的子模块混合型不对称 MMC。表中第二列可以认为是对称单极系统中的正负极直流母线电压可以自由在 0kV 到额定电压范围内调节，可以看出，当桥臂中有 50% 的 FBSM 时即可实现该功能，这个比例也恰好是所得混合 MMC 中切断直流故障电流所需 FBSM 的最低比例。

8.3.3　直流电压不变时子模块配置原则

对于具有直流电压变化要求的不对称 MMC，如果保持交流电压的偏置率不变（通常情况下 $\eta_{\text{ac}}=0$），则其上、下桥臂的子模块配置应遵循

$$\begin{cases} N_1 = (1+\eta_{\text{diff}})N = l_1 N = n_{\text{H1}} + n_{\text{F1}} \\ N_2 = (1-\eta_{\text{diff}})N = l_2 N = n_{\text{H2}} + n_{\text{F2}} \end{cases} \tag{8-39}$$

式中，N_1、N_2分别为上、下桥臂各桥臂的子模块个数；n_H、n_F为各桥臂 HBSM 和 FBSM 的个数；l_1 和 l_2 是描述上、下桥臂各自包含子模块个数的比值，通常该比值的变化范围是 $\left[\dfrac{1}{2}, \dfrac{3}{2}\right]$。

为了满足式（8-36）的要求，需要将各桥臂 HBSM、FBSM 的个数进行约束

$$\begin{cases} l \in \left[\dfrac{1}{2}, 1\right], & n_F = N\eta_{\text{diff}}, \quad n_H = N - n_F \\ l \in \left[1, \dfrac{3}{2}\right], & n_F = 0, \quad n_H = N \end{cases} \tag{8-40}$$

为了更直观地解释式（8-39）和式（8-40）所示直流电压可变时子模块配置原则，现以表8-2进行举例说明。

表 8-2

桥 臂 结 构 举 例（二）

交流侧	直流侧（$U_{dc} = U_{dcp} - U_{dcn} = 10\text{kV}$，$U_c = 1\text{kV}$，$N = N_1 + N_2 = 20$）							
	U_{dcp}	U_{dcn}	U_{dcp}	U_{dcn}	U_{dcp}	U_{dcn}	U_{dcp}	U_{dcn}
	5kV	−5kV	10kV	0kV	0kV	−10kV	8kV	−2kV
$U_{smax} = 5\text{kV}$	0kV	10kV	5kV	5kV	−5kV	15kV	3kV	7kV
$U_{smin} = -5\text{kV}$	10kV	0kV	15kV	−5kV	5kV	5kV	13kV	−3kV
η_{diff}	0		$\dfrac{1}{2}$		$-\dfrac{1}{2}$		$\dfrac{3}{10}$	
子模块	上	下	上	下	上	下	上	下
	10 HBSM	10 HBSM	15 HBSM	5FBSM	5FBSM	15 HBSM	13 HBSM	3FBSM 4HBSM

表 8-2 中示例为在保持交流电压偏置率 $\eta_{ac} = 0$ 的要求下，对于不同的稳态运行直流母线电压值，各桥臂所需子模块的最低配置。表中列出了该桥臂能够满足其对应直流母线电压值所需输出的电压最大值和最小值。表中第一列示例表明，当交直流电压偏置差 $\eta_{\text{diff}} = 0$ 时，MMC 子模块的配置和现有的对称结构 MMC 相同。当 η_{diff} 变化时，则需要配置具有负电平输出能力的 FBSM（图中灰色底色的数值小于0），构成 HBSM 与 FBSM 为基本单元的子模块混合型不对称 MMC；表中第二、三列分别为对称双极接线方式下的正极换流器、负极换流器的配置方案。此种子模块配置下的 MMC 不具备直流故障穿越能力，如果需要具备，则需将上（下）桥臂子模块配置的 15 个 HBSM 置换为 10HBSM+5FBSM，则整个桥臂中 FBSM 所占比例仍为 0.5。

将 8.3.2 与 8.3.3 节综合分析，在现有实际工程中，FBSM 所占子模块总数比例最低达到 0.5 即可基本满足电压调节范围的要求，这个比例也是混合 MMC 中需要切断直流故障电流所需 FBSM 的最低比例。

8.4 基于分极控制的不对称混合 MMC 的控制策略

8.4.1 直流侧不对称运行工况

本节所指 MMC 为对称单极接线的对称结构的 MMC，其直流侧不对称运行工况主要分为稳态不对称运行与暂态不对称故障两类。

对称单极接线方式的 MMC 不存在稳态的直流侧不对称运行工况，即 MMC-HVDC 系统中无法进行单极降压降流运行，更不可能出现一极退出运行的情况，故此种接线方式也被称为伪双极结构。MMC-HVDC 系统运行过程中，有可能出现需要单极降压降流运行的情况，如某一极（及其所联桥臂阀组）冷却系统出现问题，或某一极线路绝缘水平降低，在"伪双极"方式下，需要将正负极电压同时降低以保证系统安全；而基于本节所提出的分极控制，可以针对某一极进行降压降流运行，另一极则保持原有输出功率不变，从而可以最大限度地保证功率的传输。

直流侧的不对称故障主要为单极接地短路故障，根据 MMC-HVDC 系统不同的接地方式（直流侧接地、交流二次侧变压器中性点接地、交流二次侧中性点经大阻抗接地）会呈现不同的故障特性[1]。直流侧发生单极接地短路后，由于传统的控制方式为上下桥臂统一控制，控制输出为传输功率之和，因此最终被控量为正、负直流母线之间的电压差，从而导致故障发生时非接地极电压具有明显的上升趋势，以保持正负极间的电压差保持不变。但是，本节提出的分极控制策略是将上、下桥臂的输出功率分别控制，因此被控量为各极母线对地电压，在发生单极接地故障时将会具有不同的故障特性；并且，基于分极控制配合相应的控制指令，会有效降低故障期间的过电压水平。

在图 8-9 中，各相上桥臂和下桥臂串联子模块的输出电压 U_{o1i} 与 U_{o2i}（$i=a, b, c$），上下桥臂的阀底电压 U_{Pi} 与 U'_{Pi}（$i=a, b, c$），具有和换流器输出电压 U_{ci}（$i=a, b, c$）相同的变化范围。根据基尔霍夫电压定律（KVL），它们之间的关系可表示为

$$\begin{cases} U_{o1i} = U_{dcp} - U_{Pi} \in [-n_{F1}U_C, N_1 U_C], & n_{F1} \leqslant N_1 \\ U_{o2i} = U_{P'i} - U_{dcn} \in [-n_{F2}U_C, N_2 U_C], & n_{F2} \leqslant N_2 \end{cases} \tag{8-41}$$

式中，n_{F1}、n_{F2} 分别为上下桥臂中可以输出负电平的全桥子模块的个数。

通常情况下，尤其是在 MMC 为交流侧接地方式时，$\eta_{ac} = 0$，因此，交直流电压偏置差主要取决于直流电压偏置率，即 $\eta_{diff} = -\eta_{dc}$。当伪双极 MMC 正常运行时，$\eta_{dc} = 0$；当其需要直流侧不对称运行时，直流侧电压便产生了偏置，为保证交流电压的偏置率仍为 0，各桥臂所需配置 FBSM 的个数应满足

$$\begin{cases} |\eta_{diff}| N_1 \leqslant n_{F1} \leqslant N_1 \\ |\eta_{diff}| N_2 \leqslant n_{F2} \leqslant N_2 \end{cases} \tag{8-42}$$

如果要求直流侧正极母线电压在 $\left[0, \dfrac{1}{2}U_{dc}\right]$，负极母线电压在 $\left[-\dfrac{1}{2}U_{dc}, 0\right]$ 之间任

意变化，即 $\eta_{\text{diff}} \in \left[-\dfrac{1}{2}, \dfrac{1}{2}\right]$ 时，则需桥臂之中串入 FBSM，以提供桥臂电压负电平的输出。如要满足此要求，则需将每个桥臂中至少 50% 的 HBSM 置换为 FBSM，即构成子模块混合型 MMC，该结构可实现箝位直流故障电流的功能。

配合上述章节所提分极控制策略，MMC 的上下桥臂可以运行在不对称工况下，即在忽略环流抑制控制影响的前提下，各相单元子模块导通数可以不再严格遵守 $N_{1\text{on}} + N_{2\text{on}} = N$；必要情况下，$N_1$ 与 N_2 的配置亦可以不再相等，故此时的 MMC 结构亦可不再上下桥臂严格对称，即为不对称 MMC。

8.4.2 定直流电压/有功功率控制修正

在实现 MMC 直流侧的不对称运行过程中，为了保证控制指令的变化不会影响系统基本运行原则，并且尽量不依赖站间通信，需对定直流电压/有功功率控制进行修正。

由式（8-32）和式（8-22）可知，当某一极电压下降时，其所连桥臂输送功率也需要成比例相应减少，根据上、下桥臂功率分配关系，假设上层控制给出的有功功率参考值为 P_{ref0}，系统额定直流电压为 U_{dc0}（直流正、负母线额定电压分别为 U_{dcp0}、U_{dcn0}），则根据定有功功率站测得的直流电压变化，其实际输送有功功率 P_{ref} 应满足

$$P_{\text{ref}} = \frac{1}{2}P_{\text{ref0}} \times \frac{U_{\text{dcp}}}{U_{\text{dcp0}}} + \frac{1}{2}P_{\text{ref0}} \times \frac{-U_{\text{dcn}}}{-U_{\text{dcn0}}} \qquad (8\text{-}43)$$

由式（8-43）与式（8-32）最终决定定有功功率站上下桥臂的参考值。MMC 直流侧运行在不对称工况下，当定直流电压站指令发生变化时，定有功功率站指令会由此相应配合变化，以保证系统运行稳定。

当发生直流侧单极短路故障时，分极控制策略对于故障的快速响应具有一定优势。因此，当保护系统监测到直流侧发生单极短路故障时，迅速降低定直流电压站的控制指令值，有助于降低故障时的过电压水平。

8.5 本章小结

本章以电压偏置率的定义为依据，对 MMC 内部电路进行了重新建模，分析了 MMC 交流侧馈入电流、直流母线电压、上下桥臂功率间的正比例关系，其可作为 MMC 分极控制策略的主要理论基础。基于该理论，设计了可实现交、直流侧电压偏置解耦的分极控制策略，并且提出了子模块混合型不对称 MMC 的结构及子模块配置原则。仿真验证表明，采用分极控制策略可以在联结变压器二次侧无直流偏置的前提下实现柔性直流系统直流侧的不对称运行，并且在直流侧发生不对称故障时，使用分极控制策略可以显著减小直流母线的过电压水平。

参 考 文 献

[1] 王广柱，孙常鹏，刘汝峰，等. 基于桥臂电流控制的模块化多电平变换器综合控制

策略［J］. 电力系统及其自动化学报，2015，35（2）：458-462.

［2］Fang Zhang, Jianzhong Xu and Chengyong Zhao. New control strategy of decoupling the AC/DC voltage offset for modular multilevel converter［J］. IET Generation, Transmission & Distribution, vol. 10, no. 6, pp. 1382-1392, 2016.

［3］张帆，许建中，苑宾，等. 基于虚拟阻抗的 MMC 交、直流侧故障过电流抑制方法［J］. 中国电机工程学报，2016，36（08）：2103-2113.

第9章 混合 MMC 子模块优化配置方法

通常情况下，MMC 中会配置一定比例的冗余子模块用于替代损坏的子模块，从而保证换流器的连续可靠运行能力。然而，随着冗余子模块数量的增加，MMC 的可靠性升高，但成本也会增加，经济性显著降低。这种换流器可靠性与冗余模块数量的矛盾在包含半桥和全桥两类子模块的混合 MMC 中尤为突出，需要深入研究。本章首先提出三种混合 MMC 可靠性计算模型，在此基础上，利用拉格朗日函数提出了等微增率子模块优化冗余配置方法，可以为直流输电工程提供有益的借鉴。

9.1 子模块可靠性建模

本节将在混合 MMC 的拓扑及工作原理的基础上，建立两类子模块的可靠性模型。在此基础上，介绍基于古典概型的混合 MMC 可靠性建模过程。

9.1.1 半全混合 MMC 拓扑

半全混合拓扑在第 7 章图 7-1 介绍过，在实际工程中，半全混合 MMC 需配置一定数目的冗余子模块。当正常工作子模块损坏时，冗余子模块可替代其工作，保证系统的正常运行。但当故障子模块个数超过配置的冗余子模块时，子模块的额定电压将会降低，此时 MMC 无法正常工作。配备冗余模块的单相混合 MMC 结构如图 9-1 所示。

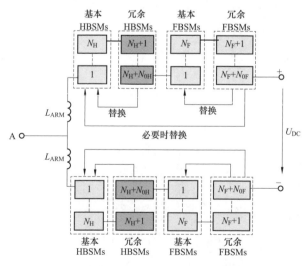

图 9-1 半全混合 MMC 中子模块的替换关系

考虑到当半全混合 MMC 中 FBSM 比例超过 43%时，便具备直流故障穿越能力[3]，本章所选取的半全混合 MMC 拓扑采取 50%半桥加 50%全桥拓扑结构。因此，在未考虑冗余子模块时，初始配比的半全混合 MMC 已具备直流故障穿越能力。

由图 9-1 可知，冗余的 HBSM/FBSM 可以替换损坏的 HBSM/FBSM 使用；在冗余 HBSM 数目不足时，冗余 FBSM 也可替换损坏的 HBSM 使用。但为了保证混合 MMC 始终具备完全的直流故障穿越能力，冗余的 HBSM 不能替换损坏的 FBSM 使用。在此种冗余子模块替换原则下，混合 MMC 中的 FBSM 比例恒大于 50%，因此，本章所讨论的半全混合 MMC 始终具备直流故障穿越能力。

9.1.2 子模块可靠性模型

假设子模块中各电子元件的寿命符合指数分布。统计各元件在实际运行状况下 n 个产品在 t 时段内的失效个数 r，得到各元件的故障率 λ。然后假设子模块中的各电子元件处于指数寿命曲线的稳定运行期，即在 t 时刻元件的可靠性如式（9-1）所示[4]

$$R(t) = e^{-\lambda t} \qquad (9-1)$$

式中，λ 为元件的故障率。

图 9-2 为 HBSM 和 FBSM 拓扑的详细原理图，表 9-1 列出了 HBSM 和 FBSM 中的主要元件故障率[5-7]。

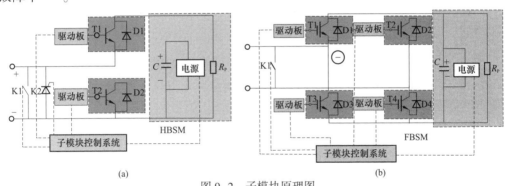

图 9-2　子模块原理图

（a）HBSM；（b）FBSM

表 9-1 元件故障率

元件名称	数量	故障率（次/年）	总故障率（次/年）	说明
IGBT 模块 T/D	2/4	0.0003504	0.0007008/0.0014016	子模块部分
直流电容 C	1	0.0000876	0.0000876	
均压电阻 R_P	1	0.0023214	0.0023214	
旁路开关 K1	1	0.00876	0.00876	
晶闸管 K2	1	0.00041172	0.00041172	
光纤通信驱动	2/4	0.000876	0.001752/0.003504	子模块控制系统
集成电路	1	0.00142788	0.00142788	

表 9-1 中的旁路开关 K1 和晶闸管 K2 仅在特殊运行状况才使用。因此，在热备用冗余方式下，其故障率可暂不考虑。此时，子模块的可靠性由 IGBT 模块、直流电容 C、均压电

阻 R_p、子模块控制系统共同决定[9-10]。

根据图 9-2 所示的半桥子模块和全桥子模块拓扑结构和可靠性定义可知，半桥和全桥子模块的可靠性分布如式（9-2）和式（9-3）所示

$$R_H(t) = R_{ID}(t)^2 \cdot R_{CAP}(t) \cdot R_{RP}(t) \cdot R_{CTL}(t)$$
$$= e^{-(\lambda_{ID} \times 2 + \lambda_{CAP} + \lambda_{RP} + \lambda_{CTL}) \times t}$$
$$= e^{-\lambda_H t} \tag{9-2}$$

$$R_F(t) = R_{ID}(t)^4 \cdot R_{CAP}(t) \cdot R_{RP}(t) \cdot R_{CTL}(t)$$
$$= e^{-(\lambda_{ID} \times 4 + \lambda_{CAP} + \lambda_{RP} + \lambda_{CTL}) \times t}$$
$$= e^{-\lambda_F t} \tag{9-3}$$

式中，λ_{ID}、λ_{CAP}、λ_{RP}、λ_{CTL} 分别为 IGBT 模块、电容、均压电阻、子模块控制系统的故障率；λ_H、λ_F 为半桥、全桥子模块故障率。

9.1.3 混合 MMC 可靠性建模

在古典概型中，混合 MMC 中的子模块之间相互独立，根据图 9-1 所示半全混合 MMC 中两种类型子模块在故障时的替换关系，可靠性计算应考虑两种情况：

（1）当 $i_H \leq N_{0H}$，$i_F \leq N_{0F}$ 时，不考虑全桥与半桥子模块之间的替换，此时可靠性公式如式（9-4）所示

$$R_1(t) = \sum_{i_H=0}^{N_{0H}} \left\{ \sum_{i_F=0}^{N_{0F}} C_{N_H+N_{0H}}^{i_H} [1 - R_H(t)]^{i_H} R_H(t)^{N_H+N_{0H}-i_H} C_{N_F+N_{0F}}^{i_F} [1 - R_F(t)]^{i_F} R_F(t)^{N_F+N_{0F}-i_F} \right\} \tag{9-4}$$

（2）当 $i_H > N_{0H}$，$i_F \leq N_{0H} + N_{0F} - i_H$ 时，在半桥子模块冗余数目不足时，考虑全桥子模块替换半桥子模块使用，此时可靠性公式如式（9-5）所示

$$R_2(t) = \sum_{i_H=N_{0H}+1}^{N_{0H}+N_{0F}} \left\{ \sum_{i_F=0}^{N_{0H}+N_{0F}-i_H} C_{N_H+N_{0H}}^{i_H} [1 - R_H(t)]^{i_H} R_H(t)^{N_H+N_{0H}-i_H} C_{N_F+N_{0F}}^{i_F} [1 - R_F(t)]^{i_F} R_F(t)^{N_F+N_{0F}-i_F} \right\} \tag{9-5}$$

此时，半全混合 MMC 的可靠性应为两部分可靠性之和，即

$$R(t) = R_1(t) + R_2(t) \tag{9-6}$$

对于半全混合 MMC 可靠性随两种子模块冗余数目变化的情况，假设使用年数 $t=8$，分别取两种子模块的冗余数目范围：$N_{0H} \in [0, 20]$、$N_{0F} \in [0, 20]$，代入式（9-6），混合 MMC 可靠性随两种子模块冗余数目变化的曲线如图 9-3 所示。

由图 9-3 可知，可靠性随两种冗余子模块数目的增加而提高。然而由于两种子模块的替换关系不同，可靠性随 N_{0F} 的增加而提高的趋势明显，但随 N_{0H} 增

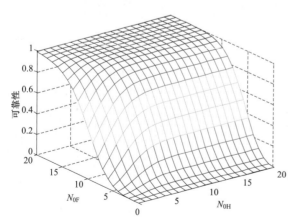

图 9-3　半全混合 MMC 可靠性随 N_{0H} 与 N_{0F} 变化

多而提高的趋势却不显著。同时，由于两种类型子模块的拓扑结构不同，FBSM 的成本及损耗高于 HBSM。因此，按照经验给定两种冗余子模块的配置比例具有很大的局限性，综合考虑可靠性提升和子模块成本两种因素制定混合 MMC 两种子模块的最优冗余配置方案具有实际意义。

9.2　子模块相关性直接耦合的可靠性建模

本节首先建立单个子模块寿命分布模型，随后，应用 Copula 函数构建 MMC 可靠性模型，分析考虑相关性后的可靠性模型。具体步骤如图 9-4 所示。

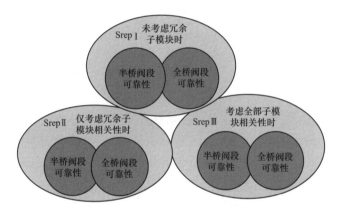

图 9-4　考虑相关性时的混合 MMC 可靠性分析

首先分析相关性时未设置冗余的混合 MMC 子模块可靠性模型，其次在考虑相关性时分析仅存在冗余情况下的子模块可靠性模型，最后分析考虑所有子模块相关性直接耦合时的混合 MMC 可靠性模型。

9.2.1　Copula 理论及不考虑冗余子模块的可靠性

Copula 理论提供一种通过边缘概率分布得到联合概率分布的方法，是相关性建模分析中的有效工具[10]。

Copula 定义[11]：Copula 是服从均匀分布的随机变量的联合分布，如式（9-7）所示

$$C(X_1, X_2, \cdots X_N) = P(X_1 \leqslant x_1, X_2 \leqslant x_2, \cdots, X_n \leqslant x_n) \tag{9-7}$$

Sklar 理论[11]：F 表示 n 维联合分布函数，边缘分布为 $F_1(X_1)$，$F_2(X_2)$，$\cdots$，$F_n(X_n)$，则存在 n 维 Copula，满足式（9-8）

$$F(X_1, X_2, \cdots X_n) = C^N[F_1(X_1), F_2(X_2), \cdots, F_n(X_n)] \tag{9-8}$$

由于 Gumbel 型 Copula 函数生成元信息量最大且结构简单，本节选用 N 维 Gumbel 型 Copula 函数，其表达式如式（9-9）所示

$$C_{1/(1-\theta)}^N(X_1, X_2, \cdots X_N) = \exp\{-[(-\ln X_1)^{1/(1-\theta)} + (-\ln X_2)^{1/(1-\theta)} + \cdots + (-\ln X_N)^{1/(1-\theta)}]^{1-\theta}\} \tag{9-9}$$

式中，θ 是相关程度参数，$\theta \in (0, 1)$，反映储备系统中各子模块之间的相关程度，θ 越小，表征变量间相关程度越低。在 $\theta = 0$ 时，容易证明

$$\lim_{\theta \to 0} C_{1/(1-\theta)}^{N}(X_1, X_2, \cdots, X_N) = \prod_{i=1}^{N} X_i \qquad (9-10)$$

即在子模块之间相互独立或相关程度较小情况下，Gumbel 型 Copula 函数拟合特性较好。可通过极大似然估计法[12]，对相关程度参数 θ 进行估计。

设半全混合 MMC 由 N 个初始子模块串联形成，其中半桥阀段有 N_H 个子模块，全桥阀段有 N_F 个子模块。总共的子模块个数 $N = N_H + N_F$，假设第 i 个子模块的寿命为 X_i，寿命分布为

$$F_i(t) = P\{X_i \le t\}, \ i = 1, 2, \cdots, N \qquad (9-11)$$

以混合 MMC 中的半桥阀段为例，假定各子模块间是相关的，在初始时刻串联系统的寿命为

$$X = \min(X_1, X_2, \cdots, X_{N_H}) \qquad (9-12)$$

Copula 理论的 N 维 Copula 函数为

$$C^N(F) = C^N[F_1(X_1), F_2(X_2), \cdots, F_n(X_N)] = P\{X_1 \le t, X_2 \le t, \cdots, X_N \le t\}$$
$$(9-13)$$

在未设冗余子模块的混合 MMC 系统中，系统的寿命取决于寿命最短的子模块发生故障的时间。即存在一个子模块不能正常工作，此时半桥阀段系统便无法进行正常工作，被认为不可靠。假设在 t 时刻，半桥阀段的可靠性等于寿命最短的子模块使用时间 X 大于 t，由于所有子模块寿命分布相同，故系统的可靠性函数 $R_H(t)$ 为

$$R_H(t) = P(X > t) = P(X_1 > t, X_2 > t, \cdots, X_{N_H} > t)$$

$$= 1 - \sum_{i=1}^{N_H} P\{X_i \le t\} + \sum_{1 \le i < j \le N_H} P\{X_i \le t, X_j \le t\} + \cdots$$

$$+ (-1)^k \sum_{1 \le i_1 < i_2 < \cdots < i_k \le N_H} P\{X_{i_1} \le t, X_{i_2} \le t, \cdots, X_{i_k} \le t\}$$

$$+ \cdots + (-1)^{N_H} P\{X_{i_1} \le t, X_{i_2} \le t, \cdots, X_{N_H} \le t\}$$

$$= \sum_{p=0}^{N_H} (-1)^p C^p(F) C_{N_H}^p \qquad (9-14)$$

再根据 N 维 Copula 函数公式可以将式（9-14）的 $C^p(F)$ 改写为

$$C^p(F) = C^p[F_1(X_1), F_2(X_2), \cdots, F_p(X_p)]$$

$$= \exp\left(-\left[\sum_{i=1}^{p} (-\ln x_i)^{1/(1-\theta)}\right]^{1-\theta}\right)$$

$$= [1 - R_{HBSM}(t)]p^{1-\theta} = (1 - e^{-\lambda_H t})p^{1-\theta} \qquad (9-15)$$

因此，可以得到混合 MMC 半桥阀段的可靠性函数为

$$R_H(t) = \sum_{p=0}^{N_H} (-1)^p (1 - e^{-\lambda_H t})p^{1-\theta} C_{N_H}^p \qquad (9-16)$$

同理，混合 MMC 全桥阀段的可靠性函数为

$$R_F(t) = \sum_{p=0}^{N_F} (-1)^p (1 - e^{-\lambda_F t})p^{1-\theta} C_{N_F}^p \qquad (9-17)$$

在严格单增变换或者线性变换等情况下，由于 Copula 函数导出的相关性度量不会发生改变[11]。所以，串联系统的可靠性为

$$R(t) = C^2 [R_{\mathrm{H}}(t), R_{\mathrm{F}}(t)] \qquad (9-18)$$

9.2.2 仅考虑冗余子模块的可靠性

假设由 $N + N_0$ 个子模块组成的系统，在任意时刻存在冗余子模块 N_0，MMC 即可正常工作，此时 N_0 个冗余子模块等效组成了一个并联系统。其中，冗余子模块由 HBSM 和 FBSM 组成。冗余系统是指将 N_0 个 SM 热备冗余，当其中只要存在 N 个 SM 能完成规定功能，则构成的系统就能完成规定功能。

设 X_1，X_2，$\cdots X_N$ 是这 N_0 个 SM 的寿命，可靠性分析时假设：初始时刻所有子模块都是新的，且同时开始工作，这 $N+N_0$ 个子模块服从相同分布，即它们的寿命分布相同，可靠性相同。设第 i 个子模块的寿命为 X_i，寿命分布为 $F_i(t) = P\{X_i \leqslant t\}$，则考虑并联冗余时，半桥阀段的不可靠性函数 $U_{\mathrm{H}}(t)$ 为

$$
\begin{aligned}
U_{\mathrm{H}}(t) &= P[\max(X_1, X_2, \cdots, X_{N_{0\mathrm{H}}}) \leqslant t] = P\{X_1 \leqslant t, X_2 \leqslant t, \cdots, X_{N_{0\mathrm{H}}} \leqslant t\} \\
&= C^{N_{0\mathrm{H}}}[F_1(X_1), F_2(X_2), \cdots, F_{N_{0\mathrm{H}}}(X_{N_{0\mathrm{H}}})] \\
&= \exp\left(-\Big[\sum_{i=1}^{N_{0\mathrm{H}}} (-\ln x_i)^{1/(1-\theta)}\Big]\right)^{1-\theta} \\
&= [1 - R_{\mathrm{HBSM}}(t)]^{N_{0\mathrm{H}}^{1-\theta}} = (1 - e^{-\lambda_{\mathrm{H}} t})^{N_{0\mathrm{H}}^{1-\theta}}
\end{aligned}
\qquad (9-19)
$$

同理，混合 MMC 全桥阀段的不可靠性函数如式（9-20）所示

$$U_{\mathrm{F}}(t) = (1 - e^{-\lambda_{\mathrm{F}} t})^{N_{0\mathrm{F}}^{1-\theta}} \qquad (9-20)$$

式（9-19）、式（9-20）中，θ 代表相关程度，$\theta=0$ 代表各个冗余子模块相互独立，$\theta=1$ 代表各个冗余子模块趋于完全相关。在以上模型中假设：系统各个组件只有正常和失效两个状态子系统的可靠性随冗余数目增加而增加，即可靠性是冗余数目的增函数。

所以，半全混合 MMC 可靠性函数为

$$R(t) = 1 - C^2 [U_{\mathrm{H}}(t), U_{\mathrm{F}}(t)] \qquad (9-21)$$

9.2.3 考虑子模块相关性时的可靠性

半全混合 MMC 所有子模块的可靠性分析需建立在未考虑冗余和只考虑冗余的基础上。由图 9-1 可知，在某些情况下混合 MMC 中全桥的冗余子模块可以替代半桥子模块使用。假设混合 MMC 共有 $(N_{\mathrm{H}} + N_{0\mathrm{H}})$ 个半桥子模块与 $(N_{\mathrm{F}} + N_{0\mathrm{F}})$ 个全桥子模块串联形成，其中 $N = N_{\mathrm{H}} + N_{\mathrm{F}}$；$N_0 = N_{0\mathrm{H}} + N_{0\mathrm{F}}$，$N_{\mathrm{H}}$ 为正常工作时需要半桥子模块初始个数，$N_{0\mathrm{H}}$ 为半桥冗余子模块个数，N_{F} 为正常工作的需要全桥子模块初始个数，$N_{0\mathrm{F}}$ 为全桥冗余子模块个数，混合 MMC 串联系统的示意图如图 9-5 所示。

混合 MMC 的可靠性计算应包括两部分：

（1）不考虑全桥与半桥子模块之间的替换。以半全混合 MMC 半桥阀段为例：考虑各子模块间相关性时，设第 M_1 次从 $N_{\mathrm{H}} + N_{0\mathrm{H}}$ 个子模块中选取 j

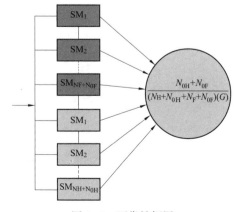

图 9-5　可靠性框图

个子模块正常工作，其中 $M_1=1$，2，$\cdots$，$C_{N_H+N_{OH}}$ 从 X_1，X_2，$\cdots$，$X_{N_H+N_{OH}}$ 中选取的 j 个子模块重新排序为新的随机变量组 $X_{M_1}^1$，$X_{M_1}^2$，$\cdots$，$X_{M_1}^j$，其余的子模块组成的随机变量为：$X_{m_1}^1$，$X_{m_1}^2$，$\cdots$，$X_{m_1}^{N_H+N_{OH}-j}$，则第 M_1 次取 j 个 HBSM 正常时混合 MMC 可靠性函数如式（9-22）所示

$$R_{M_1}^j(t) = P\begin{Bmatrix} \min\{X_{M_1}^1,\ X_{M_1}^2,\ \cdots,\ X_{M_1}^j\} > t, \\ \max\{X_{m_1}^1,\ X_{m_1}^2,\ \cdots,\ X_{m_1}^{N_H+N_{OH}-j}\} \leqslant t \end{Bmatrix}$$

$$= P\{\max\{X_{m_1}^1,\ X_{m_1}^2,\ \cdots,\ X_{m_1}^{N_H+N_{OH}-j}\} \leqslant t\}$$

$$- P\begin{Bmatrix} \min\{X_{M_1}^1,\ X_{M_1}^2,\ \cdots,\ X_{M_1}^j\} \leqslant t, \\ \max\{X_{m_1}^1,\ X_{m_1}^2,\ \cdots,\ X_{m_1}^{N_H+N_{OH}-j}\} \leqslant t \end{Bmatrix} \tag{9-22}$$

根据 Sklar 定理，可以将后一项看作两个分布函数即 $P\{\min\{X_{M_1}^1,\ X_{M_1}^2,\ \cdots,\ X_{M_1}^j\} \leqslant t\}$ 和 $P\{\max(X_{m_1}^1,\ X_{m_1}^2,\ \cdots,\ X_{m_1}^{N_H+N_{OH}-j}) \leqslant t\}$ 组成的 Copula 函数。半桥阀段的可靠性为

$$R_{1H}(t) = \sum_{j=N_H}^{N_H+N_{OH}} \left[C_{N_H+N_{OH}}^j R_{M_1}^j(t) \right] = \sum_{j=N_H}^{N_H+N_{OH}} \{ C_{N_H+N_{OH}}^j [\alpha - C(\alpha,\ \beta)] \}$$

$$= \sum_{j=N_H}^{N_H+N_{OH}} \{ C_{N_H+N_{OH}}^j [\gamma - C(\gamma,\ \eta)] \} \tag{9-23}$$

其中

$$\alpha = C^{N_H+N_{OH}-j} \left[F_1(X_{m_1}^1),\ F_2(X_{m_1}^2),\ \cdots,\ F_{N_H+N_{OH}-j}(X_{m_1}^{N_H+N_{OH}-j}) \right]$$

$$\beta = 1 - \sum_{p=0}^j \mathrm{sgn}(F_{M_1}) C^j(F_{M_1}) C_j^p$$

$$\gamma = (1 - \mathrm{e}^{-\lambda_H t})^{(N_H+N_{OH}-j)^\theta}$$

$$\eta = 1 - \sum_{p=0}^j \mathrm{sgn}(F_M) (1 - \mathrm{e}^{-\lambda_H t})^{p^\theta} C_j^p$$

同理，考虑各子模块间相关性时，设第 M_2 次从 N_F+N_{OF} 个子模块中选取 i 个子模块正常工作，则全桥阀段的可靠性为

$$R_{1F}(t) = \sum_{i=N_F}^{N_F+N_{OF}} \{ C_{N_F+N_{OF}}^i [R_{M_2}^i(t)] \} = \sum_{i=N_F}^{N_F+N_{OF}} \{ C_{N_F+N_{OF}}^i [\lambda - C(\lambda,\ \mu)] \}$$

$$= \sum_{i=N_F}^{N_F+N_{OF}} \{ C_{N_F+N_{OF}}^i [\xi - C(\xi,\ \omega)] \} \tag{9-24}$$

其中

$$\lambda = C^{N_F+N_{OF}-i} \left[F_1(X_{m_2}^1),\ F_2(X_{m_2}^2),\ \cdots,\ F_{N_F+N_{OF}-i}(X_{m_2}^{N_F+N_{OF}-i}) \right]$$

$$\mu = 1 - \sum_{p=0}^i \mathrm{sgn}(F_{M_2}) C^i(F_{M_2}) C_i^p$$

$$\xi = (1 - \mathrm{e}^{-\lambda_F t})^{(N_F+N_{OF}-i)^\theta}$$

$$\omega = 1 - \sum_{p=0}^i \mathrm{sgn}(F_{M_2}) (1 - \mathrm{e}^{-\lambda_F t})^{p^\theta} C_i^p$$

则混合 MMC 可靠性为

$$R_1(t) = C^2 [R_{1H}(t),\ R_{1F}(t)] \tag{9-25}$$

（2）当半桥子模块冗余数目不足时，考虑全桥子模块替换半桥子模块使用，此时混合

MMC 可靠性如式（9-26）所示

$$R_2(t) = \sum_{j=N_H-N_{0F}}^{N_H-1} \left\{ \sum_{i=N_F+N_H-j}^{N_F+N_{0F}} C^2 \left[C_{N_H+N_{0H}}^j R_{M_1}^j(t), \; C_{N_F+N_{0F}}^i R_{M_2}^i(t) \right] \right\} \quad (9-26)$$

此时，半全混合 MMC 的可靠性应为两部分可靠性之和，即

$$R(t) = R_1(t) + R_2(t) \quad (9-27)$$

9.2.4 算例分析

本节假设半全混合 MMC 子模块，全桥子模块个数 $N_H = 20$，$N_F = 20$ 和冗余子模块个数 $N_{0H} = 2$、$N_{0F} = 2$，相关程度 θ 取 $0 \sim 0.2$，使用年数 t 取 $0 \sim 50$。将上述参数代入公式可得随使用年数 t 和相关程度 θ 变化可靠性 $R(t)$ 曲线与数据如图 9-6 和表 9-2 所示。

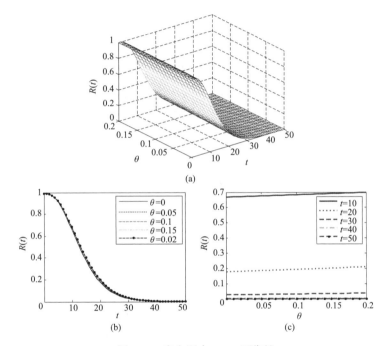

图 9-6　半全混合 MMC 可靠性

（a）半全混合 MMC 可靠性曲面；（b）随 t 变化；（c）随 θ 变化

表 9-2　　　　　　　　　　　　　　　　半全混合 MMC 可靠性

t	相关程度 θ				
	$\theta = 0$	$\theta = 0.05$	$\theta = 0.1$	$\theta = 0.15$	$\theta = 0.2$
10	0.669	0.675	0.681	0.687	0.693
20	0.179	0.185	0.191	0.197	0.204
30	0.028	0.030	0.032	0.033	0.036
40	0.003	0.004	0.004	0.004	0.005
50	0.000	0.000	0.000	0.000	0.001

由图 9-6 与表 9-2 所示数据可知，可靠性 $R(t)$ 随使用时间 t 与相关程度 θ 在（0，1）

范围内变化，其中，可靠性随使用年数 t 的增加呈明显下降趋势；随相关程度 θ 的增加，可靠性 R（t）略有增加，但相关程度 θ 对可靠性的影响并不显著。这是由于当子模块数目较少时，子模块之间的相互影响程度较小，此时使用年数 t 是引起可靠性 R（t）变化的主要原因。

9.3 相关性坐标变换解耦的可靠性建模

由于基于 Copula 函数的混合 MMC 可靠性分析中子模块间相关性存在耦合关系，算法较为复杂，在子模块数目较多时，程序循环次数呈指数级上升，运行时间大大增加，部分可靠性计算结果溢出。因此，基于 Copula 函数的混合 MMC 可靠性分析不适用于处理超高电压、有大量子模块串联的 MMC 的可靠性分析当中。本节将提出子模块相关性坐标变换解耦的混合 MMC 可靠性建模方法。在分析半桥和全桥 MMC 可靠性的基础上，重点分析半、全混合 MMC 可靠性[13]。

9.3.1 半桥和全桥 MMC 坐标变换与可靠性分析

本节采取基于 Copula 理论的广义随机空间坐标变换的方式将子模块存在相关性的情况变换成子模块间相互独立的情况，其二维坐标变换示意图如图 9-7 所示。

在初始坐标系 X_1，X_2 下，图中的数据散点呈现弱相关性，通过坐标变换，将 X_1，X_2 坐标系下存在相关性的散点图变换为 X_1^{T}，X_2^{T} 坐标系下相互独立的数据散点，图中 θ_{12} 与变量间的相关程度有关。变量间相关程度越小，θ_{12} 的取值越大。

全桥 MMC 子模块类型均为 HBSM，假设每个桥臂由 $N = N_{\mathrm{H}} + N_{0\mathrm{H}}$ 个初始子模块串联形成，第 i 个子模块的寿命为 X_i，$i = 1$，2，$\cdots$，N，假设各个子模块之间是相互独立的，则在 t 时刻，桥臂串联系统可靠性如式（9-28）所示

$$R_{\mathrm{s}}(t) = P(X_1 > t,\ X_2 > t,\ \cdots,\ X_N > t) = \prod_{i=1}^{N} P(X_i > t) = \prod_{i=1}^{N} R_{\mathrm{H}i} \tag{9-28}$$

在 MMC 子模块可靠性建模中，如果各个子模块之间存在相关性，桥臂串联系统的可靠性需要考虑多个子模块之间的关联。桥臂串联系统的示意图如图 9-8 所示。

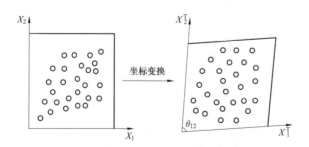
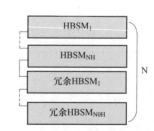

图 9-7　坐标变换前后二维变量散点图　　　　图 9-8　N 个半桥子模块串联系统

通过子模块边缘可靠性分布和 Copula 函数，得到联合分布，用于描述桥臂串联系统的可靠性如式（9-29）所示

$$R_{\mathrm{s}}(t) = P(X_1 > t,\ X_2 > t,\ \cdots,\ X_N > t)$$

$$= 1 - \sum_{i=1}^{N} P\{X_i \le t\} + \sum_{1 \le i < j \le N} P\{X_i \le t, \ X_j \le t\} +$$

$$(-1)^k \sum_{1 \le i_1 < i_2 < i_k \le N} P\{X_{i1} \le t, \ X_{i2} \le t, \ \cdots, \ X_{ik} \le t\} + \cdots +$$

$$(-1)^N P\{X_1 \le t, \ X_2 \le t, \ \cdots, \ X_N \le t\} \tag{9-29}$$

Copula 理论中 N 维 Copula 函数为

$$C^N[F_1(X_1), \ F_2(X_2), \ \cdots, \ F_n(X_N)] = P\{X_1 \le t, \ X_2 \le t, \ \cdots, \ X_N \le t\} \tag{9-30}$$

将式 (9-30) 代入式 (9-29)，且考虑 HBSM 的分布为同分布，得到桥臂串联系统的可靠性如式 (9-31) 所示

$$R_s(t) = P(X_1 > t, \ X_2 > t, \ \cdots, \ X_N > t)$$

$$= 1 - \sum_{i=1}^{N} F_i(X_i) + \sum_{1 \le i < j \le N} C[F_i(X_i), \ F_j(X_j)] + \cdots$$

$$+ (-1)^k \sum_{1 \le i_1 < i_2 < i_p \le N} C[F_i(X_{i1}), \ F_{i2}(X_{i2}), \ \cdots, \ F_{ip}(X_{ip})] + \cdots$$

$$+ (-1)^N C^N[F_1(X_1), \ F_2(X_2), \ \cdots, \ F_N(X_N)]$$

$$= \sum_{p=0}^{N} (-1)^p C^p(F) C_N^p \tag{9-31}$$

在 MMC 子模块失效背景下，此 Copula 也称为失效分布 Copula。另外，考虑每个子模块有效的相关性，Copula 函数的 N 维边缘概率分布选取每个子模块的可靠性分布，这种 Copula 函数称为存活 Copula[14]，如式 (9-32) 所示

$$R_s(t) = P(X_1 > t, \ X_2 > t, \ \cdots, \ X_N > t) = F[R_{X1}(t), \ R_{X2}(t), \ \cdots, \ R_{XN}(t)]$$

$$= \hat{C}^N[R_{X1}(t), \ R_{X2}(t), \ \cdots, \ R_{XN}(t)] \tag{9-32}$$

式中，$\hat{C}^N$ 表示存活 Copula 函数。

因为用存活 Copula 函数表述的桥臂串联系统可靠性 $R_s(t)$ 可直接通过子模块的可靠性分布得到，且存活 Copula 函数的生成元与子模块可靠性同为指数分布，表述简洁，计算方便。因此，本节选取存活 Copula 来表征桥臂子模块的联合概率密度。

根据 Gumbel 型 Copula 函数的表达式，将式 (9-32) 改写为

$$\hat{C}^N[R_{X1}(t), \ R_{X2}(t), \ \cdots, \ R_{XN}(t)]$$

$$= \exp\{-[(-\ln R_{X1}(t))^{1/1-\theta} + (-\ln R_{X2}(t))^{1/1-\theta} + \cdots + (-\ln R_{XN}(t))^{1/1-\theta}]^{1-\theta}\}$$

$$= \exp\{-(\lambda_H t) \times N^{1-\theta}\} \tag{9-33}$$

Copula 变换前后，桥臂串联系统的可靠性保持不变。其过程如式 (9-34) 所示

$$R_s(t) = P(X_1 > t, \ X_2 > t, \ \cdots, \ X_N > t)$$

$$= \hat{C}^N_{1/(1-\theta)}[R_{X_1}(t), \ R_{X_2}(t), \ \cdots, \ R_{X_N}(t)]$$

$$= \exp\{-(\lambda_H t) \times N^{1-\theta}\} = \prod_{i=1}^{N} R_{H}^{T} i(t) \tag{9-34}$$

式中，$R_{Hi}^{T}(t)$ 为 Copula 坐标变换解耦后的子模块可靠性，在 H-MMC 中，子模块可靠性的表达式相同。其计算式如式 (9-35) 所示

$$R_H^T(t) = \sqrt[N]{R_s(t)} = \sqrt[N]{\hat{C}(R_{X_1(t)}, \ R_{X_2(t)}, \ \cdots, \ R_{X_{N(t)}})}$$

$$= \sqrt[N]{\exp\{-\lambda_H t \times N^{1-\theta}\}} \tag{9-35}$$

当 MMC 桥臂子模块之间存在相关性时，基于 Copula 理论，遵循桥臂串联子模块可靠性不变的原则，上式给出了一种计算子模块坐标变换解耦后的子模块可靠性的计算公式。特别地，当 N 个子模块间不存在相关性时，即 $\theta=0$，式（9-35）可化简为

$$R_H^T(t) = e^{-\lambda_H \times t} \tag{9-36}$$

通过式（9-35）与式（9-36）的对比发现，当子模块间相互独立时，坐标变换前后的子模块可靠性函数相同，即子模块相互独立仅为考虑子模块之间相关性时的一种特例。

假设有 $N=N_H+N_{0H}$ 个子模块，其中 N_H 为桥臂正常工作的需要半桥子模块个数，N_{0H} 为半桥冗余子模块个数，在冗余子模块为热备用方式下，MMC 稳态运行时，备用子模块同其他子模块一样投入运行[15]，任一时刻正常工作的子模块数量不小于 N_H 时，该桥臂可正常工作，当故障子模块数量大于 N_{0H} 时，该桥臂故障。坐标变换解耦后，子模块之间相互独立，MMC 可靠性计算方法可利用 $N_H/(N_H+N_{0H})(G)$ 模型[1-2]得到，如式（9-37）所示

$$R(t) = \sum_{i_H=0}^{N_{0H}} C_{N_H+N_{0H}}^{i_H} [R_H^T(t)]^{N_H+N_{0H}-i_H} \times [1-R_H^T(t)]^{i_H} \tag{9-37}$$

式中，i_H 为半桥子模块的故障个数；N_H 为桥臂正常工作需要的半桥子模块个数；N_{0H} 为半桥冗余子模块个数。

F-MMC 子模块均为全桥，除故障率 λ 参数不同外，其坐标变换及可靠性公式同 H-MMC 一致，本节不再进行重复推导，直接给出 F-MMC 的坐标变换公式如式（9-38）所示

$$R_F^T(t) = \sqrt[N]{R_s(t)} = \sqrt[N]{\hat{C}[R_{X_1}(t), R_{X_2}(t), \cdots, R_{X_N}(t)]}$$
$$= \sqrt[N]{\exp\{-\lambda_F t \times N^{1-\theta}\}} \tag{9-38}$$

同理，F-MMC 可靠性公式如式（9-39）所示

$$R(t) = \sum_{i_F=0}^{N_{0F}} C_{N_F+N_{0F}}^{i_H} [R_F^T(t)]^{N_H+N_{0H}-i_F} \times [1-R_F^T(t)]^{i_F} \tag{9-39}$$

式中，i_F 为全桥子模块的故障个数；N_F 为桥臂正常工作的需要全桥子模块个数；N_{0F} 为全桥冗余子模块个数。

9.3.2 混合 MMC 坐标变换与可靠性分析

与单一类型子模块间相互替代关系不同的是，如图 9-1 所示，在某些情况下混合 MMC 中全桥的冗余子模块可以替代半桥子模块使用。假设每个桥臂共有 $N_1 = N_H+N_{0H}$ 个半桥子模块与 $N_2 = N_F+N_{0F}$ 个全桥子模块串联形成，其中 N_H 为桥臂正常工作时需要半桥子模块初始个数，N_{0H} 为半桥冗余子模块个数，N_F 为桥臂正常工作的需要全桥子模块初始个数，N_{0F} 为全桥冗余子模块个数，则桥臂串联系统的示意图如图 9-9 所示。

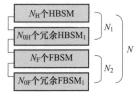

图 9-9 N_1 个半桥与 N_2 个全桥子模块串联系统

半全混合 MMC 桥臂串联系统的可靠性如式（9-40）所示

$$R_s(t) = P(X_{H1} > t, X_{H2} > t, \cdots, X_{HN1} > t, X_{F1} > t, X_{F2} > t, \cdots, X_{FN1} > t)$$

$$= \hat{C}[R_{X_{H1}}(t), R_{X_{H2}}(t), \cdots, R_{X_{HN1}}(t), R_{X_{F1}}(t), R_{X_{F2}}(t), \cdots, R_{X_{FN2}}(t)]$$

$$= \exp\{-[N_1 \times (\lambda_H t)^{1/(1-\theta)} + N_2 \times (\lambda_F t)^{1/(1-\theta)}]\}$$

$$= \prod_{i=1}^{N_1} R_{Hi}^T(t) \times \prod_{j=1}^{N_2} R_{Fj}^T(t) \tag{9-40}$$

在半全混合 MMC 子模块串联系统中，相同类型的半桥、全桥子模块，坐标变换前后子模块可靠性的表达式应相同，且两种类型子模块可靠性比值应保持不变，其方程组如式（9-41）所示

$$\begin{cases} R_{H1}^T(t) = R_{H2}^T(t) = \cdots = R_{HN1}^T(t) \\ R_{F1}^T(t) = R_{F2}^T(t) = \cdots = R_{FN2}^T(t) \\ \dfrac{R_F(t)}{R_H(t)} = \dfrac{R_F^T(t)}{R_H^T(t)} \end{cases} \tag{9-41}$$

联立式（9-40）与式（9-41），可以求解出坐标变换解耦后的子模块可靠性 R_H^T、R_F^T 如式（9-42）所示

$$\begin{cases} R_H^T(t) = N_1 + N_2 \sqrt{\dfrac{\exp\{-[N_1 \times (\lambda_H t)^{1/(1-\theta)} + N_2 \times (\lambda_F t)^{1/(1-\theta)}]^{1-\theta}\}}{\exp\{-(\lambda_F - \lambda_H)t \times N_2\}}} \\ R_F^T(t) = N_1 + N_2 \sqrt{\dfrac{\exp\{-[N_1 \times (\lambda_H t)^{1/(1-\theta)} + N_2 \times (\lambda_F t)^{1/(1-\theta)}]^{1-\theta}\}}{\exp\{-(\lambda_H - \lambda_F)t \times N_1\}}} \end{cases} \tag{9-42}$$

根据图 9-1 的半全混合 MMC 替换关系，坐标变换解耦后的子模块之间相互独立，可靠性计算应包括两部分

（1）当 $i_H \leq N_{0H}$，$i_F \leq N_{0F}$ 时，不考虑全桥与半桥子模块之间的替换，此时可靠性公式如式（9-43）所示

$$R_1(t) = \sum_{i_H=0}^{N_{0H}} \left\{ \sum_{i_F=0}^{N_{0F}} C_{N_H+N_{0H}}^{i_H} [1 - R_H^T(t)]^{i_H} R_H^T(t)^{N_H+N_{0H}-i_H} C_{N_F+N_{0F}}^{i_F} [1 - R_F^T(t)]^{i_F} R_F^T(t)^{N_F+N_{0F}-i_F} \right\}$$

$$\tag{9-43}$$

（2）当 $i_H > N_{0H}$，$i_F \leq N_{0H} + N_{0F} - i_H$ 时，在半桥子模块冗余数目不足时，考虑全桥子模块替换半桥子模块使用，此时可靠性公式如式（9-44）所示

$$R_2(t) = \sum_{i_H=N_{0H}+1}^{N_{0H}+N_{0F}} \left\{ \sum_{i_F=0}^{N_{0H}+N_{0F}-i_H} C_{N_H+N_{0H}}^{i_H} [1 - R_H^T(t)]^{i_H} R_H^T(t)^{N_H+N_{0H}-i_H} C_{N_F+N_{0F}}^{i_F} [1 - R_F^T(t)]^{i_F} R_F^T(t)^{N_F+N_{0F}-i_F} \right\}$$

$$\tag{9-44}$$

此时，半全混合 MMC 的可靠性应为两部分可靠性之和，即

$$R(t) = R_1(t) + R_2(t) \tag{9-45}$$

9.3.3 算例分析

本节假设混合 MMC 中初始模块配置 $N_H = 100$，$N_F = 100$，冗余模块个数 $N_{0H} = 10$，$N_{0F} = 10$，相关程度 θ 取 $0 \sim 0.2$，使用年数 t 取 $0 \sim 50$。

由公式可知，在给定子模块个数 N_H，N_F 和冗余模块个数 N_{0H}、N_{0F}，子模块故障率 λ_H、λ_F，相关程度 θ 和使用年数 t 情况下，代入公式即可求出坐标变换解耦后的半桥，全桥子模块可靠性 $R_H^T(t)$、$R_F^T(t)$ 和半全混合 MMC 可靠性 $R(t)$。其中，半全混合 MMC 的坐标变换曲线和表格如图 9-10 和表 9-3 所示。

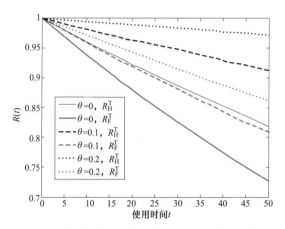

图 9-10   半全混合 MMC 坐标变换后子模块可靠性

表 9-3   半全混合 MMC 中子模块可靠性数据

相关程度		SM 种类	使用年数 t				
			$t=10$	$t=20$	$t=30$	$t=40$	$t=50$
坐标变换前		R_H	0.939	0.882	0.828	0.777	0.730
		R_F	0.917	0.840	0.770	0.706	0.647
坐标变换后	$\theta=0$	R_H^T	0.939	0.882	0.828	0.777	0.730
		R_F^T	0.917	0.840	0.770	0.706	0.647
	$\theta=0.1$	R_H^T	0.969	0.938	0.909	0.881	0.853
		R_F^T	0.946	0.894	0.846	0.800	0.757
	$\theta=0.2$	R_H^T	0.987	0.973	0.960	0.947	0.934
		R_F^T	0.963	0.928	0.893	0.860	0.829

由图 9-10 和表 9-3 可知，对于半全混合 MMC 中 HBSM 和 FBSM 的可靠性，坐标变换均为非线性变换，坐标变换后的子模块可靠性随使用年数近似符合指数分布。特别地，$\theta=0$ 时，即子模块相互独立时坐标变换前后可靠性保持不变。说明子模块相互独立仅是子模块存在相关程度时的一种特殊情况。同时，相关程度 θ 的取值越大，坐标变换前后的子模块可靠性的差值越大，这符合 Copula 变换的尾部相关性原理，验证了该变换的合理性。

将坐标变换解耦后的两种子模块可靠性代入公式，得到可靠性随使用年数 t 和相关程度 θ 变化曲线与数据如图 9-11 和表 9-4 所示。

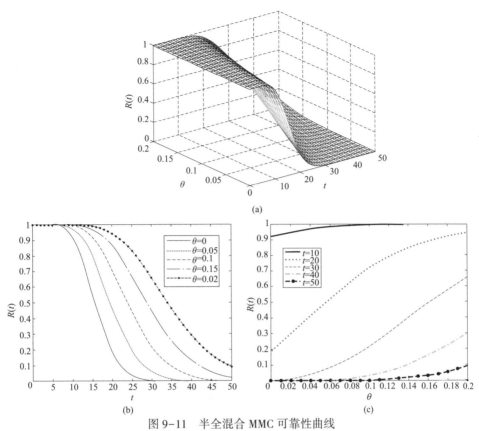

图 9-11 半全混合 MMC 可靠性曲线

（a）半全混合 MMC 可靠性曲线；（b）随 t 变化；（c）随 θ 变化

表 9-4 半全混合 MMC 可靠性数据

t	相关程度 θ				
	$\theta = 0$	$\theta = 0.05$	$\theta = 0.1$	$\theta = 0.15$	$\theta = 0.2$
10	0.673	0.880	0.963	0.990	0.997
20	0.009	0.107	0.364	0.639	0.827
30	0.000	0.001	0.025	0.148	0.365
40	0.000	0.000	0.000	0.014	0.084
50	0.000	0.000	0.000	0.001	0.012

由图 9-11 和表 9-4 中数据可知，混合 MMC 可靠性 $R(t)$ 随使用年数 t 的增多而减小，随子模块间的相关程度的增大而增大。在子模块数目较多时，使用年数 t 对可靠性 $R(t)$ 影响十分显著，而相关程度 θ 对可靠性 $R(t)$ 的影响也不容忽视，这是由于子模块之间的相互影响程度随子模块数目增多也逐渐增大。

因此，在对 MMC 进行可靠性分析和冗余子模块配置时，应当考虑使用时间和模块相关性程度对可靠性的影响，否则将会带来误差。

9.4 等微增率子模块冗余配置方法

在进行混合 MMC 的冗余配置方案分析时，需要基于混合 MMC 可靠性计算结果。本章在混合 MMC 可靠性基础上，对成本和可靠性两种约束条件下的冗余配置问题分别展开讨论。提出一种具有工程实际意义的等微增率子模块冗余配置方法[16]。

9.4.1 等可靠性微增率子模块冗余配置方法

经典的等耗量微增率准则公式如（9-46）所示，在满足约束条件的前提下，它表示为使总耗量最小，应按相等的耗量微增率在发电设备或发电厂之间分配负荷。

$$\frac{\partial F(P_{G1})}{\partial P_{G1}} = \frac{\partial F(P_{G1})}{\partial P_{G1}} = \cdots = \frac{\partial F(P_{Gn})}{\partial P_{Gn}} = \lambda$$

$$\sum_{i=1}^{n} P_{Gi} - \sum_{i=1}^{n} P_{Li} = 0 \tag{9-46}$$

混合 MMC 中成本约束条件如（9-47）所示

$$P1 \cdot N_{OH} + P_2 \cdot N_{OF} \leqslant P_g \tag{9-47}$$

式中，P_1（P_2）表示每个半桥（全桥）子模块的成本；P_g 表示给定的成本约束条件。

目标函数是求取 $R(t)$ 在对应不同的冗余子模块数目 N_{OH} 和 N_{OF} 时的极大值。该问题可通过构造拉格朗日函数求解。如式（9-48）所示，令其一阶偏导数等于零，由此求得的 (N_{OH}, N_{OF}) 就是函数 $R(t)$ 在该约束条件下的极值点

$$C_1 = R(t) - \lambda_P \cdot (P_1 \cdot N_{OH} + P_2 \cdot N_{OF} - P_g) \tag{9-48}$$

令拉格朗日函数对各变量的一阶导数等于 0，可得式（9-49）

$$\begin{cases} \dfrac{\partial C_1}{\partial N_{OH}} = \dfrac{\partial R(t)}{\partial N_{OH}} - P_1 \cdot \lambda_{P1} = 0 \\[3mm] \dfrac{\partial C_1}{\partial N_{OF}} = \dfrac{\partial R(t)}{\partial N_{OF}} - P_2 \cdot \lambda_{P2} = 0 \\[3mm] \dfrac{\partial C_1}{\partial \lambda_P} = P_1 \cdot N_{OH} + P_2 \cdot N_{OF} - P_g = 0 \end{cases} \tag{9-49}$$

式中，$\dfrac{\partial R(t)}{\partial N_{OH}}$、$\dfrac{\partial R(t)}{\partial N_{OF}}$ 表征 $R(t)$ 随 N_{OH} 和 N_{OF} 的微增率。由于 N_{OH} 和 N_{OF} 的取值范围为正整数，属于离散数据，因此 $R(t)$ 的函数值也不是连续的。为了描述可靠性 $R(t)$ 随 N_{OH} 和 N_{OF} 的微增率，利用 $R(t)$ 的一阶差分近似表示可靠性对 N_{OH} 和 N_{OF} 的微增率。

考虑到冗余子模块的数目应为正整数，因此本节计算 $R(t)$ 的一阶向后差分，N_{OH} 和 N_{OF} 的一阶差分矩阵分别为 D_H 和 D_F，如式（9-50）所示

$$D_H(i, j) = R(t) \big|_{N_{OH}=i+1, N_{OF}=j} - R(t) \big|_{N_{OH}=i, N_{OF}=j}$$

$$D_F(i, j) = R(t) \big|_{N_{OH}=i, N_{OF}=j+1} - R(t) \big|_{N_{OH}=i, N_{OF}=j} \tag{9-50}$$

将式（9-50）代入式（9-49），并将 $R(t)$ 的一阶差分近似表示可靠性对 N_{OH} 和 N_{OF} 的一阶偏导数，式（9-49）化简后如式（9-51）所示

$$\begin{cases} \dfrac{\partial C_1}{\partial N_{0H}} = D_H - P_1 \cdot \lambda_{P1} = 0 \\[3mm] \dfrac{\partial C_1}{\partial N_{0F}} = D_F - P_2 \cdot \lambda_{P2} = 0 \\[3mm] \dfrac{\partial C_1}{\partial \lambda_P} = P_1 \cdot N_{0H} + P_2 \cdot N_{0F} - P_g = 0 \end{cases} \tag{9-51}$$

式 (9-51) 即为等微增率方法在子模块成本约束条件下的表达式。其具体含义为：在子模块成本约束条件下，为了使混合 MMC 的可靠性最大，应按照相等的可靠性微增率 $\lambda = \lambda_{P1} = \lambda_{P2}$ 的方法来配置两种子模块的冗余数目 N_{0H} 和 N_{0F}，直到达到子模块成本约束条件的上限为止。

其中，λ_{P1} 与 λ_{P2} 的物理意义为：两者分别反映在混合 MMC 中配置半桥和全桥冗余子模块数目时，每个新增子模块的成本对可靠性的提升作用大小。显然，通过时刻比较 λ_{P1} 和 λ_{P2} 的大小关系，确定较大者所代表的子模块类型来配置冗余子模块，即可在满足子模块成本约束条件下 MMC 可靠性最高的目标。

9.4.2 算例分析

在讨论子模块成本约束条件时，可根据各型号元件的成本计算子模块的整体成本后再进行分析。本节为简化算例分析，近似认为子模块的成本由其核心器件 IGBT 模块与电容组模块决定，且电容组模块与 IGBT 模块的成本近似一致，即一个电容组模块的成本可等效为一个 IGBT 模块成本。因此一个 HBSM（FBSM）的成本可等效为 3 个（5 个）IGBT 模块的成本。子模块成本约束条件以 IGBT 模块成本为单位，如式 (9-52) 所示

$$3N_{0H} + 5N_{0F} = P_i \tag{9-52}$$

式中，P_i 物理意义为成本约束条件下等效后的以 IGBT 模块数目为成本的约束条件。

本节取 $P_i = 80$，即冗余子模块的成本不大于 80 个 IGBT 模块成本。取使用年数 $t = 8$，代入式 (9-52)，构造的拉格朗日函数如式 (9-53) 所示

$$C_1 = R(t) - \lambda_P(3N_{0H} + 5N_{0F} - 80) \tag{9-53}$$

令拉格朗日函数对各变量的一阶偏导等于 0，并用可靠性 $R(t)$ 差分代替微增率，化简结果如式 (9-54) 所示

$$\begin{cases} \lambda_{P1} = \dfrac{1}{3} \times \dfrac{\partial R(t)}{\partial N_{0H}} = \dfrac{1}{3}D_H \\[3mm] \lambda_{P2} = \dfrac{1}{5} \times \dfrac{\partial R(t)}{\partial N_{0F}} = \dfrac{1}{5}D_F \\[3mm] 3N_{0H} + 5N_{0F} - 80 = 0 \end{cases} \tag{9-54}$$

做出 λ_{P1} 随 N_{0H} 和 N_{0F} 的变化曲线和数据表格如图 9-12、表 9-5 所示。

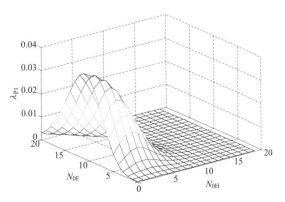

图 9-12　λ_{P1} 随 N_{0H} 和 N_{0F} 的变化曲线

表 9-5 λ_{P1} 随 N_{0H} 和 N_{0F} 的变化曲线

N_{0F}	N_{0H}				
	1	2	3	4	5
1	0.000	0.000	0.000	0.000	0.000
2	0.001	0.001	0.002	0.002	0.001
3	0.003	0.004	0.004	0.004	0.003
4	0.006	0.008	0.009	0.008	0.007
5	0.011	0.014	0.015	0.014	0.011

由图 9-12 和表 9-5 可知，λ_{P1} 随 N_{0H} 和 N_{0F} 的变化都是非线性的，λ_{P1} 的物理意义为在半全混合 MMC 中配置半桥冗余子模块 N_{0H} 时，每个新增 IGBT 元件对可靠性的贡献大小。对应不同的 N_{0F}，λ_{P1} 随 N_{0H} 的增大而减小并逐渐趋向于 0。这说明在 $N_{\text{0H}}=0$ 时，配置冗余 HBSM 对 MMC 可靠性提升作用明显。随着冗余 HBSM 数目 N_{0H} 的增加，配置冗余 HBSM 对 MMC 可靠性提升作用逐渐降低，并且 N_{0H} 的设置具有临界值 N_{0Hm}。当超过此临界值时，λ_{P1} 的数值趋向于 0，此时，再继续配备 N_{0H}，对可靠性 R（t）提升作用很小，反而会造成子模块成本的增加。在本例中，$N_{\text{0Hm}}=10$。

同时，λ_{P1} 的大小受冗余 FBSM 数目 N_{0F} 的影响。在半桥冗余子模块数目 $N_{\text{0H}}=0$，全桥冗余子模块数目 $N_{\text{0F}}=11\sim15$ 时，λ_{P1} 的数值达到最大。表明此时配备冗余 HBSM 的数目 N_{0H} 对 MMC 可靠性的提升作用最显著。

同理，作出 λ_{P2} 随 N_{0H} 和 N_{0F} 的变化曲线和数据表格如图 9-13、表 9-6 所示。

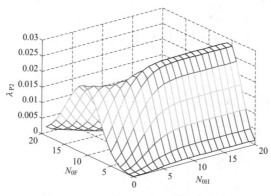

图 9-13 λ_{P2} 随 N_{0H} 和 N_{0F} 的变化曲线

表 9-6 λ_{P2} 随 N_{0H} 和 N_{0F} 的变化曲线

N_{0F}	N_{0H}				
	1	2	3	4	5
1	0.000	0.001	0.001	0.002	0.003
2	0.001	0.002	0.003	0.005	0.007
3	0.002	0.004	0.007	0.010	0.012
4	0.004	0.008	0.011	0.015	0.018
5	0.008	0.012	0.016	0.020	0.023

由图 9-13 和表 9-6 可知，λ_{P2} 反映了半全混合 MMC 配置全桥冗余子模块数目 N_{0F} 时，每个新增 IGBT 元件对可靠性的贡献大小。λ_{P2} 随 N_{0F} 的增加先增大后减小并趋向于 0，与 λ_{P1} 的趋势有所不同。对应不同的 N_{0H}，配备全桥冗余子模块数目 N_{0F} 对可靠性提升均有显著作用，这是由于在半全混合 MMC 中 HBSM 和 FBSM 的替换关系所导致的。

λ_{P1}、λ_{P2} 反映了配置两种类型的冗余子模块时，每个新增的 IGBT 元件对可靠性的提升作用大小。因此，为方便比较 λ_{P1}、λ_{P2} 的大小关系，做出 $\Delta\lambda = \lambda_{P2} - \lambda_{P1}$ 随 N_{0H} 和 N_{0F} 的变化曲线如图 9-14 所示，部分数据列于表 9-7 中。

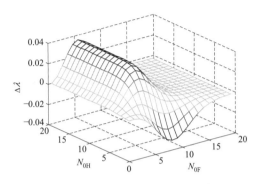

图 9-14　$\Delta\lambda$ 随 N_{0H} 和 N_{0F} 的变化曲线

表 9-7　　　　　　　　　　　　　　　$\Delta\lambda$ 随 N_{0H} 和 N_{0F} 的变化曲线

N_{0F}	N_{0H}				
	1	2	3	4	5
1	0.0001	0.0004	0.0009	0.0016	0.0024
2	0.0000	0.0006	0.0018	0.0035	0.0053
3	-0.0004	0.0005	0.0025	0.0054	0.0087
4	-0.0016	-0.0005	0.0023	0.0066	0.0113
5	-0.0035	-0.0025	0.0009	0.0062	0.0122

由图 9-14 和表 9-7 可知，比较 $\Delta\lambda$ 与 0 的大小关系即可确定基于等可靠性微增率准则的半全混合 MMC 最优冗余配置方案。当 $\Delta\lambda > 0$，即 $\lambda_{P2} < \lambda_{P1}$ 时，优先配置全桥冗余子模块 N_{0F}，当 $\Delta\lambda < 0$，即 $\lambda_{P1} > \lambda_{P2}$ 时，优先配置半桥冗余子模块 N_{0H}。如在 $N_{0H} = 1$、$N_{0F} = 3$ 时，$\Delta\lambda = -0.0004 < 0$，则接下来应增加冗余 HBSM 数量使 $N_{0H} = 2$。而在 $N_{0H} = 2$、$N_{0F} = 3$ 时，$\Delta\lambda = 0.0005 > 0$，则接下来应增加冗余 FBSM 数量使 $N_{0F} = 4$。以此类推，直至达到 IGBT 成本约束条件。

在成本约束条件为 80 个 IGBT 模块成本时，基于等微增率原则，得到的子模块冗余配置结果为 $N_{0H} = 6$ 和 $N_{0F} = 12$，此时 MMC 可靠性为 0.9289。然而，假设按照两种子模块数目相等原则的配置冗余模块，此时 $N_{0H} = 10$，$N_{0F} = 10$（连同电容模块等效使用 80 个 IGBT 模块），此时 MMC 的可靠性仅为 0.8754。因此，基于等微增率准则的冗余配置方法较平均配置原则的可靠性可提高 5.35%。

9.4.3 等成本微增率子模块冗余配置方法

在实际工程中，由于机械零件或电力电子元件存在损耗特性，元件的可靠性会随使用时间的增长而降低。为了保证系统长时间安全、稳定运行，通常会对系统的使用年限和可靠性提出要求。例如，假设要求半全混合 MMC 在投入直流工程运行 t_G 年后，换流器可靠性不低于某一给定值 R_G，这就要求配置的两种冗余模块的数目 N_{0H} 和 N_{0F} 在满足可靠性要求的同时，尽可能降低冗余子模块的成本。该问题同样可通过构造拉格朗日函数，按相等的微增率原则进行子模块冗余配置。

本节讨论的问题具体含义为：对应不同的子模块冗余数目 N_{0H} 和 N_{0F}，在满足可靠性 R_G 约束条件下，求取两种子模块成本的极小值。可靠性约束条件如式（9-55）所示

$$R(t_G) \geqslant R_G \tag{9-55}$$

目标函数是求取两种子模块成本的极小值，数学表述如式（9-56）所示

$$\min(P_1 \cdot N_{0H} + P_2 \cdot N_{0F}) \tag{9-56}$$

同样，可构造拉格朗日函数如式（9-57）所示

$$C_2 = P_1 \cdot N_{0H} + P_2 \cdot N_{0F} - \lambda_Q \cdot [R(t_G) - R_G] \tag{9-57}$$

令拉格朗日函数的一阶偏导等于 0，表达式如式（9-58）所示

$$\begin{cases} \dfrac{\partial C_2}{\partial N_{0H}} = P_1 - \lambda_{Q1} \cdot \dfrac{\partial R(t)}{\partial N_{0H}} = 0 \\[3mm] \dfrac{\partial C_2}{\partial N_{0F}} = P_2 - \lambda_{Q2} \cdot \dfrac{\partial R(t)}{\partial N_{0F}} = 0 \\[3mm] \dfrac{\partial C_2}{\partial \lambda_Q} = R(t_G) - R_G = 0 \end{cases} \tag{9-58}$$

利用一阶差分近似表示微增率化简后如式（9-59）所示

$$\begin{cases} \dfrac{\partial C_2}{\partial N_{0H}} = P_1 - \lambda_{Q1} \cdot D_H = 0 \\[3mm] \dfrac{\partial C_2}{\partial N_{0F}} = P_2 - \lambda_{Q2} \cdot D_F = 0 \\[3mm] \dfrac{\partial C_2}{\partial \lambda_Q} = R(t_G) - R_G = 0 \end{cases} \tag{9-59}$$

式（9-59）即为等微增率方法在可靠性约束条件下的应用情况。其具体含义为：在 MMC 可靠性约束条件下，为了使子模块成本最低，应按照相等的成本微增率 $\lambda = \lambda_{Q1} = \lambda_{Q2}$ 来配置两种子模块的冗余数目 N_{0H} 和 N_{0F}，直到达到可靠性约束条件的下限为止。

λ_{Q1} 和 λ_{Q2} 的物理意义为：两者分别反映在混合 MMC 中配置半桥和全桥冗余子模块数目时，每单位可靠性提升所需的成本高低。因此，时刻比较 λ_{Q1} 和 λ_{Q2} 的大小关系，并确定较小者所代表的子模块类型来配置冗余子模块，即可实现子模块成本最低的目标。

然而，考虑到再次求取 λ_{Q1} 和 λ_{Q2} 并比较两者的大小过程比较繁琐，可以对其进行简化。通过对比式（9-51）与式（9-59）可知，λ_{P1}、λ_{P2} 与 λ_{Q1}、λ_{Q2} 关系如式（9-60）所示

$$\lambda_{P1} = \frac{1}{\lambda_{Q1}}; \quad \lambda_{P2} = \frac{1}{\lambda_{Q1}} \tag{9-60}$$

综上所述，λ_{P1}、λ_{P2}、λ_{Q1}、λ_{Q2} 均为正数，λ_P 与 λ_Q 大小关系正好相反，本节介绍的等可靠性微增率冗余配置方案和本节介绍的等成本微增率冗余配置方案的实现方法相似，本节统一将其定义为等微增率冗余配置方案。

9.4.4 算例分析

本节取使用年数 $t=8$，可靠性要求 $R_G \geqslant 0.99$。构造拉格朗日函数并令一阶偏导等于 0，求得 λ_{Q1}、λ_{Q2} 的表达式如式（9-61）所示

$$\begin{cases} \lambda_{Q1} = 3 \Big/ \left(\dfrac{\partial R(t)}{\partial N_{0H}} \right) = 3/D_H \\[3mm] \lambda_{Q2} = 5 \Big/ \left(\dfrac{\partial R(t)}{\partial N_{0F}} \right) = 5/D_F \\[3mm] \dfrac{\partial C_2}{\partial \lambda_Q} = R(t_G) - R_G = 0 \end{cases} \tag{9-61}$$

求取 λ_{Q1} 和 λ_{Q2} 后，应时刻比较 λ_{Q1} 和 λ_{Q2} 数值的大小，并选择较小者反映的子模块类型来配置冗余子模块，以保证在可靠性约束前提下，半全混合 MMC 获得最经济冗余配置方案。由于 λ_Q 与 λ_P 互为倒数，在成本约束条件下和可靠性约束条件下，基于等微增率方法的半全混合 MMC 冗余配置的实现过程是相似的，直到满足各自的约束条件。

在可靠性约束条件下，观察图 9-15，比较 $\Delta\lambda$ 与 0 的大小关系，即可确定半全混合 MMC 的最优冗余配置方案。当 $\Delta\lambda > 0$，即 $\lambda_{P2} > \lambda_{P1}$ 时，优先增加全桥冗余子模块 N_{0F}，当 $\Delta\lambda < 0$，即 $\lambda_{P2} < \lambda_{P1}$ 时，优先增加全桥冗余子模块 N_{0H}。图 9-15 给出了在 $N_{0H} = 0$ 和 $N_{0F} = 0$ 时两种冗余子模块逐渐增加的配置过程，直至满足可靠性要求。

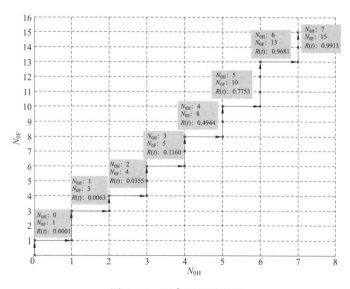

图 9-15　冗余配置过程图

由图 9-15 可知，基于等可靠性微增率准则冗余配置方案，在可靠性不小于 0.99 的要求下，当配置冗余子模块数目 $N_{0H} = 7$ 和 $N_{0F} = 15$ 时，可靠性为 0.9913，满足 R_G 可靠性的要求。

而按照两种冗余子模块数目相等原则来进行冗余配置时，为满足可靠性要求，需要配置冗余子模块 $N_{0H}=14$，$N_{0F}=14$，此时混合 MMC 可靠性为 0.9904。此时，在近似相同的可靠性数值下基于等微增的冗余配置方法较平均原则每个桥臂可节省 16 个 IGBT 模块的成本。

9.5 本章小结

本章提出了基于古典概型、子模块相关性直接耦合和坐标变换相关性解耦的三种混合 MMC 可靠性分析模型，利用拉格朗日函数提出了等微增率子模块冗余配置方法，并进行了算例验证，得到如下结论：

（1）基于 Copula 直接耦合和坐标变换解耦的两种混合 MMC 可靠性分析方法考虑了子模块的相关性，可以更准确地反映半全混合 MMC 的可靠性数据。同时，该建模方法对于任意拓扑子模块组成的混合 MMC 具备通用性。

（2）在成本为约束条件下，为了使混合 MMC 的可靠性最大，应按照相等的可靠性微增率来配置两种子模块的冗余数目。在该方案下，配置的全桥冗余子模块数目明显多于半桥。在满足可靠性的要求下，为了使混合 MMC 冗余子模块成本最低，也应按照相等的成本微增率来配置两种冗余子模块的数目。算例表明，该配置方案与成本约束条件下的冗余配置方案的实现方法相似。

（3）等微增率冗余配置方法对于混合 MMC 依然适用并且其对所使用的可靠性模型无特殊要求。

参 考 文 献

［1］王宝安，谭风雷，商姣. 模块化多电平换流器模块冗余优化配置方法［J］. 电力自动化设备，2015，35（01）：13-19.

［2］丁明，王京景，宋倩. 基于 k/n（G）模型的柔性直流输电系统换流阀可靠性建模与冗余性分析［J］. 电网技术，2008，32（21）：33-36.

［3］许建中，赵鹏豪，江伟，等. 具备直流故障穿越能力的混合 MMC 可靠性分析和冗余配置方法［J］. 中国电机工程学报，2016，36（4）：953-960.

［4］Xu J, Zhao P, Zhao C. Reliability analysis and redundancy configuration of MMC with hybrid sub-module topologies［J］. IEEE Transactions on Power Electronics, 2016, 31（4）：592-602.

［5］王秀丽，郭静丽，庞辉，等. 模块化多电平换流器的结构可靠性分析［J］. 中国电机工程学报，2016，36（7）：1908-1914.

［6］J. Guo, J. Liang, X. Zhang, P. D. Judge, X. Wang and T. C. Green. Reliability Analysis of MMCs Considering Submodule Designs with Individual or Series-Operated IGBTs［J］. IEEE Transactions on Power Delivery, 2016, 32（2）：666-667.

［7］K Chanki S Lee. Redundancy Determination of HVDC MMC Modules［J］. Electronics,

2015, 4 (3): 526-537

[8] 井皓，许建中，徐莹，等. 考虑子模块相关性的 MMC 可靠性分析方法 [J]. 中国电机工程学报，2017，37 (13): 3835-3842.

[9] Xu J, Jing H, Zhao C. Reliability Modeling of MMCs Considering Correlations of the Requisite and Redundant Submodules [J]. IEEE Transactions on Power Delivery, 2017, 33 (3): 1213-1222.

[10] 唐小松，李典庆，周创兵，等. 联合分布函数构造的 Copula 函数方法及结构可靠度分析 [J]. 工程力学，2013，30 (12): 9-17.

[11] 李玉敦，谢开贵，胡博. 多维时序风速相依模型及其在可靠性评估中的应用 [J]. 电网技术，2013，37 (3): 9-17.

[12] Chen F, Li F, Wei Z, et al. Reliability models of windfarms considering wind speed correlation and WTGoutage [J]. Electric Power Systems Research, 2015 (119): 385-391.

[13] Jianzhong Xu, Le Wang, Dongyi Wu, Hao Jing, Chengyong Zhao. Reliability Modeling and Redundancy Design of Hybrid MMC Considering Decoupled Sub-Module Correlation [J]. International Journal of Electrical Power and Energy Systems, 105 (2019) 690-698.

[14] 秦志龙，李文沅，熊小伏. 考虑风速相关性的发输电系统可靠性评估 [J]. 电力系统及其自动化，2013，37 (16): 49-48.

[15] 蔡德福，石东源，陈金富. 基于 Copula 理论的计及输入随机变量相关性的概率潮流计算 [J]. 电力系统保护与控制，2013，41 (20): 14-18.

[16] 许建中，王乐，井皓，等. 混合 MMC 等微增率子模块冗余配置方法 [J]. 中国电机工程学报，2018，38 (19): 5804-5811+5937.

第10章 具备局部自均压能力的双端口混合 MMC

传统 MMC 子模块电容间相互独立的特性决定了其对均压控制的依赖。具体而言，传统 MMC 需要依靠均压控制对流经子模块电容的能量和电荷进行平均分配[1]，实现对开关函数域进行筛选，进而保证电容电压波动指标在允许范围内。而传统 MMC 的均压控制要求在有限的控制周期内实时可靠地完成对大量子模块电容电压数据的采集、传输和排序计算，需要传感器、光纤通道和运算器的精密配合，从而对二次系统要求十分苛刻，经济性也较差。基于这一认识，本章将介绍两种基于新型子模块结构的 MMC 拓扑及其工作原理，并通过将两种子模块结合提出一种新型混合 MMC 结构及其阀控均压控制策略。

10.1 双半桥 MMC 拓扑

10.1.1 拓扑结构

开关组分列运行的双半桥子模块[2]（Double Half-Bridge Sub-module，D-HBSM）由两个反串联的 HBSM 经镜像变换而来，相当于使两个 HBSM 分列运行，一个 D-HBSM 内包含两个电容，保留了与两个 HBSM 相同的器件数量和电压输出能力，如图 10-1 所示。

设 U_C 为子模块单个电容额定电压，正常情况下，D-HBSM 可以输出 0、$+U_C$、$+2U_C$ 三种电平。值得注意的是，为了输出 $+U_C$ 电平，不应接入单个电容，而应通过开关导通配合使两电容 C_1 和 C_2 并联输出。在并联瞬间有 $U_{C1} = U_{C2}$，实现了子模块内部的电压自均衡功能，称之为局部自均压。

以半数的 D-HBSM 模块替代原有的全部半桥子模块，就可以将拓扑由传统的半桥 MMC 变为双半桥 MMC，新拓扑在保证同样的电平输出能力和直流电压输出能力的同时，使系统具备了局部自均压能力，减小了排序的计算复杂度，降低了对控制系统速度和精度的要求。

10.1.2 均压原理

D-HBSM 具备局部自均压能力，但是其仍属于单端口子模块，各子模块电容之间没有直接电气联系，故仍需借助排序方法来均衡子模块间电容电压。需要指出的是，一个 D-HBSM 内的两个电容处于参数相同的并联支路，充放电过程相同，其电压时刻保持近似相等，如图 10-2 所示。

因此，只需选取其中一个电容电压代表其所在子模块两个电容电压值参与排序，从而使排序数列长度减半。若采用经典的冒泡排序法，当子模块数较大时，D-HBSM 阀段排序计算量将降至原来的 1/4 左右。

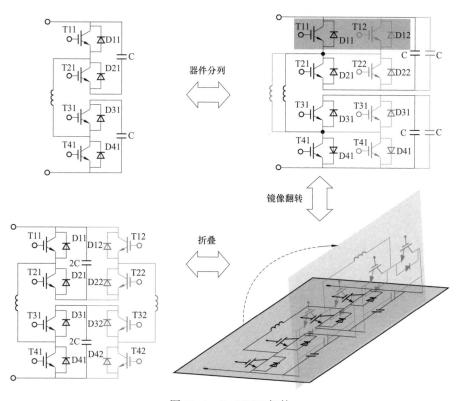

图 10-1 D-HBSM 拓扑

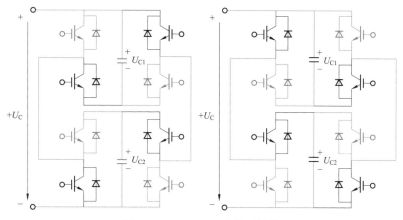

图 10-2 D-HBSM 自均压特性

10.2 并联全桥 MMC 拓扑

10.2.1 拓扑结构

复杂的排序运算和直流侧故障处理一直是制约 MMC 发展的因素。针对电机等低压领域

MMC 应用中存在的负荷电流过大、电容电压监测困难等问题，本节基于并联 IGBT 开关组型 FBSM 提出了开关分列运行的并联全桥子模块[2-3,6]（paralleled full bridge sub-module，P-FBSM）拓扑，通过多端口实现子模块并联均压，为解决高压大容量 MMC-HVDC 应用问题提供了思路。P-FBSM 拓扑如图 10-3 所示。

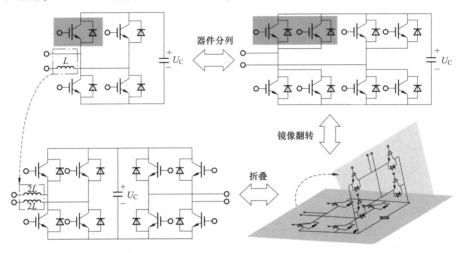

图 10-3　P-FBSM 拓扑

对于并联开关组型 FBSM，将并联的两开关组分列运行控制，经对称翻转即得到 P-FBSM。与普通单端口子模块不同，P-FBSM 是一个对称的双端口元件，为相邻子模块电容直接并联提供了路径，使子模块之间的连接方式及均压控制发生了根本变化。需要注意的是，原本全桥拓扑中的电抗被分别分布到了两条线路上，但是总的电抗值不变。

传统 MMC 子模块拓扑受单一端口的限制，正常运行状态非投入即旁路，旁路的子模块电容处于搁置状态，图 10-4 （a） 所示为传统半桥拓扑输出 $2U_c$ 和 U_c 时的连接示意图。本节引入"子模块段"[3]概念，基于 P-FBSM 新增的并联状态，通过多个子模块电容并联形成一个子模块段，共同输出 U_C 电平，图 10-4 （b） 所示为 P-FBSM 拓扑输出 $2U_c$ 和 U_c 时的连接示意图。由图可以看出，在 P-FBSM 输出 U_c 时，两个相邻的电容将被并联，此时在输出直流电压的同时，两个电容还可以通过并联实现电压的自均衡。

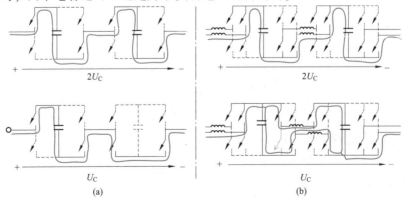

(a)　　　　　　　　　　　　(b)

图 10-4　传统全桥拓扑和 P-FBSM 的对比

(a) 传统 MMC；(b) P-FBSM

图 10-5 所示为 P-FBSM 的不同连接状态［图中以 T_{ij}（$i=1\sim4$，$j=1$，2）表示一个 IGBT 及其反并联二极管构成的开关组］，与之对应的开关状态集如表 10-1 所示。相比 FBSM，新型 P-FBSM 增加了特有的并联状态，由于并联状态需要两相邻子模块的开关相配合，可以认为控制的自由度从子模块转变为两相邻子模块电容之间的开关集。

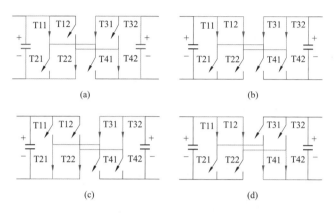

图 10-5　P-FBSM 不同状态的电流通路
（a）并联；（b）旁路；（c）正向投入；（d）反向投入

表 10-1　　　　　　　　　　　　　　P-FBSM 开关状态集

功能	T11	T12	T21	T22	T31	T32	T41	T42
旁路	1	1	0	0	1	1	0	0
并联	0	1	1	0	1	0	0	1
正向投入	0	0	1	1	1	1	0	0
反向投入	1	1	0	0	0	0	1	1

相邻 P-FBSM 可以并联，若一个桥臂中多个甚至所有子模块电容相并联，则电压自然均衡，称之为 P-FBSM 的整体自均压特性。需要指出的是，当并联开关组并列运行控制时，P-FBSM 与传统 FBSM 完全等效，针对 FBSM 的控制策略对新型 P-FBSM 均适用。

P-FBSM 的开关状态集有四种，结合极性考虑，每个 P-FBSM 一共有八种状态，具体如图 10-6 所示。

将传统全桥拓扑中的子模块用相同数量的并联全桥子模块替代，就可以得到并联全桥子模块 MMC，新的 MMC 拓扑与原拓扑具有相同的器件数量、电平和电压输出能力，但是具备了完全的自均压能力，极大地降低了计算复杂度，对控制系统的要求大大降低。

10.2.2　子模块并联特性

对子模块的分段原则进行讨论。当电平数指令 $N(t) < N$ 时，为避免单个或少量子模块串联造成过度充放电，应优先使所有子模块都成段；为改善均压效果，应使各个段包含子模块数尽可能均等。事实上，由均值不等式原理[4]，这样的连接方式也可以使桥臂等效电阻最小，从而降低系统的通态损耗。

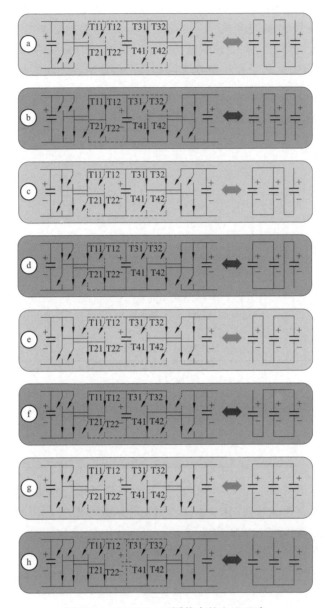

图 10-6　P-FBSM 不同状态的电流通路

（a）正极性串联；（b）负极性串联；（c）左端正极性并联；（d）左端负极性并联；

（e）右端负极性并联；（f）右端正极性并联；（g）两端并联；（h）旁路

　　如图 10-7 所示为一个桥臂（为示意电容连接关系，图中以电容表示子模块，省去所有开关器件），按子模块段连接，各段包含子模块数为 m_i [$i=1\sim N$（t），$m_1+m_2+\cdots+m_{N(t)}=N$]。设每个子模块的通态电阻为 r，则桥臂等效电阻 R

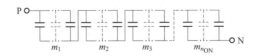

图 10-7　子模块并联分段示意图

$$R = r \cdot \sum_{i=1}^{N(t)} \frac{1}{m_i} \qquad (10-1)$$

可以证明，当且仅当 $m_1 = m_2 = \cdots = m_{N(t)}$，即 $m_i = N/N(t)$ 时，R 取得最小值。这样的状态兼顾最佳的均压效果和最小的通态损耗，在选择子模块控制状态时应优先考虑。

10.2.3 子模块自均压控制策略

针对具备自均压功能的 P-FBSM，考虑到实际工程的要求，均压控制需满足以下几个条件：①输出指令电平数；②尽可能充分并联，减小子模块间电压差，优化自均压效果；③减小子模块开关频率。

对于条件②，应使子模块段投入的优先级高于单个子模块，且各段包含尽可能多的子模块。对于条件③，传统的排序均压方法通过不断的排序筛选，间接地维持各个子模块的开关频率大致平均，而 P-FBSM 由于仅利用电平数指令生成开关脉冲信号，故需增加平均化逻辑。

基于整体循环和轮换导通思想，本节设计了动态分配均压控制，流程图如图 10-8 所示。

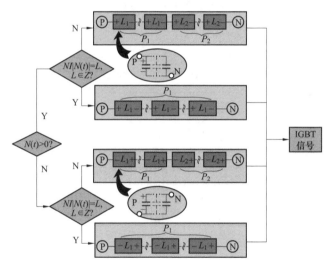

图 10-8　动态分配均压控制流程图

考虑使子模块充分并联，对应每一个电平数都有子模块最优分段方案。根据电平数指令，动态分配均压控制方法是：

（1）检测到 $N(t)$ 变化，根据 $N(t)$ 初步确定每个段所含子模块个数 L_1

$$L_1 = [N/N(t)] \qquad (10-2)$$

式中，[ ] 表示向下取整函数，目的是优先保证电平数输出，以免溢出。

（2）判断 N 是否能被 $N(t)$ 整除，若能整除，则从桥臂首端起每 L_1 个子模块为一段。

（3）若不能整除，设余数为 P_2，将余数部分一一分配给 P_2 个段，即从桥臂首端起前 P_1 段每段包含 L_1 个子模块，后 P_2 段每段包含 L_2 个子模块，使其满足如下约束

$$P_1 = N(t) - P_2 \qquad (10-3)$$

$$L_2 = L_1 + 1 \qquad (10-4)$$

（4）按照分段情况，段内子模块并联，段间串联，得到子模块开关触发信号。

事实上，N 能被 $N(t)$ 整除是 $P_2 = 0$ 的特殊情况。以 11 电平（$N = 10$）MMC 为例解释。如图 10-9 所示，当 $N(t) = 2$ 时，$L_1 = [10/2] = 5$，能够整除，$P_1 = 2$；当 $N(t) = 3$ 时，$L_1 = [10/3] = 3$，不能整除，$P_2 = 1$、$P_1 = 3$、$L_2 = 4$；当 $N(t) = 4$ 时，$L_1 = [10/4] = 2$，不能整除，$P_2 = 2$、$P_1 = 2$、$L_2 = 3$；以此类推。

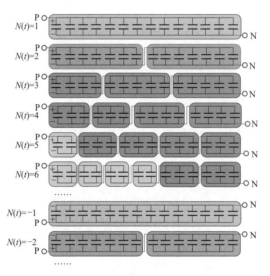

图 10-9　动态分配均压控制示意图

当 $N(t)$ 为负数时，处理方式和正数时类似，只不过需要将正负极性反转，正向投入状态变为负向投入状态，便可实现换流器的负电平输出。例如，当 $N(t) = -1$ 时，以与 $N(t) = 1$ 类似的方式确定选通信号，但是电压极性是相反的，此时子模块将输出负电压。当 $N(t)$ 等于其他负值时，情况也是如此。图 10-9 列举了 $N(t)$ 取不同值时，动态均压控制的示意图。

针对动态分配均压的计算复杂度，由上述原理可得，每一个控制周期，处理器执行一次判断、一次除法运算、两次加减运算以及相应分段标记和子模块开关指令，计算复杂度 T 与当前电平数 $N(t)$ 有关

$$T = N + N(t) + 4 \tag{10-5}$$

考察一段时间的平均水平，由于每个工频周期 $N(t)$ 平均值为 $0.5N$，可得平均计算复杂度为

$$T = 1.5N + 4 \tag{10-6}$$

由式（10-6）可知，基于 P-FBSM 的动态分配均压控制计算复杂度随电平数的增加呈线性增长趋势，相比传统排序均压具有显著优势。

10.2.4　仿真验证

为验证本节针对 P-FBSM 所提动态分配均压方法的有效性以及 P-FBSM 的直流故障处理和恢复能力，在 PSCAD/EMTDC 下建立双端 11 电平基于 P-FBSM 的 MMC-HVDC 系统。传输线路采用架空线路，系统详细参数如表 10-2 所示。

表 10-2　　　　　　　　　　　　　MMC-HVDC 系统参数

参数		数值
系统	交流电压有效值（kV）	230
	基波频率（Hz）	50
	变压器变比	230/210
	变压器额定容量（MVA）	350
	变压器漏抗（%）	15
	额定有功功率（MW）	300
	额定直流电压（kV）	400
	架空线长度（km）	50
换流器	桥臂电抗（H）	0.06
	平波电抗（H）	0.1
	桥臂子模块数	10
	子模块额定电压（kV）	40
	子模块电容（μF）	600

图 10-10 为仿真系统示意图。MMC1 为整流站，采用定直流电压和定无功功率控制，MMC2 为逆变站，采用定有功功率和定无功功率控制。各控制量参考值为 $U_{dcref} = 400\text{kV}$，$P_{ref} = 300\text{MW}$，两端 $Q_{ref} = 0$。

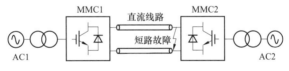

图 10-10　MMC 仿真系统示意图

需要说明的是，P-FBSM 依靠子模块电容并联均压，在并联瞬间，仅开关器件和电容的等效内阻不足以限制较大的电流。本节在不影响总桥臂电抗的前提下，在仿真系统中，仅将原先单个独立的桥臂电抗改换位置，分散至各个子模块之间的连接线上，以改善并联瞬间的电流抑制效果，如图 10-11 所示。图中等效电路里的 Z_0 表示开关器件和电容的等效阻抗，L_S 表示分散电抗。

分散电抗对子模块电容并联瞬间的电流抑制作用仅限于所在子模块段内部，并不会对子模段、桥臂对外输出特性产生额外影响。

10.2.4.1　稳态运行

对于新型 P-FBSM 拓扑，在均压策略下的稳态运行是基本要求。由于 P-FBSM 具有负电平输出能力，对含负电平输出的运行状态亦进行验证。

1. 启动过程

在开始（$t = 0\text{s}$）时，电容器通过交流侧的充电电阻进行预充电。该电压为 IGBT 的门极提供驱动电源。在 $t_1 = 0.1\text{s}$ 时，P-FBSM 中的 IGBT T_{41} 和 T_{42} 被选通到"ON"条件。其余 IGBT 不选通，所以相应的开关器件均为二极管。在 $t_2 = 0.2\text{s}$ 时，所有 IGBT 均被解锁，并且通过控制器调节直流侧电压和交流母线电压来实现正常运行。在 $t_3 = 0.7\text{ s}$ 时，建立直流电

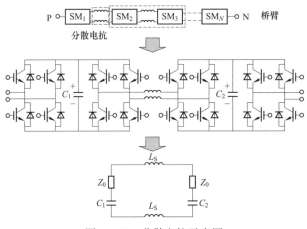

图 10-11　分散电抗示意图

压，功率阶跃至额定值。在 $t_4 = 1.5$ s 时，系统达到稳定状态。

从图 10-12 中可以看出，在 $[t_1, t_2]$ 这段时间内，子模块被适当地关断，二极管以不控整流模式对电容器充电。在功率传输开始之前，t_3 时刻直流电压达到额定电压。然后，在 $[t_3, t_4]$ 上，功率流向逐渐反转，发送的直流功率达到额定值，系统进入稳定状态。虽然在 t_1 时刻关断 T_{41} 和 T_{42} 时可以看到一些振荡，但是峰值电流仍然低于额定电流的 1.8 倍，这在可接受的范围内，所以认为是可行的。

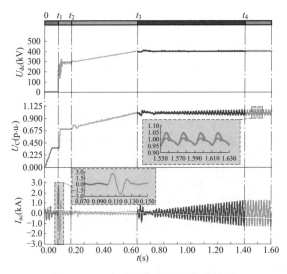

图 10-12　启动和稳态过程仿真波形

2. 子模块正电平输出

P-FBSM 逆变侧换流站 A 相上桥臂稳态电流波形如图 10-13 所示。经环流抑制后，桥臂电流 I_{arm} 接近正弦；随机选取 2 号和 6 号子模块电容电流（I_{C2}、I_{C6}）波形，可以看出，采取分散电抗处理后，子模块电容电流波动均在 $-1 \sim 1$ p. u. 的允许范围内，无过电流出现，抑制效果良好，验证了分散电抗的合理性。

P-FBSM 仅输出正电平时的稳态电压波形如图 10-14 所示。由图 10-14（a）可见，子模块电容电压整体波动趋势与传统 MMC 子模块波形类似，反映系统功率存储和输送能力；波形中存在许多电压瞬间相等的情况，反映出 P-FBSM 电容通过并联均压的特性；在无需电容电压实时信息的前提下，电压随时间稳定均衡，说明本节所提动态分配均压控制效果良好。由图 10-14（b）可见，直流电压在一次参数及控制器参数合适时，波动很小。从图 10-14（c）可以看出，交流电压输出为规整的阶梯形，随着电平数增高，其谐波含量势必会减小。

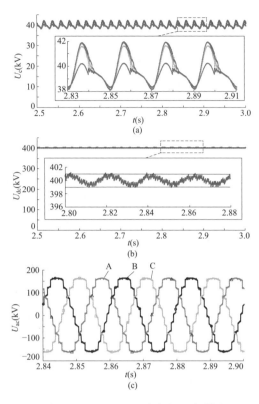

图 10-14　P-FBSM 稳态电压波形图
（a）子模块电容电压；（b）直流电压；
（c）交流输出电压

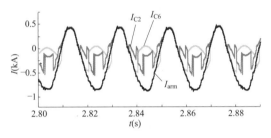

图 10-13　P-FBSM 稳态电流波形图

3. 含负电平输出的降损运行

在系统和换流站层面，P-FBSM 与 FBSM 控制原理相同：通过调制使部分子模块输出负电平，使输出交流相电压峰值略高于单极直流电压，即 MMC 的调制比大于 1。稳态条件下功率传输平衡，则 MMC 的交流电流成分减小，从而降低 MMC 开关器件的损耗，同时可以增加 MMC 输出电压的电平数，提高波形质量。

本小节对算例系统参数作以下修改：直流电压 320kV，换流变压器阀侧电压为 245kV，调制比 $M = 1.25$。仿真结果如图 10-15 所示。

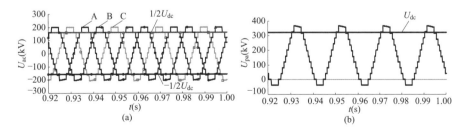

图 10-15　P-FBSM 降损运行稳态波形图
（a）交流输出电压；（b）桥臂输出电压

由图 10-15 可见，交流侧输出电压波形阶梯数增多，更接近正弦；交流相电压峰值高于单极直流电压，即调制比超过 1；桥臂输出电压存在数值为负的时间段，P-FBSM 输出了负电平。综上，仿真结果验证了 P-FBSM 的负电平输出能力。

4. 不同均压方法比较

针对本节仿真系统，仅将均压方法改为典型的冒泡排序法，系统其他参数不变，可得子模块电容电压波形对比如图 10-16 所示。可见，在相同的控制周期下，动态分配均压可以实现与排序均压相同的效果，子模电容电压波动均在±5% 以内。

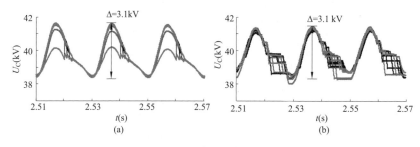

图 10-16　子模块电容电压对比
(a) 动态分配均压；(b) 排序均压

表 10-3 给出了动态分配均压、冒泡排序均压和希尔排序均压[7]在一个控制周期内的排序次数。

表 10-3　　　　　　　　　　计算复杂度比较

排序次数	动态分配均压	冒泡排序均压	希尔排序均压
11 电平	19	45	33
101 电平	154	5050	664
…	…	…	…
$N+1$ 电平	$3N/2+4$	$N(N-1)/2$	$N\log_2 N$

由表 10-3 可见，在均压效果相当的前提下，尽管希尔排序算法相比通常的冒泡排序算法效率已有明显提升，但是随着电平数增加，仍不免产生大量计算；动态分配均压结合 P-FBSM 特性，只需线性计算量即可实现电容电压均衡。

综上，动态分配均压控制无需子模块电容电压值，有效减小计算复杂度，能够实现与传统方法相当的均压效果，大大降低了对控制器的运算要求和对传感器、通信系统的实时性要求。

10.2.4.2　故障处理

最为严重的双极直流故障进行仿真分析。设故障发生在 $t=0.5\text{s}$，考虑系统延时，故障后 3ms（$t=0.503\text{s}$）闭锁换流器。图 10-17 为系统故障响应特性。

由图 10-17 可见，在故障后闭锁前，子模块电容迅速放电，交流系统通过换流器向短路点馈入短路电流，造成直流电流和交流电流骤增、子模块电容电压骤降；在闭锁后，直流电压保持在 0，子模块电容经充电后箝位交流电压，电容电压保持定值，直流电流、交流电流因闭锁降至 0。P-FBSM 表现出较好的直流故障箝位特性。

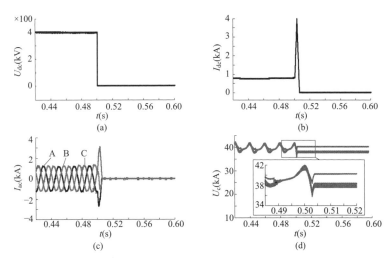

图 10-17 P-FBSM MMC 系统故障响应特性

（a）直流电压；（b）直流电流；（c）三相交流电流；（d）子模块电容电压

10.2.4.3 故障恢复

对双极直流故障恢复过程进行分析。直流故障消除后，在 $t = 0.7\text{s}$ 换流器解锁。图 10-18 为系统故障恢复特性。

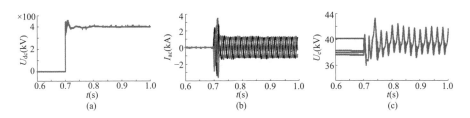

图 10-18 P-FBSM MMC 系统故障恢复特性

（a）直流电压；（b）交流电流；（c）子模块电容电压

由图 10-18 可见，在解锁后的故障恢复过程中，直流电压可以很快建立并稳定于额定值；交流电流经历短暂的振荡过程也迅速恢复；子模块电容电压在恢复过程中始终保持均衡，验证了所提动态分配均压方法在暂态过程中的适用性。整体来看，系统大约经历 0.1s 即恢复正常稳态运行状态，故障恢复特性良好。

10.3 双半桥和并联全桥混合 MMC 联合均压及故障处理策略

分别介绍了 P-FBSM 和 D-HBSM 拓扑后，下面将以 P-FBSM 和 D-HBSM 构成的混合 MMC（以下称为新型混合 MMC）为研究对象，分析其运行特性，在此基础上设计阀段内部及之间的子模块电容均压控制策略，并验证新型混合 MMC 的故障穿越能力。由后续分析可知，相比传统混合 MMC，新型混合 MMC 拓扑不仅继承了灵活的运行特性和直流故障穿越能力，而且大大简化控制逻辑并降低及对传感器速度、精度的要求，有较好的工程应用前景，有望助推混合 MMC 向更高电压等级、更大容量发展。

10.3.1 新型混合 MMC 联合均压策略

D-HBSM 与 P-FBSM 子模块混合型 MMC 及子模块拓扑如图 10-19 所示，图中 U_{dc} 为直流电压，L_{arm} 为桥臂电抗。一定数量配比的两种子模块级联构成换流器桥臂，通过子模块投切输出交直流电压，实现交直流能量转换。

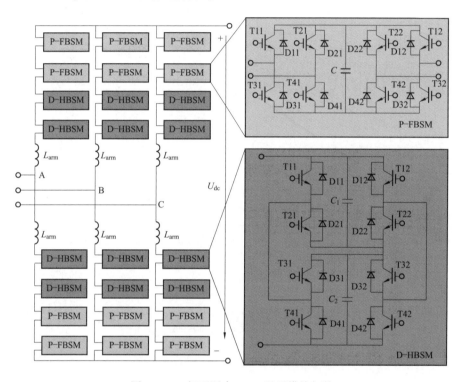

图 10-19 新型混合 MMC 及子模块拓扑

根据器件手册，IGBT 开关器件通流与耐压能力相互矛盾，耐压水平越高，通流能力越弱[5]。为保证足够耐压裕度，可能需要两个 IGBT 并联通流，构成 IGBT 开关组。两种新型子模块拓扑即由并联开关组分列运行构成，具有很强的灵活性。

两种新型 MMC 子模块拓扑具有不同程度的自均压特性，充分利用该特性，本节按照"桥臂电平数—阀段间均压—阀段内均压"的逻辑提出适用于新型混合 MMC 的均压控制策略[8-9]。

1. 阀段间均压

对于传统混合 MMC，其子模块电容均压控制一般采用排序均压方法。由于对所有子模块电容电压进行全局排序，所以阀段间电容电压自然均衡。直接应用传统排序均压无法体现新型子模块拓扑的均压特性，故设置阀段间均压模块，作为阀段内部均压的预处理环节。

设新型混合 MMC 一个桥臂由 N_D 个 D-HBSM 和 N_P 个 P-FBSM 组成，共包含（$N = 2N_D + N_P$）个电容，为（$N+1$）电平 MMC 系统。在每个 D-HBSM 里选取一个电容电压 U_{Di}（$i = 1 \sim N_D$）参与阀段间均压；此外，选取 P-FBSM 阀段的一个电容电压 U_P 代表该阀段所有电容电压。由系统级控制生成电压调制波，进一步得到桥臂电压参考波，经最近电平逼近调制获得桥臂电平数指令值，设为 $N(t)$。

在每个排序周期，将所有 U_{Di} 和 U_P 从小到大排序得到一个电压序列，将 U_P 的位次设为 P。在每个时刻将 $N(t)$ 和 P 以及 N_P 进行比较，得到 D-HBSM 和 P-FBSM 各自需要开通的子模块个数 n_D 和 n_P。

图 10-20 为混合 MMC 阀段均压控制的流程。

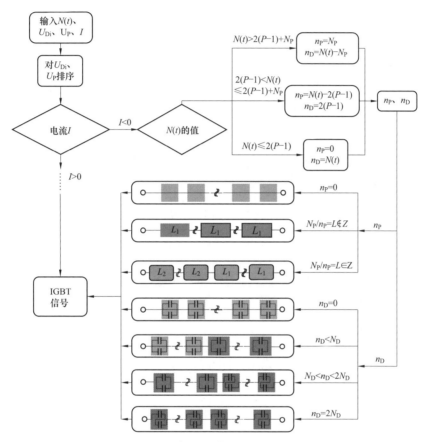

图 10-20 混合 MMC 阀段均压控制流程图

当桥臂电流大于 0 时，应优先投入电压小的模块。当 $N(t) \leq 2(P-1)$ 时，令 $n_D = N(t)$，$n_P = 0$；当 $2(P-1) < N(t) \leq 2(P-1) + N_P$ 时，令 $n_P = N(t) - 2(P-1)$，$n_D = 2(P-1)$；当 $N(t) > 2(P-1) + N_P$ 时，令 $n_P = N_P$，$n_D = N(t) - N_P$。

当桥臂电流小于 0 时，应优先投入电压大的模块。当 $N(t) \leq 2(N_D+1-P)$ 时，令 $n_D = N(t)$，$n_P = 0$；当 $2(N_D+1-P) < N(t) \leq 2(N_D+1-P) + N_P$ 时，令 $n_P = N(t) - 2(N_D+1-P)$，$n_D = 2(N_D+1-P)$；当 $N(t) > 2(N_D+1-P) + N_P$ 时，令 $n_P = N_P$，$n_D = N(t) - N_P$。

2. 阀段内均压

经阀段间均压获得两个阀段电平数指令后，分别在各自阀段内部进行相应自均压控制。

对于 D-HBSM 阀段，进行简化排序，将 N_D 个电容电压排序。当 $n_D \leq N_D$ 时，令每个子模块两电容并联输出 $+U_C$ 电平，充电时投入电压较小的电容，放电时投入电压较大的电容；当 $n_D > N_D$ 时，为满足电平输出，应使 $(n_D - N_D)$ 个子模块串联输出 $+2U_C$ 电平，其余为 $+U_C$ 电平，充电时应使电压较小的子模块输出$+2U_C$电平，放电时应使电压较大的子模块输出$+2U_C$电平。

对于 P-FBSM 阀段，采取动态分配均压控制，即根据 n_P 最大限度使电容分段并联，优化均压效果。

作为示例展示，图 10-21 给出了当 $N(t)$ 取不同值时阀段状态的具体分配情况。

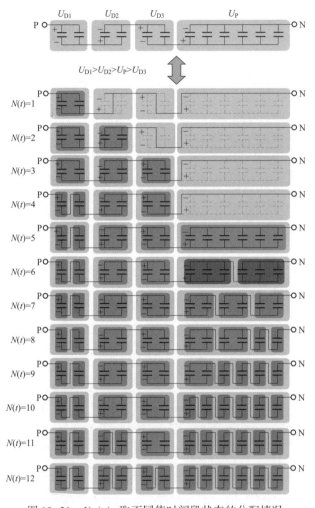

图 10-21 $N(t)$ 取不同值时阀段状态的分配情况

10.3.2 新型混合 MMC 闭锁故障穿越策略

在启动过程和 DC 故障保护阻断等异常操作中，新型混合 MMC 中的所有 IGBT 都被断开。图 10-22 中的箭头通路分别显示了在两个桥臂上的 D-HBSM 和 P-FBSM 段的故障电流路径。已知只有 P-FBSM 段中的电容器能够阻断故障电流，因此在考虑冗余配置情况下，P-FBSM的百分比应该接近 50%。

然而，在换流器闭锁的情况下，新型混合 MMC 有功功率和无功功率的传输均被中断，这在一些 HVDC 电网应用中可能是不允许的。

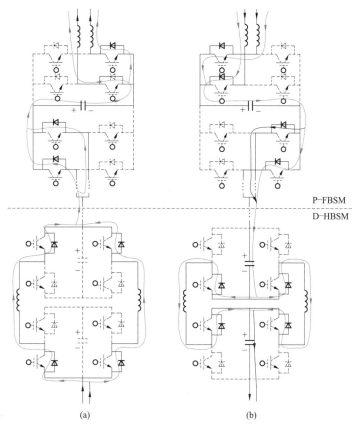

图 10-22　闭锁穿越直流故障时的故障电流通路

(a) $i<0$；(b) $i>0$

10.3.3　新型混合 MMC 无闭锁故障穿越策略

如图 10-23 所示，在严重的直流故障下，直流故障电流可以由闭环 PI 控制器控制减小为零，在此过程中，直流电压近似为零，而交流电压幅值保持故障前值，从而可以控制无功功率。图 10-23 中的 UDC 和 IDC 分别是直流参考电压和电流的额定值。与传统的混合 MMC 类似，新型混合 MMC 也可以作为 STATCOM 工作，即使在有功功率中断时也能够连续地向交流系统提供无功功率。

在无闭锁穿越直流故障的策略下，故障期间，直流输出电压近似降为零。无闭锁穿越故障的策略，同停机、闭锁等故障穿越方式有着本质的区别。在故障期间，实际上，换流器仍然处于工作状态，只不过是处于一种有别于正常工作状态的状态。在此状态下，换流器处于"热备用状态"，直流功率暂停传输，同时仍然能向交流系统传输无功功率。在重启过程中，由于无需闭锁，所以也不需要解锁过程，这可以加快重启进程，有利于提升直流系统的稳定性。

10.3.4　仿真验证

为验证本节针对新型混合 MMC 所提均压方法的有效性及其直流故障穿越能力，在

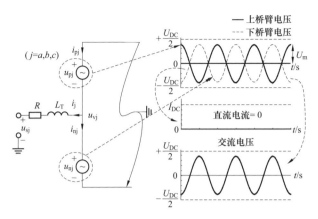

图 10-23　无闭锁穿越直流故障原理

PSCAD/EMTDC 下建立双端 21 电平 MMC-HVDC 系统。其中，一端换流器采用 10 个
P-FBSM 和 5 个 D-HBSM 混合配置，两个阀段子模块电容数量比为 1：1。传输线路采用架
空线路，系统详细参数如表 10-4 所示。

表 10-4　　　　　　　　　　　　　　　MMC-HVDC 系统参数

	参数	数值
系统	交流电压有效值（kV）	230
	基波频率（Hz）	50
	变压器变比	230/204
	变压器额定容量（MVA）	350
	变压器漏抗	15
	额定有功功率（MW）	300
	额定直流电压（kV）	±200
	架空线长度（km）	200
换流器	桥臂电抗（H）	0.12
	平波电抗（H）	0.1
	额定电容电压（kV）	20
	子模块电容（μF）	800

仍用图 10-10 所示的仿真系统，MMC1 为整流站，采用定直流电压和定无功功率控制，
MMC2 为逆变站，采用定有功功率和定无功功率控制。各控制量参考值为 U_{dcref} = 400kV，
P_{ref} = 300MW，两端 Q_{ref} = 0。

1. 稳态仿真验证

稳态条件下，整流侧换流器 C 相上桥臂子模块电容电压波形如图 10-25 所示，其中每
个 D-HBSM 选取子模块内的一个电容电压作为代表。

由图 10-25 可见，新型子模块拓扑依然遵循 MMC 子模块电容电压的基本波动规律，
P-FBSM 阀段子模块电容电压多呈瞬间相等状，且在阀段投入期间子模块均同步充放电，反
映出 P-FBSM 的全局并联均压特性；其中 D-HBSM 阀段由于采用了简化排序均压方法，子

模块电容电压具有传统排序均压特点，呈交替投切充放电状；桥臂所有子模块电容电压波形
如图 10-24 所示。

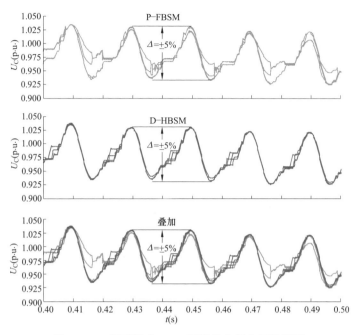

图 10-24　新型混合 MMC 子模块电容电压波形图

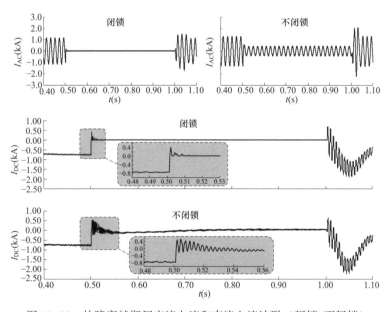

图 10-25　故障穿越期间交流电流和直流电流波形（闭锁/不闭锁）

由图可见，两个阀段间的电容电压保持良好均衡，整体波动大小在允许范围内，验证了
所提阀段均压控制策略的有效性。

2. 直流故障仿真验证

对新型混合 MMC 的闭锁故障穿越控制策略进行验证。故障发生在 $t = 0.5s$，在 $t = 1s$，暂时故障消失，在 $t = 1.1s$，HVDC 系统开始恢复到以前的稳定状态。

由图 10-25 可以看出，在 $t = 0.502s$ 时，无论采用闭锁还是不闭锁的方式，在可以忽略的短时间波动后，交流侧和直流侧故障电流均被限制至零。这两种策略将有助于系统在故障清除后恢复到稳定状态。然而，在故障期间，即在 ［$0.502s$, $1.0s$］内，无闭锁方式中的交流电流不是零，这表明无功电流分量仍然通过交流线路在交流系统和混合 MMC 之间传输无功功率。

在直流故障期间，混合 MMC 所有子模块中剩余的电容器电压能够在故障消失后帮助系统建立直流电压。图 10-26 展示了在整个故障穿越过程中闭锁和不闭锁方式的电容器电压。

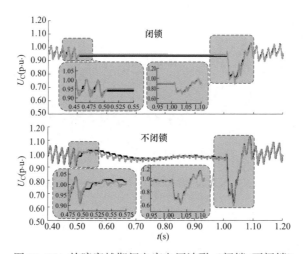

图 10-26　故障穿越期间电容电压波形（闭锁/不闭锁）

在故障穿越过程中，这两种策略可以保持子模块中的大部分电容器电压。对于闭锁方式，每个 P-FBSM 电容器被 8 个二极管箝位，使得电压经过并联的分级电阻极慢地释放，这是可以忽略的。对于无闭锁的方式，混合 MMC 实际上仍处于工作状态，所提出的 NLC 方法为：主动平衡所有电容器电压，并且通过消除相同相单元内的正负电压电平将直流电压控制为零。由于在无闭锁方式中中断了有功功率的传输，因此流入转换器的总功率减少，从而使得故障穿越过程中的电容器电压纹波要小得多。

仿真结果验证了新型混合 MMC 子模块拓扑的直流故障电流清除能力。

10.4　本章小结

本章首先简要介绍了双半桥和并联全桥子模块拓扑的由来和局部/完全自均压原理，其次通过将两类新型子模块按照一定的配比结合，提出了一种具备局部自均压能力的新型混合 MMC。与传统混合 MMC 类似，新型混合 MMC 也可以实现闭锁和无闭锁两种直流故障穿越方式。通过电磁暂态仿真，所提出拓扑的稳态均压性能、故障穿越能力以及暂态应力得到了很好地验证，表明新拓扑具备应用于直流电网的潜力。

参 考 文 献

［1］管敏渊，徐政．MMC 型 VSC-HVDC 系统电容电压的优化平衡控制［J］．中国电机工程学报，2011，31（12）：9-14.

［2］Ilves K，Taffner F，Norrga S，et al. A submodule implementation for parallel connection of capacitors in modular multilevel converters［J］. IEEE Transactions on Power Electronics，2015，30（7）：3518-3527.

［3］Goetz S M，Peterchev A V，Weyh T. Modular Multilevel Converter With Series and Parallel Module Connectivity：Topology and Control［J］. IEEE Transactions on Power Electronics，2015，30（1）：203-215.

［4］Rudin W. Principles of mathematical analysis［M］. McGraw-Hill，1976，199-209.

［5］ABBGroup. Insulated gate bipolar transistor（IGBT）and diode modules with SPT and SPT + chips［EB/OL］. 2017- 03- 24. http：//new. abb. com/semiconductors/igbt-and-diode-modules.

［6］石璐，赵成勇，许建中．并联全桥子模块 MMC 的自均压运行特性研究［J］．中国电机工程学报，2018，38（8）．

［7］彭茂兰，赵成勇，刘兴华，等．采用质因子分解法的模块化多电平换流器电容电压平衡优化算法［J］．中国电机工程学报，2014，34（33）：5846-5853.

［8］石璐，李嘉龙，赵成勇，等．双半桥与并联全桥子模块混合 MMC 均压与直流故障控制研究［J］．中国电机工程学报，2018，38（21）：6411-6419+6503.

［9］Xu J，Zhang J，Li J，et al. Series-parallel HBSM and two-port FBSM based hybrid MMC with local capacitor voltage self-balancing capability ☆［J］. International Journal of Electrical Power & Energy Systems，2018，103：203-211.

第 11 章 具备完全自均压能力的双端口 MMC

如第 10 章所述，具备自均压能力的 MMC 系统既能减小排序的计算复杂度，又能降低对控制系统速度和精度的要求。然而，基于双半桥和并联全桥子模块的混合换流器只具备局部自均压的能力，无法实现整个桥臂的完全自均压。为此，本章将介绍一种具备完全自均压能力的二极管钳位型 MMC 拓扑，并对该拓扑的工作原理、电气应力以及控制策略进行分析，并且通过 PSCAD/EMTDC 仿真和低压物理平台进行全面验证。

11.1 二极管钳位自均压型 MMC 拓扑

11.1.1 具备电容间能量传递通路的 MMC 子模块

传统半桥子模块结构包含两个 IGBT 模块和一个子模块电容，其中两个 IGBT 模块串联

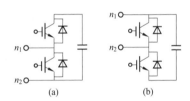

图 11-1 传统半桥子模块拓扑
(a) 接线一；(b) 接线二

并入子模块电容正负极，形成三个节点，对应一个输出电压可控的二端子，共有两种接线方式，如图 11-1 所示。

如图所示，两种接线方式对应的端子 n_1、n_2 连接位置不同，图 11-1 (a) 中端子 n_1、n_2 分别连接到两个 IGBT 模块中点和子模块电容负极，上部 IGBT 开通、下部 IGBT 关断时，子模块投入，下部 IGBT 开通、上部 IGBT 关断时，子模块切除；图 11-1 (b) 中端子 n_1、n_2 分别连接到子模块电容正极和两个 IGBT 模块中点，下部 IGBT 开通、上部

IGBT 关断时，子模块投入，上部 IGBT 开通、下部 IGBT 关断时，子模块切除。两种接线形式，所需器件数目一致，电压输出功能一致，本质上并没有区别。

上述两种接线形式下，不同子模块间只能靠端子 n_1、n_2 连接，对于一个特定的子模块，端子 n_1 连接上一个子模块的 n_2，端子 n_2 连接下一个子模块的 n_1，不论子模块是投入状态还是切除状态，子模块电容间都不可能构成并联形式，因此不具备能量传递通路。受此启发，对上述子模块进行改造，在子模块常规端子 n_1、n_2 的基础上引入新增端子 n_3，构成图 11-2 所示的三端子半桥子模块结构。

图 11-2 所示的改造方案，分别对应图 11-1 中的两种接线方式，在子模块电容正极或负极引出新增端子 n_3，相邻子模块间的 n_3 端子互相连接，在相邻子模块间 n_1、n_2 端子相互连接的基础上，子模块电容间具备了能量传递通路。值得一提的是，为了限制子模块电容的直接放电，子模块间 n_3 端子的连接线上还应串联负极朝上的辅助二极管，具体的电路结构将在下面详细论述。

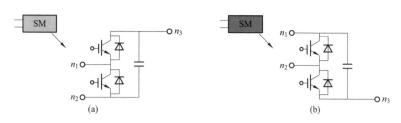

图 11-2 改造后的半桥子模块拓扑

（a）接线一；（b）接线二

11.1.2 新型子模块电容电压箝位关系

为了在子模块电容间构成能量传递通路，特将传统半桥子模块由两端子电路改造为三端子电路，为了限制子模块电容的直接放电，特在新型子模块的 n_3 端子连接线上配置负极朝上的辅助二极管，构成图 11-3 所示的相邻子模块电路结构。

在图 11-3（a）中，相邻新型子模块的 n_3 端子的连接线串有负极朝上的辅助二极管，记两个相邻子模块的电容为 C11、C21，当下方子模块旁路时，电容 C11、C21 通过辅助二极管并联，若 C21 电压高于 C11，则能量和电荷流经辅助二极管促使两者电压均衡，反之则受限于二极管单向导通性发生箝位，因此动态过程中上方子模块的电容电压倾向大于下方子模块的电容电压，子模块电容间相互独立的特性得到了改变。

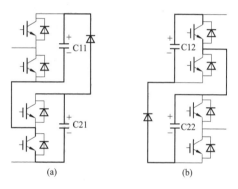

图 11-3 相邻新型子模块接线图

（a）接线一；（b）接线二

在图 11-3（b）中，相邻新型子模块的 n_3 端子的连接线串有负极朝上的二极管，记两个相邻子模块的电容为 C12、C22，当上方子模块旁路时，电容 C12、C22 通过串联二极管并联，若 C12 电压高于 C22，则能量和电荷流经辅助二极管促使两者电压均衡，反之则受限于二极管单向导通性发生箝位，因此动态过程中下方子模块的电容电压倾向大于上方子模块的电容电压，子模块电容间相互独立的特性也得到了改变。

11.1.3 二极管钳位自均压 MMC 拓扑

有了上面对新型子模块间电容电压箝位关系的基本认识，下面将介绍一种具备自均压能力的模块化多电平换流器[4~6,9]（简称自均压 MMC），具体拓扑结构示于图 11-4。为了充分利用上述箝位关系，拓扑中 B 相采用图 11-2（b）所示的新型子模块，A、C 相采用 11-2（a）所示的子模块。子模块间常规端子 n_1、n_2 的连接方式与传统半桥的连接方式一致，新增端子 n_3 通过辅助二极管与相邻子模块的 n_3 端子连接，此外拓扑正负母线出口处还增加了由辅助二极管（D1、D2）、辅助电容（C1、C2）和辅助 IGBT 模块（T1、T2）构成的跨接电路，跨接电路用于沟通各个相单元，使子模块电容间能量偏差在相内、相间循环传递。

从图 11-4 中可以看出，较之于传统半桥 MMC 拓扑，自均压 MMC 的主要新增器件包括

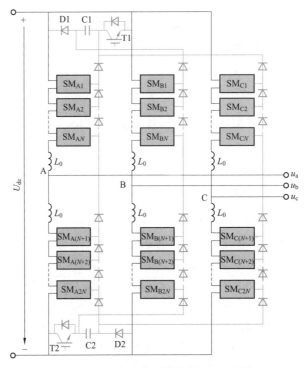

图 11-4 具备自均压能力的 MMC 拓扑

辅助二极管（如 D1、D2）、辅助电容（C1、C2）、辅助 IGBT 模块（T1、T2）。对于桥臂有 N 个子模块的半桥 MMC，自均压拓扑共需额外配置（$6N+5$）个辅助二极管、2 个辅助电容、2 个辅助 IGBT 模块。因此，对传统半桥 MMC 拓扑进行自均压改造时，所需辅助 IGBT 模块与辅助电容的数目与桥臂子模块的数目无关，各需 2 个；需要额外配置的辅助二极管虽然正比于桥臂子模块的数目，但是成本相对较低。因此对于实际工程，即使暂不考虑自均压拓扑在控制器设计、传感器需求、子模块电容配置等方面的优势，自均压拓扑依然不会带来大的投资压力。

11.1.4 二极管钳位自均压 MMC 工作原理

随着辅助二极管以及跨接电路（由 D1、D2、C1、C2、T1、T2 构成）的引入，换流器子模块电容间相互独立的特性得到了改变，相间、相内子模块电容间具备了能量传递通路。以 A、B 相子模块电容均压过程为例，具体的电容能量循环路径可通过图 11-5 加以说明。

图 11-5 中加粗回路展示了自均压拓扑中 A、B 两相子模块电容在自均压过程不同环节的电容能量传递通路，单独加粗的 IGBT 表示此时该 IGBT 触发，其中 T1 的触发信号与 A 相第一个子模块导通状态一致（图 11-4 所示的三相拓扑中 T1 的触发信号应与 A 相、C 相第一个子模块导通状态的逻辑和一致），T2 的触发信号与 B 相最后一个子模块的导通状态一致。此处 T1、T2 的触发信号均直接取自子模块的开关信号，而子模块的开关信号本身就需要在 MMC 阀控中生成，因此完全可以认为，对于自均压拓扑无需新增控制模块。如图 11-5 所示，A、B 相的自均压过程可表示为如下 6 个步骤：

（1）A 相、C1 间传递。图 11-5（a）中当 A 相子模块电容 C_{A1} 旁路时，子模块电容 C_{A1}

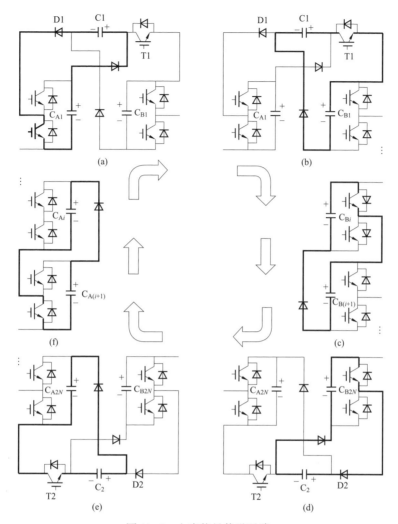

图 11-5　电容能量传递通路

与辅助电容 C1 通过辅助二极管构成能量传递通路，由于该能量传递通路的存在，两者电容电压在动态过程中满足

$$U_{\mathrm{CA1}} \leqslant U_{\mathrm{C1}} \tag{11-1}$$

（2）C1、B 相间传递。图 11-5（b）中当 A 相子模块电容 C_{A1} 投入时，辅助 IGBT 模块 T1 导通，子模块电容 C_{B1} 与辅助电容 C1 通过辅助二极管构成能量传递通路，由于该能量传递通路的存在，两者电容电压在动态过程中满足

$$U_{\mathrm{C1}} \leqslant U_{\mathrm{CB1}} \tag{11-2}$$

（3）B 相相内传递。图 11-5（c）中当 B 相子模块电容 $C_{\mathrm{B}i}$ 旁路时，子模块电容 $C_{\mathrm{B}i}$、$C_{\mathrm{B}(i+1)}$ 通过辅助二极管构成能量传递通路，由于该能量传递通路的存在，子模块电容电压在动态过程中满足

$$U_{\mathrm{CB}i} \leqslant U_{\mathrm{CB}(i+1)} \tag{11-3}$$

（4）B 相、C2 间传递。图 11-5（d）中当 B 相子模块电容 $C_{\mathrm{B2}N}$ 旁路时，子模块电容

C_{B2N} 与辅助电容 C2 通过辅助二极管构成能量传递通路，由于该能量传递通路的存在，两者电容电压在动态过程中满足

$$U_{CB2N} \leq U_{C2} \qquad (11-4)$$

（5）C2、A 相间传递。图 11-5（e）中当 B 相子模块电容 C_{B2N} 投入时，辅助 IGBT 模块 T2 导通，子模块电容 C_{A2N} 与辅助电容 C2 通过辅助二极管构成能量传递通路，由于该能量传递通路的存在，两者电容电压在动态过程中满足

$$U_{C2} \leq U_{CA2N} \qquad (11-5)$$

（6）A 相相内传递。图 11-5（f）中当 A 相子模块电容 $C_{A(i+1)}$ 旁路时，子模块电容 C_{Ai}、$C_{A(i+1)}$ 通过辅助二极管构成能量传递通路，由于该能量传递通路的存在，子模块电容电压在动态过程中满足

$$U_{CA(i+1)} \leq U_{CAi} \qquad (11-6)$$

随着各个步骤的循环，结合式（11-1）~式（11-6）可得

$$\begin{cases} U_{C1} \geq U_{CA1} \geq U_{CAi} \geq U_{CA(i+1)} \geq U_{CA2N} \geq U_{C2} \\ U_{C1} \leq U_{CB1} \leq U_{CBi} \leq U_{CB(i+1)} \leq U_{CB2N} \leq U_{C2} \end{cases} \qquad (11-7)$$

上式的物理意义可描述为，自均压拓扑中 A 相倾向于使辅助电容 C1 电压升高，使辅助电容 C2 电压降低，而 B 相倾向于使辅助电容 C1 电压降低，使辅助电容 C2 电压升高，两者的相互作用促使电容间的能量偏差在相间循环传递，自发地实现了 A、B 相子模块电容的电压均衡。

由于模块化的连接特性，同时 C 相的子模块的连接方式与 A 相一致，因此随着各个子模块电容相继的投入与旁路，自均压拓扑中各子模块电容以及 C1、C2 的电压处于动态稳定的状态。借由子模块电容间相互独立特性的改变，具备自均压能力的 MMC 拓扑与常规 MMC 拓扑在均压机制上有很大不同，常规 MMC 依赖于均压控制，而自均压 MMC 能依靠子模块自身的投入、切除过程，自发地实现子模块电容的电压均衡。

11.2 新型换流器冗余方案

较之于传统半桥 MMC 拓扑，二极管钳位自均压 MMC 的主要新增器件包括辅助二极管（如 D1、D2）、辅助电容（C1、C2）、辅助 IGBT 模块（T1、T2），其中辅助电容、辅助 IGBT 模块和部分辅助二极管连接在直流母线正负极的等势点上，剩余辅助二极管连接相邻子模块的电容，本节就新增器件的电压电流应力进行分析，为新增器件的选型提供理论依据，同时对改造后的新型子模块进行故障保护设计，进一步提高可靠性。

11.2.1 新增器件的电压应力

对于辅助电容 C1、C2，因为自均压 MMC，能够在完成直交流能量转换的同时，依靠子模块本身的投入、切除过程，实现子模块电容电压的自均衡，因此 C1、C2 的电容电压与子模块电容电压处于动态稳定的状态，承受的电压大致为子模块电容电压额定值 U_C。

对于辅助 IGBT 模块 T1、T2，两者分别并入直流母线的正负极，由图 11-5（a）、（b）可知，子模块电容 C_{A1} 旁路时，T1 承受的电压为子模块电容电压，子模块电容 C_{A1} 投入时，

T1 承受的电压为子模块电容 C1、C_{B1} 的电压差值，在稳态运行中，该值较小，辅助 IGBT 模块 T2 的承压情况与 T1 类似，因此辅助 IGBT 模块 T1、T2 承压峰值约为子模块电容电压额定值 U_C。

对于自均压 MMC，辅助二极管虽然数目众多，但是动态过程中互相之间地位一致，承压情况类似，下面以图 11-5 (f) 中的辅助二极管为例，进行统一说明。子模块电容 $C_{A(i+1)}$ 旁路时，图中所示辅助二极管承压为相邻子模块电容 $C_{A(i+1)}$、C_{Ai} 电压差值，稳态运行中，该值较小，$C_{A(i+1)}$ 投入时，辅助二极管承受子模块电容电压，因此辅助二极管承压峰值约为子模块电容电压额定值 U_C。

由于新型子模块中，反并联二极管、IGBT 器件、子模块电容的承压峰值都约为子模块电容额定值 U_C，因此自均压 MMC 中新增器件的电压应力与新型子模块中相应器件的电压应力一致。

11.2.2 新增器件的电流应力

自均压 MMC 自均压功能的实现，依赖于换流器中相邻子模块电容间能量偏差的循环流动。在子模块电容并联，流经新增器件的电流峰值主要取决于 IGBT 器件和辅助二极管的通态阻抗 R，正常情况下，R 很小，为了防止均压回路连通瞬间引起开关器件过电流，可以在子模块 n_3 端子引出线上串联阻尼电阻 R_0，在图 11-2 的基础上形成图 11-6 所示的带有阻尼电阻的子模块拓扑结构。

结合图 11-5 (f)，在相邻子模块电容间发生能量传递时，等效的均压电路如图 11-7 所示。

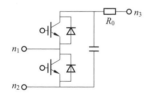

图 11-6　含阻尼电阻的
新型子模块拓扑

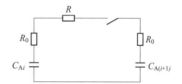

图 11-7　均压过程等效电路

记 α 为偏差系数，子模块电容 C_{Ai}、$C_{A(i+1)}$ 连通瞬间电压值为

$$\begin{cases} U_{C_{Ai}} = U_C(1 - \alpha) \\ U_{C_{A(i+1)}} = U_C(1 + \alpha) \end{cases} \tag{11-8}$$

图 11-7 中开关闭合后，两个电容电压趋于平衡，在这个过程中，取子模块电容容值为 C，则能量损失及冲击电流峰值可表述为

$$\Delta P = \frac{1}{2} C U_C^2 \left[(1 + \alpha)^2 + (1 - \alpha)^2 - 2 \right] = C \alpha^2 U_C^2 \tag{11-9}$$

$$I_{max} = \frac{2\alpha U_C}{2R_0 + R} \tag{11-10}$$

由式 (11-9) 可知，均压过程中的能量损失由相邻电容容值及电压水平决定，与 R_0、R 无关，阻尼电阻的配置并不会带来额外的能量损失。因此从减小冲击电流峰值及降低换流

器通态损耗的角度分析，R_0 值应该尽可能大。

与此同时，为了保证电容间能量偏差在最短的交换周期内得到充分的减小，均压回路中的时间常数应该足够小，使其能够在子模块投入或切除状态改变之前完成电荷和能量的传递。

取新拓扑调制电压参考值 u_{ref} 为

$$u_{\text{ref}} = \frac{m}{2} U_d \sin\omega t \qquad (11-11)$$

式中，m 表示调制比。

取 f_0 为基波频率，同时忽略 R 的影响，子模块最短旁路时间应满足

$$\Delta t_{\min} = \frac{U_C}{du_{\text{ref}} \mid_{\max}} = \frac{1}{mN\pi f_0} > 3\tau \qquad (11-12)$$

$$\tau = 2R_0 \frac{C}{2} = R_0 C \qquad (11-13)$$

故

$$R_0 < \frac{1}{3m\pi NCf_0} \qquad (11-14)$$

综上可知，为了降低冲击电流峰值同时减小换流器通态损耗，阻尼电阻的阻值应按照式（11-14）的临界值进行整定。

综合以上因素，考虑到自均压 MMC 中新增器件的承压峰值均与子模块中相应器件的最大承压类似，而流经新增器件的电流峰值又可以通过阻尼电阻的配置得到有效的抑制，因此从器件一致性角度出发，自均压 MMC 中新增的辅助二极管、辅助 IGBT 模块、辅助电容应和新型子模块中反并联二极管、辅助 IGBT 模块、子模块电容的型号保持一致。

11.2.3　新型子模块故障保护策略

传统 MMC 子模块模块化的设计使得在特定子模块发生内部故障时，可以依靠晶闸管和快速机械开关的动作切除故障子模块，而不影响换流器的正常运行。对于二极管钳位自均压 MMC 拓扑，虽然子模块电容间相互独立的特性得到了改变，但是模块化的设计原则仍要保留，理论上各个子模块地位一致，自均压 MMC 也可以通过配置冗余子模块来增加换流器的可靠性，对故障子模块直接切除，实现故障的就地处理。

自均压 MMC 子模块与传统 MMC 子模块相比增加了新增端子 n_3，为了保证对各类子模块故障的处理能力，自均压 MMC 子模块在半桥子模块晶闸管 K_1、快速机械开关 K_2 的基础上，增加了快速机械开关 K_3，后者与阻尼电阻 R_0 一并串入 n_3 端子支路上，具体拓扑结构示于图 11-8。

MMC 运行过程中，常见的子模块故障分为元件失效故障和触发控制故障[7]两类。相较于传统 MMC，自均压 MMC 是拓扑层面的改造，主要的差异体现在拓扑结构和器件需求上，就触发控制故障而言，自均压 MMC 可以继承传统 MMC 的故障诊断和就地保护策略，下面将侧重对新型子模块的元件失效故障进行分析。

在对自均压 MMC 子模块故障进行分析时，需额外考虑的器件除了图 11-8 中所示阻尼

电阻 R_0，还有相邻子模块新增端子 n_3 连接线上串联的辅助二极管，至于跨接电路所涉及的辅助 IGBT 模块、辅助电容、辅助二极管，因为这一部分器件与桥臂中子模块的数目无关（各只需要两个），不属于子模块范畴，因此不在下面自均压 MMC 子模块故障的讨论范围内。

1. IGBT 模块故障

IGBT 模块故障主要包括短路故障和开路故障，IGBT 模块短路故障会导致子模块桥臂直通，使子模块电容迅速放电并形成很大的短路电流；IGBT 模块开路故障会造成子模块不能输出相应的电压值，会形成较大的桥臂电流其他次谐波，增大相间环流，两类情况下都必须切除故障子模块。

图 11-9 展示了 IGBT 模块短路故障情况，图中 C11、C21、C31 代表三个相邻子模块的子模块电容，D11、D21 代表辅助二极管，T21、T22 代表第二个子模块的上下 IGBT 模块，T32 代表第三个子模块的下方 IGBT 模块，Cir_1、Cir_2 表示两个均压回路。

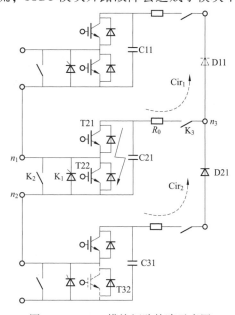

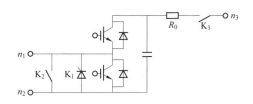

图 11-8　含隔离开关的新型子模块拓扑　　　图 11-9　IGBT 模块短路故障示意图

子模块 T_{21} 发生短路故障时，随着 T_{22} 的投入，第二个子模块桥臂直通，子模块电容 C21 短路，应该迅速将该子模块切除。为了能顺利打开快速机械开关 K_3，检测到 IGBT 模块短路故障时，应立刻闭锁第三个子模块的下方 IGBT 模块 T32，T32 关断后，均压回路 Cir_2 呈现开路状态，Cir_2 中不会流过均压电流，与此同时，C21 在短路的过程中电压锐减，辅助二极管 D11 自发箝位，均压回路 Cir_1 呈现开路状态，Cir_1 中不会流过均压电流，因此 n_3 端子支路无电流流过，K_3 可以直接打开，配合晶闸管 K_1、快速机械开关 K_2 的动作，将故障子模块切除。

图 11-10 展示了 IGBT 模块开路故障情况，图中第二个子模块上方 IGBT 模块 T21 开路，检测到 IGBT 模块开路故障时，可以直接触发晶闸管 K_1、快速机械开关 K_2 动作，两者动作后相当于将第二个子模块电容 C21 通过辅助二极管 D11 并联到第一个子模块电容 C11 上，不影响自均压 MMC 的正常运行，此时快速机械开关 K_3 不必打开。

2. 子模块电容故障

子模块电容故障主要包括短路失效故障和开路失效故障，其中短路失效故障是由电容老化或者累积效应造成的容值下降、电容击穿引起的。短路失效故障下的子模块无法输出额定电压，造成环流较大、系统无法稳定运行等问题，开路失效故障一般由电容内部单元或者内部连接断开所引起。子模块电容的短路失效故障和开路失效故障分别对应 IGBT 模块短路故

障和开路故障，因此具体故障下的操作流程可以参考上面的分析结果，在此不再做详细
说明。

3. 阻尼电阻故障

阻尼电阻开路时，此时故障子模块可以等效为半桥子模块，子模块电压恢复到悬浮状
态，相应地其子模块电容不再具有自均压能力，因此应按照半桥子模块的切除方式将其切
除。阻尼电阻短路时，相邻的两个均压回路等效阻抗相对减小，为了保证长期运行中电力电
子器件的安全，也有必要将故障子模块切除。

参照图 11-11，检测到第二个子模块阻尼电阻 R_0 短路时，K_3 具体的打开过程如下，首先闭
锁第三个子模块下方 IGBT 模块 T32，保证均压回路 Cir_2 中不流过均压电流，同时闭锁第一个子
模块下方 IGBT 模块 T12，保证只有均压回路 Cir_1 的均压电流能流经 n_3 端子支路，此时先动作
晶闸管 K_1、快速机械开关 K_2，使均压回路 Cir_1 完成放电过程，然后打开机械开关 K_3。

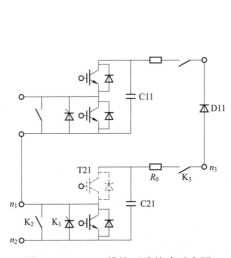

图 11-10　IGBT 模块开路故障示意图

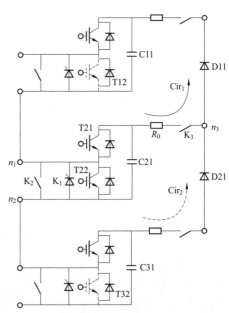

图 11-11　阻尼电阻短路故障示意图

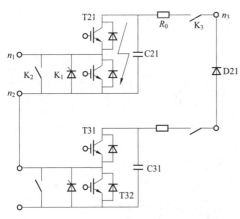

图 11-12　辅助二极管短路故障示意图

4. 辅助二极管故障

辅助二极管发生故障时首先是电击穿，呈
现短路特性，如果电源驱动力够强，反向电流
与反向电压的乘积超过 PN 结的耗散功率后，就
变成热击穿，随着 PN 结的烧毁有可能呈现开路
特性，但是考虑到压接型二极管通流能力强，
而且均压回路的均压电流得到了阻尼电阻的有
效限制，更重要的，流经辅助二极管均压电流
衰减很快，其峰值时间不足以使辅助二极管发
生热击穿，因此在自均压 MMC 中只用考虑
图 11-12 所示的辅助二极管短路故障。

图中辅助二极管 D21 发生短路故障，随着第三个子模块上方 IGBT 的导通，第二个子模块电容 C21 直接放电，为了防止故障的进一步发展，应迅速闭锁 T31，然后触发晶闸管 K_1、快速机械开关 K_2 动作，使子模块电容 C31、C21 直接并联，并联后的子模块电容不影响自均压 MMC 的正常运行，因此快速机械开关 K_3 不必打开。

11.3 开关函数域及调制策略

11.3.1 子模块电容电压均压性能指标

具备自均压能力的 MMC 与常规 MMC 在均压机制上有很大不同，常规 MMC 依赖于外加的均压控制，而自均压拓扑依靠子模块自身的开关动作。为了客观衡量不同拓扑的均压效果，需要定义子模块电容电压的波动程度指标及集中程度指标[1]。

图 11-13 以各子模块电容电压在 t_1、t_2、t_3 时刻的分布情况，简要地展示了电容电压分布的随机性，其中 t_1 时刻的电容电压纵向离散点为 $U_{ap\_K1(t1)}$、$U_{ap\_K2(t1)}$、$U_{ap\_K3(t1)}$，t_2 时刻的电容电压纵向离散点为 $U_{ap\_K4(t2)}$、$U_{ap\_K5(t2)}$、$U_{ap\_K6(t2)}$，t_3 时刻的电容电压纵向离散点为 $U_{ap\_K7(t3)}$、$U_{ap\_K8(t3)}$、$U_{ap\_K9(t3)}$，各选三个离散点是为了做图和论述方便抽象后的结果，并不特指桥臂中含有三个子模块的换流阀，对于其他情

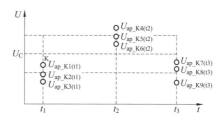

图 11-13 电容电压离散分布示意图

况，可以将三个电压离散点理解为子模块分为三组后的各组电压平均值。

由于库伏关系的线性化，各子模块电容电压值在纵向上围绕整体性波动水平随机分布，图 11-13 中，t_1、t_3 时刻三个电容电压纵向离散点的均值必然落在横线 $U_{C(1-\alpha)}$ 上，t_2 时刻三个电容电压纵向离散点的均值必然落在横线 $U_{C(1+\alpha)}$ 上。为了定量分析 MMC 子模块电容电压波动整体性水平之外的随机性水平，分别定义电容电压波动程度指标和集中程度指标。

1. 波动程度指标

$$\varepsilon = \frac{U(\max) - U(\min)}{U_{Avg}(\max) - U_{Avg}(\min)} \tag{11-15}$$

波动程度指标 ε 定义为，MMC 子模块电容电压波形稳定时，电容电压波形簇峰谷差 $U_{(\max)} - U_{(\min)}$ 与电容电压均值峰谷差 $U_{Avg(\max)} - U_{Avg(\min)}$ 的比值。电容电压均值峰谷差可理解为子模块电容在周期性储存、释放电荷的过程中电压波动的基础值，该值由系统运行参数及子模块电容值决定，正比于前面计算出的电压波动系数 α，电容电压波形簇峰谷差在图 11-13 中则由 $U_{ap\_K4(t2)} - U_{ap\_K9(t3)}$ 决定。

2. 集中程度指标

集中程度指标 σ 定义为某一时刻子模块电容电压值的均方差。

$$\sigma = \sqrt{\frac{1}{N} \sum_{i=1}^{N} \left[U(i) - U_{Avg} \right]^2} \tag{11-16}$$

式中，$U(i)$ 表示该时刻子模块电容电压值，与图 11-13 中各个离散点的意义一致；U_{Avg} 反映该时刻子模块电容电压的均值；t_1、t_3 时刻均值为 $U_{C(1-\alpha)}$，t_2 时刻均值为 $U_{C(1+\alpha)}$。

根据定义，对于任意的 MMC 拓扑，ε 恒大于 1，σ 恒大于 0，两个指标值越小，电容电压分布越集中，换流器子模块电容电压波动的随机性水平越低。一般情况下，两个指标的趋势是一致的，波动程度越小，则电容电压的分布越集中，集中程度越高，则电容电压的外边界越靠拢，波动性越小。ε、σ 以及电容电压波动系数 α 可以对子模块电容电压动态变化过程的整体性水平和随机性水平进行量化描述，客观地反映 MMC 子模块电容电压波动情况。

11.3.2 自均压 MMC 的开关函数域

1. 开关函数域的定义

为了保证 MMC 的稳定运行，有必要对子模块电容电压的波动性指标（主要是波动程度指标）进行限制。由于传统 MMC 子模块电容间不存在能量交换通路，子模块电容电压变化依赖于子模块投入时的充放电过程，因此对子模块电容电压波动性指标的控制归根结底便是对各个子模块开关过程的控制。具体操作上，调制方式首先确定 MMC 上下桥臂需投入子模块数目，然后触发方式根据均压要求和相应的投入子模块数目要求确定 MMC 上下桥臂的待触发子模块，调制方式和触发方式共同影响各个子模块的开关过程。

为了从宏观上把握各个子模块的动态开关过程，本部分将基于单个子模块角度的开关函数概念进行维度上的拓展，介绍面向整个 MMC 的开关函数域、均压开关函数域概念，并从开关函数域的角度，对 MMC 的调制方式、触发方式和具体的均压过程进行分析。定义子模块开关函数 S

$$\begin{cases} S = 1，子模块投入 \\ S = 0，子模块切除 \end{cases} \tag{11-17}$$

则对应 A 相上下桥臂任一子模块 i，开关函数 $S_{\mathrm{ap\_}i}$、$S_{\mathrm{an\_}i}$ 随着时间体现为一组连续的矩形脉冲，单纯从调制方式出发，A 相上下桥臂的开关函数在数值上应满足约束

$$\begin{cases} \displaystyle\sum_{i=0}^{N} S_{\mathrm{ap\_}i} = n_{\mathrm{p}} \\ \displaystyle\sum_{i=0}^{N} S_{\mathrm{an\_}i} = n_{\mathrm{n}} \end{cases} \tag{11-18}$$

对于一个特定的电压台阶，满足式（11-18）的开关函数的个数 $n_{\mathrm{s\_}pn}$ 为

$$n_{\mathrm{s\_}pn} = C_N^{n_{\mathrm{p}}} C_N^{n_{\mathrm{n}}} \tag{11-19}$$

考虑到上下桥臂的投入子模块数目之和为 N，定义开关函数域为

$$S_1 = \prod_{n_{\mathrm{p}}=0}^{N} (n_{\mathrm{s\_}pn}) = \prod_{n_{\mathrm{p}}=0}^{N} (C_N^{n_{\mathrm{p}}})^4 \tag{11-20}$$

开关函数域 S_1 反映了一个工频周期内 $N+1$ 电平 MMC 满足调制方式要求的所有开关函数组合，S_1 中任一元素都对应着一个工频周期内 MMC 上下桥臂各个子模块的开关过程，因此直接影响子模块中 IGBT 模块的开关频率、通态损耗以及子模块电容的充放电过程，鉴于上述因素都与子模块电容电压波动程度有关，可以用电容电压波动性指标对 S_1 中的特定元素进行综合考量。

结合电容电压波动性指标的具体要求，对于传统 MMC，并非任意一个 S_1 中的元素都能保证电容电压波动在允许范围内，不适宜的开关函数组合会使子模块电容电压波动指标恶化

226

乃至各电容电压值完全发散，因此有必要在触发环节，依靠触发方式对 S_1 中的特定元素进行筛选，将不满足电容电压波动指标的开关函数组合剔除，即可得到均压开关函数域 S_2，S_2 特指 S_1 内部能够满足触发方式要求的开关函数组合，开关函数域和均压开关函数域的关系如图 11-14 所示。

理论上 S_1 的面积将远远大于 S_2 的面积，图 11-14 为了方便展示弱化了这种关系。具体操作上，S_2 中的元素可以通过子模块触发环节的均压控制进行筛选。以排序均压控制为例，调整保持因子，控制器将对上下桥臂子模块电容电压处理后排序，继而确定一组开关函数组合，该开关函数组合下子模块电容电压波动性指标满足要求，则其属于均压开关函数域 S_2。

同样以排序均压为例，随着开关函数组合的确定，各电容电压在整体性水平周围的分布情况不断改变，当保持因子设置为 1 时，子模块电容电压波形簇中最大电压与最小电压的差值始终会小于单个排序周期内最大电荷累积带来的电压变化。为了保证波动程度指标小于 ε_1，子模块电容电压的排序频率 f_s 大致应该保持在

$$f_s = \frac{I_m}{C(\varepsilon_1 - \alpha)U_C} \tag{11-21}$$

f_s 随着 ε_1 的减小而增大，f_s 越大意味着子模块电容电压的排序越频繁，因此对开关函数组合的修订越频繁，开关函数组合的自由度越小，S_2 中的元素越少，面积越小。由此可知，S_2 的面积主要取决于波动程度指标 ε 的允许值，其允许值越大，S_2 的面积越大，其允许值越小，S_2 的面积越小。

2. 自均压 MMC 的开关函数域

根据开关函数域的定义不难理解，对于一个 $N+1$ 电平的自均压 MMC，其一个周期内满足调制方式要求的开关函数组合与 $N+1$ 电平的传统 MMC 相同，因此两者的开关函数域一致，均可用 S_1 表示。通过对 S_1 中具体元素的筛选，同样可以得到满足自均压 MMC 电容电压波动性指标要求的开关函数组合，对应传统 MMC 的均压开关函数域 S_2，将筛选过后的开关函数组合定义为自均压开关函数域，并用 S_3 表示。自均压开关函数域 S_3 与均压开关函数域 S_2 的差异性主要体现在两个方面：

（1）自均压开关函数域 S_3 的面积大于均压开关函数域 S_2。自均压 MMC 能够依靠子模块本身的投入、切除过程，自发地实现子模块电容电压的均衡，因此对特定开关函数组合的适应性和兼容性会大大增强，相较于传统 MMC 在触发环节，对子模块中 IGBT 模块开关频率、通态损耗以及子模块电容充放电过程等因素的考量，自均压 MMC 只需要对子模块中 IGBT 模块开关频率、通态损耗进行控制，开关函数组合的自由度有了很大的提升，因此 S_3 中的元素要多于 S_2 且 S_2 中的元素都属于 S_3，所以 S_3 的面积大于 S_2。图 11-15 展示了开关函数域 S_1、均压开关函数域 S_2 以及自均压开关函数域 S_3 的关系图。理论上 S_3 的面积仍远小于 S_1 的面积，图 11-15 中弱化了这种关系。

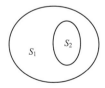

图 11-14　传统
MMC 开关函数域

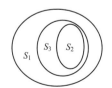

图 11-15　S_1、S_2、S_3
关系示意图

（2）自均压开关函数域 S_3 的筛选过程与均压开关函数域 S_2 的筛选过程不同。对于传统 MMC，均压开关函数域 S_2 可以通过均压控制在开关函数域 S_1 内部进行筛选，并将这一过程分割为两个环节，应用均压控制前为调制环节，需要调制方式加以配合，应用均压控制后为触发环节，需要触发方式加以配合；而对于自均压 MMC，自均压的功能性使拓扑摆脱了对均压控制的依赖，在开关函数域 S_1 生成的同时，就可以通过数学方法直接剔除不满足子模块中 IGBT 模块开关频率、通态损耗要求的开关函数组合，因此自均压 MMC 的调制环节和触发环节的边界相对模糊，可以对调制环节和触发环节进行功能性的整合。

11.3.3 自均压 MMC 调制策略

对于传统 MMC 而言，调制环节和触发环节有着明确的区别，调制环节生成上下桥臂需投入子模块数目，动态过程中对应开关函数域 S_1；触发环节借由各个子模块电容电压值的反馈确定上下桥臂待触发子模块，动态过程中对应均压开关函数域 S_2。由于在触发环节必须引入均压控制，因此根据调制环节的需投入子模块数目并不能提前确定待触发子模块。而对于自均压 MMC，凭借其自均压功能，理论上可以根据调制环节的需要投入子模块数目确定待触发子模块，在开关函数域 S_1 确定后，通过数学方法直接剔除不满足子模块中 IGBT 模块开关频率、通态损耗要求的开关函数组合，生成自均压开关函数域 S_3，这就为调制环节和触发环节的整合提供了可能性。本节正是基于这一认识，对最近电平逼近调制（NLM）和载波移相正弦脉宽调制（CPS-SPWM）进行了自均压环境下的调整，设计出了自均压 MMC 的调制策略[10]。

1. 最近电平逼近调制（NLM）

NLM 应用于传统 MMC 时，调制方式会根据调制波确定上下桥臂需投入子模块的数目，而应用于自均压 MMC 时，对 NLM 的要求则是直接根据调制波确定上下桥臂待触发子模块，以期免除电容电压、桥臂电流信息反馈，减小计算量，降低控制复杂度，实现调制方式和触发方式的统一。结合对 NLM 的具体要求，自均压环境下，NLM 的输出量不再是数值量，而是上下桥臂所有子模块的开关函数，动态过程中会构成一系列开关函数组合，表 11-1 以五电平自均压 MMC 触发逻辑表的形式简要展示了一组开关函数组合。

表 11-1　　　　　　　　　　　　五电平自均压 MMC 触发逻辑表

电平指令	S_{ap_1}	S_{ap_2}	S_{ap_3}	S_{ap_4}
0	0	0	0	0
1	1	0	0	0
2	0	1	1	0
3	1	1	0	1
4	1	1	1	1
3	1	0	1	1
2	0	1	1	0
1	0	0	0	1
0	0	0	0	0
投入数目	4	4	4	4
开关频率（Hz）	100	100	100	100

表中每一行表征某一电平指令下桥臂各个子模块的开关函数（1 表示子模块投入，0 表示子模块切除）；每一列表征某一子模块随着电平数指令变化而变化的开关函数。为了满足调制方式要求，保证各 IGBT 模块的使用寿命并优化散热器的设计，表 11-1 设计时应满足以下 4 个条件：

（1）横向上各个子模块开关函数之和与电平指令相等，表 11-1 中随着电平指令的变化，每一行中开关函数之和也发生相应的变化；

（2）横向上首尾电平指令对应的开关函数不冲突，表 11-1 中首尾电平指令都为 0，开关函数不冲突；

（3）纵向上每个子模块除尾部电平指令外的其他电平指令对应的开关函数之和相等，表 11-1 中，该值均为 4；

（4）纵向上每个子模块开关函数的跳变次数相等，表 11-1 中，4 个子模块开关函数在一个工频周期内的跳变次数均为 4，投入切除各两次，反映到子模块开关频率上，即 100Hz。

上述触发逻辑表与开关函数组合——对应，满足条件（1）、（2）的所有触发逻辑表构成开关函数域 S_1、满足条件（1）、（2）、（3）、（4）的所有触发逻辑表构成自均压开关函数域 S_3。

值得一提的是，表 11-1 为了方便说明，展示的触发逻辑表是静态的，不能对子模块开关频率需求和调制比变化做出响应，在实际应用中，可能存在如下问题，首先表中所示的触发逻辑与子模块开关频率直接对应且唯一对应，在子模块开关频率需求发生变化时，表 11-1 不再适用，其次当 MMC 调制比发生变化时，触发逻辑表可能不再满足设计原则。以表 11-1 所示的五电平自均压 MMC 为例，当其调制比由 1 降为 0.75 时，表 11-1 将演变为表 11-2 所示的三电平自均压 MMC 触发逻辑表。

表 11-2 　　　　　　　　　　三电平自均压 MMC 触发逻辑表

电平指令	S_{ap_1}	S_{ap_2}	S_{ap_3}	S_{ap_4}
1	1	0	0	0
2	0	1	1	0
3	1	1	0	1
2	0	1	1	0
1	0	0	0	1
投入数目	2	3	2	1
开关频率（Hz）	75	50	100	75

从表 11-2 中不难看出，原本满足设计要求的触发逻辑表出现了很多问题，首先，表中首尾电平指令对应的开关函数出现了矛盾，同时纵向上各个子模块的开关函数和不一致，各个子模块对应的开关频率也出现了较大偏差。为了正确地对子模块开关频率需求和调制比变化做出响应，以表 11-3 为例，论述了动态触发逻辑表的设计原则。

表 11-3   **五电平自均压 MMC 动态触发逻辑表**

电平指令	S_{ap_1}	S_{ap_2}	S_{ap_3}	S_{ap_4}
0	x_{01}	x_{02}	x_{03}	x_{04}
1	x_{11}	x_{12}	x_{13}	x_{14}
2	x_{21}	x_{22}	x_{23}	x_{24}
3	x_{31}	x_{32}	x_{33}	x_{34}
4	x_{41}	x_{42}	x_{43}	x_{44}
3	x_{51}	x_{52}	x_{53}	x_{54}
2	x_{61}	x_{62}	x_{63}	x_{64}
1	x_{71}	x_{72}	x_{73}	x_{74}
0	x_{01}	x_{02}	x_{03}	x_{04}
投入数目	N	N	N	N
开关频率（Hz）	kf_0	kf_0	kf_0	kf_0

表 11-3 中一个工频周期内各个子模块的开关函数组合用 0、1 矩阵 X 表示，对应调制比为 1 的五电平自均压 MMC，假设其子模块开关频率为 kf_0，则其开关函数组合矩阵示于式（11-22）。同时定义矩阵 X_1、矩阵 Y_1、矩阵 Y_2、矩阵 Z，各矩阵分别示于式（11-23）~式（11-26）。

$$X = \begin{bmatrix} x_{01} & x_{02} & x_{03} & x_{04} \\ x_{11} & x_{12} & x_{13} & x_{14} \\ x_{21} & x_{22} & x_{23} & x_{24} \\ x_{31} & x_{32} & x_{33} & x_{34} \\ x_{41} & x_{42} & x_{43} & x_{44} \\ x_{51} & x_{52} & x_{53} & x_{54} \\ x_{61} & x_{62} & x_{63} & x_{64} \\ x_{71} & x_{72} & x_{73} & x_{74} \\ x_{01} & x_{02} & x_{03} & x_{04} \end{bmatrix} \tag{11-22}$$

$$X_1 = \begin{bmatrix} x_{11} - x_{01} & x_{12} - x_{02} & x_{13} - x_{03} & x_{14} - x_{04} \\ x_{21} - x_{11} & x_{22} - x_{12} & x_{23} - x_{13} & x_{24} - x_{14} \\ x_{31} - x_{21} & x_{32} - x_{22} & x_{33} - x_{23} & x_{34} - x_{24} \\ x_{41} - x_{31} & x_{42} - x_{32} & x_{43} - x_{33} & x_{44} - x_{34} \\ x_{51} - x_{41} & x_{52} - x_{42} & x_{53} - x_{43} & x_{54} - x_{44} \\ x_{61} - x_{51} & x_{62} - x_{52} & x_{63} - x_{53} & x_{64} - x_{54} \\ x_{71} - x_{61} & x_{72} - x_{62} & x_{73} - x_{63} & x_{74} - x_{64} \\ x_{01} - x_{71} & x_{02} - x_{72} & x_{03} - x_{73} & x_{04} - x_{74} \end{bmatrix} \tag{11-23}$$

$$Y_1^{\mathrm{T}} = \begin{bmatrix} 1 & 1 & 1 & 1 \end{bmatrix} \tag{11-24}$$

$$Y_2^{\mathrm{T}} = \begin{bmatrix} 1 & 1 & 1 & 1 & 1 & 1 & 1 & 1 & 0 \end{bmatrix} \tag{11-25}$$

$$Z^{\mathrm{T}} = [0 \quad 1 \quad 2 \quad 3 \quad 4 \quad 3 \quad 2 \quad 1 \quad 0] \tag{11-26}$$

根据触发设计表设计原则，得出以下约束条件

$$XY_1 = Z \tag{11-27}$$

$$X^T Y_2 = NY_1 \tag{11-28}$$

$$X_1^T X_1 = \begin{bmatrix} 2k & & & \\ & 2k & & \\ & & 2k & \\ & & & 2k \end{bmatrix} \tag{11-29}$$

上述矩阵在调制比发生变化时要进行适当的修正，取调制比的变化为 Δm，则调制比的变化会带来的交流电压台阶数的变化，记

$$n_{\mathrm{m}} = \mathrm{Round}(N\Delta m) \tag{11-30}$$

调制比改变时，相应地删去矩阵 X、Z 的第 $1 \sim n_{\mathrm{m}}$、$N - n_{\mathrm{m}} + 1 \sim N + n_{\mathrm{m}}$、$2N + 2 - n_{\mathrm{m}} \sim 2N + 1$ 行，删去矩阵 Y_2 的前 $4n_{\mathrm{m}}$ 行，根据调整后的矩阵 X 生成矩阵 X_1，同时将式（11-28）中的 N 调整为 $N - 2n_{\mathrm{m}}$；子模块开关频率需求变化时，调整式（11-29）中的 k，将调整后的矩阵重新代入式（11-27）～式（11-29），即可求得满足特定子模块开关频率和调制比要求的触发逻辑表。

需要强调的是动态逻辑表的求解不会带来大的计算量需求，一方面，矩阵 X、X_1 都是稀疏矩阵；另一方面，子模块开关频率一般预先设定，MMC 调制比也会在固定值附近波动，因而不会引起触发逻辑表的变动，即使两者的需求发生了较大的变化，需要触发逻辑表作出反馈，整个计算过程也只用进行一次，在没有新的子模块开关频率和调制比要求前，各子模块可以一直按照求得的触发逻辑表触发。

2. 载波移相正弦脉宽调制（Carrier Phase Shift-Sinusoidal Pulse Width Modulation，CPS-SPWM）

CPS-SPWM[2-3] 是另一种应用于传统 MMC 拓扑的调制方法，其基本原理示于图 11-16。图 11-16 有两种理解方式，一种是调制波经均压控制调整后，与载波比较，生成的逻辑信号直接用以触发各个子模块；另一种是调制波与载波比较，上下桥臂生成的逻辑信号求和，计算上下桥臂需投入子模块数目，然后应用均压控制确定上下桥臂待触发子模块。不论是哪一种理解方式，在实际应用中都需要均压控制加以配合。

针对自均压 MMC，为了充分利用其自均压功能，在对 CPS-SPWM 进行改造时，有针对性地将其均压控制部分剔除，形成了对应于自均压拓扑的开环 CPS-SPWM 调制策略，该调制策略不需要均压控制加以配合，因此在触发信号的生成过程中，不需要引入子模块电容电压反馈，也不需要对子模块电容电压进行排序，调制策略根据调制波直接确定上下桥臂待触发子模块，大大简化了控制过程，减少了计算量，因而很大程度上规避了 CPS-SPWM 不适用于高电平 MMC 的问题。

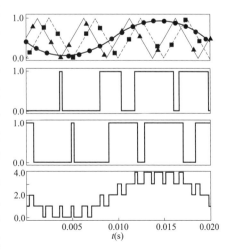

图 11-16　载波移相正弦脉宽调制原理图

231

与上文的触发逻辑表类似，开环 CPS-SPWM 同样兼具调制环节和触发环节的功能，但两者的调制过程大相径庭，因此论述思路有很大差异，所占篇幅对比也比较明显，但是这并不意味着触发逻辑表操作起来更为复杂，实际上触发逻辑表对计算量的要求更低。开环 CPS-SPWM 调制策略的主要计算过程体现在 PWM 环节，该计算过程是动态连续的，并且需要一直进行，而对于触发逻辑表调制策略，求得合适的触发逻辑表后，只要外部特性不发生大的变化，触发逻辑表就可以一直沿用下去。但是考虑到开环 CPS-SPWM 对子模块开关频率调节的便捷性，在对比试验中容易实现单一变量对照，因此下面的仿真实验以及物理实验中，具备自均压能力的 MMC 均按照开环 CPS-SPWM 调制策略对新型子模块进行触发。

11.4 仿真及实验验证

11.4.1 仿真验证

为了验证开环的载波移相正弦脉宽调制（CPS-SPWM）触发策略下，自均压 MMC 的均压功能和均压效果，同时对自均压 MMC 的相间环流、功率损耗水平进行观测，在 PSCAD/EMTDC 软件中搭建了三组双端 11 电平半桥 MMC 模型。三组模型的系统参数一致，具体参数示于表 11-4，模型间仅在拓扑及调制、触发方式上存在差异。

表 11-4 仿真模型参数表

变量名	数值
交流系统电压（kV）	35
变压器接线、变比（kV）	Y/△，35/12
变压器额定容量（MVA）	8
变压器漏抗（%）	15
额定有功功率（MW）	3
额定直流电压（kV）	24
额定直流母线电压（kV）	24
桥臂电抗（H）	0.015
额定子模块电容电压（kV）	2.4
子模块电容（μF）	2200

模型 1：传统半桥 MMC，调制方式为最近电平逼近，均压方式采用排序均压控制。

模型 2：传统半桥 MMC，调制方式为 CPS-SPWM，均压方式采用每个子模块调制波纵向微调的附加平衡控制。

模型 3：自均压半桥 MMC，调制方式为开环的 CPS-SPWM。

1. 稳态运行时工况验证

自均压 MMC 由传统 MMC 改造而成，在改造的同时保留了换流器模块化的特色，理论上能保证两类拓扑在稳态运行时的外部特性大致相同。为了验证这一特性，在模型 1 与模型 3 中进行了有功功率阶跃仿真。两模型中，有功功率在 1s 时均由 3MW 阶跃到 6MW，阶跃前后的有功功率、无功功率、直流电压、交流电压仿真结果示于图 11-17。

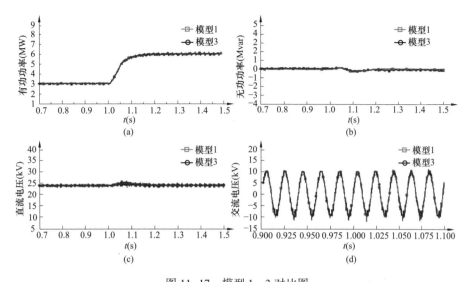

图 11-17　模型 1、3 对比图

（a）有功功率；（b）无功功率；（c）直流电压；（d）交流电压

由图 11-17 可知，虽然模型 1、模型 3 在调制方式上不尽相同，但两类拓扑在有功功率阶跃前后，有功功率、无功功率、直流电压、交流电压波形变化趋势相同。因此自均压拓扑的改造不会对原拓扑的外部特性产生大的影响。

与此同时，为了充分考虑自均压过程中，均压电流对相间环流以及功率损耗水平带来的影响，仿真中对两个参数进行了观测，其中功率损耗信号由直交流侧功率差值除以直流功率求得，具体仿真波形示于图 11-18、图 11-19。

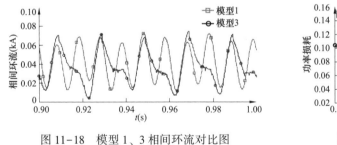

图 11-18　模型 1、3 相间环流对比图

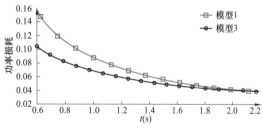

图 11-19　模型 1、3 功率损耗对比图

由图 11-18 可知，模型 1、模型 3 的相间环流峰值、初相角大致相同，但是由于均压电流的影响，自均压拓扑中相间环流的波形发生了改变。由图 11-19 可知，随着仿真的进行，模型 1、模型 3 的功率损耗由较高水平逐渐降低，并趋于稳定，在下降过程中，模型 3 的损耗始终小于模型 1，此外考虑到模型 1、模型 3 的功率损耗最终趋于一致，因此从仿真结果来看，自均压拓扑的自均压过程不会带来明显的功率损耗。

仿真中，还分别观测了模型 3 中辅助二极管 D_1、辅助 IGBT 模块 T_1 的电压波形及两者在 0.1Ω、0.2Ω、0.3Ω 阻尼电阻下的电流波形，仿真结果示于图 11-20、图 11-21。

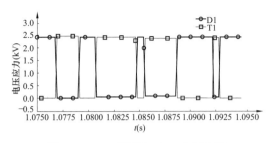

图 11-20　二极管及 IGBT 电压波形

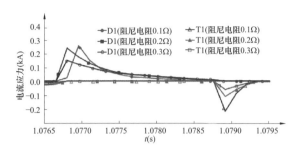

图 11-21　不同阻尼电阻下的二极管及 IGBT 电流波形

图 11-20 以辅助二极管 D_1、辅助 IGBT 模块 T_1 为例，展示了仿真中辅助二极管及辅助 IGBT 模块的承压情况，由图 11-20 可知，D_1、T_1 最大承压约为 2.4kV，即子模块电容额定电压。图 11-21 以辅助二极管 D_1、辅助 IGBT 模块 T_1 为例，展示了仿真中辅助二极管及辅助 IGBT 模块的通流情况，由图 11-21 可知，阻尼电阻越大，器件电流峰值越小，因此可以通过调整阻尼电阻的大小有效抑制均压过程中器件的过流现象，仿真结果与上一章节的理论分析一致。

2. 均压功能的验证

在仿真过程中，模型 2 与模型 3 均采用 CPS-SPWM 作为调制方式，除了拓扑本身的差异之外，两类模型的主要差别在于，模型 2 在仿真中采用附加平衡控制，模型 3 中无均压控制。闭锁模型 2 的附加平衡控制，模型 2 与模型 3 的电容电压波形及交流电压波形示于图 11-22、图 11-23。

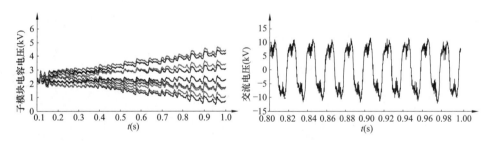

图 11-22　无均压控制时模型 2 电压波形

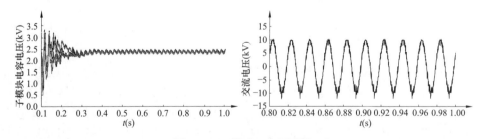

图 11-23　模型 3 电压波形

闭锁模型 2 的附加平衡控制后，模型 2 与模型 3 的调制策略均为开环 CPS-SPWM，对于同样的调制策略，如图 11-22、图 11-23 所示，模型 2 中的传统 MMC 电容电压发散，因而交流电压波形质量较差，而模型 3 中的自均压电容电压不发散，交流电压波形质量良好。图 11-22、图 11-23 直观地展示了具备自均压能力的模块化多电平换流器的均压效果。

3. 均压效果的验证

在确定自均压拓扑的均压功能后，为了对比验证自均压拓扑的均压效果，结合第四节中提出的均压效果评价指标 ε、σ，对三个模型的仿真结果进行了量化分析。因为模型 2 对应的 CPS-SPWM 调制的传统半桥 MMC 在开关频率较低时，均压效果较差，为了保证模型 2 的均压效果，增强仿真的对比意义，特将仿真中子模块 IGBT 开关频率确定为 200Hz，图 11-24展示了在 200Hz 的开关频率下，模型 1、2、3 的子模块电容电压波动情况。

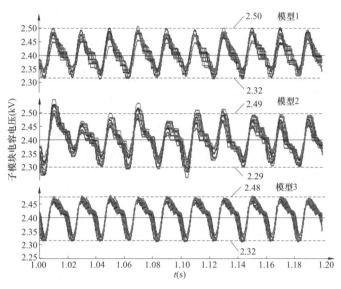

图 11-24　模型 3 电容电压波形

结合图中标出的，波形稳定时三个模型电容的电容电压波形簇的上下界，运用波动程度指标 ε 及集中程度指标 σ 对仿真结果进行量化分析，模型 1、2、3 的波动程度、集中程度指标示于图 11-25、图 11-26。

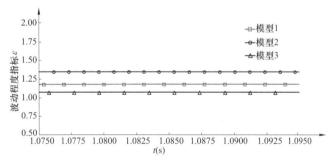

图 11-25　波动程度指标对比图

由图 11-25 可知，在 200Hz 的子模块 IGBT 开关频率下，模型 3 即自均压 MMC 的波动程度指标最小，均压效果最好，模型 1 效果次之，模型 2 效果最差，因此模型 3 能够等效地降低子模块 IGBT 开关频率，或者相应地降低子模块电容容值。由图 11-26 可知，由于在该子模块开关频率下，3 种模型的子模块电容电压波动特性均较好，因此 3 种模型的集中程度指标变化不大，大致处在同一水平。因此对比模型 1、模型 2，自均压 MMC 既降低了对子模

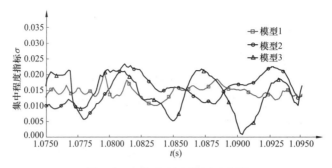

图 11-26 集中程度指标对比图

块电容电压传感器的需求，又提高了对不同调制策略的适应性，同时还能在此基础上保证子模块电容良好的子模块电容电压波动特性。

11.4.2 实验验证

为了进一步评估自均压 MMC 的均压特性和均压效果，搭建了自均压 MMC 低压物理实验平台进行实验。

1. 物理平台参数整定

物理平台参数整定是物理实验平台设计的重要环节，为了增强仿真平台和物理平台实验结果的对比意义，同时充分考虑实验室的实验条件和器件采购时的限制，在物理平台参数整定时，遵照以下原则：

（1）保证仿真平台和物理平台的器件参数一致；

（2）调整物理平台的电压等级至仿真平台电压等级的千分之一；

（3）两平台的参数要求出现矛盾时，优先保证物理平台的参数需求。

根据以上原则可以将物理平台的参数选取问题转化为仿真平台的参数选取问题，值得一提的是表 11-4 已经附上了仿真模型的器件参数，但该表格仅仅是整定结果的展示，下面将就具体计算过程展开论述。

在上述的仿真平台中，直流电压等级 U_d 和交流侧电压电流峰值 U_{ac}、I_{ac} 提前设定为 24kV、11.75kV、0.3175kA，子模块电容容值和桥臂电抗值的大小则借助舟山工程参数和电力系统相似性理论来确定。

电力系统相似性理论的思想内涵可以表述为，电力系统是一个强非线性系统，其物理动态模拟可广泛应用相似性理论，即将复杂的电力系统分解为一些相对简单的元件，这样只要每一个简单独立的元件都能够准确模拟，则整个复杂的电力系统的物理过程的模拟也将是准确的，显然，电力系统中许多重要的非线性元件特性，其过渡过程也可以被相应的模拟[8]。

定义模拟比为某一物理量的实际工程参数与动模系统参数的比值。

由 MMC 柔直换流阀的相似判据可得

$$k_L = \frac{k_u}{k_i} \tag{11-31}$$

$$k_C = \frac{k_i}{k_u} \tag{11-32}$$

式中，k_u 为交流电压模拟比；k_i 为交流电流模拟比；k_L 为桥臂电感模拟比；k_C 为子模块电容模拟比。由式（11-31）和式（11-32）可见，桥臂电感模拟比和子模块模拟比受到电压和电流模拟比的约束限制，而非任意选取。舟山工程和上述仿真平台的系统电气参数如表11-5所示。

表 11-5　　　　　　　　舟山工程和仿真平台的系统电气参数

试验对象	U_d (kV)	I_d (kA)	S (MVA)	U_{ac} (kV)	I_{ac} (kA)
舟山工程	400	1	450	210	1.237
仿真平台	24	0.25	6.462	11.75	0.3175

进而，可以根据表11-5的第四列和第五列数据求得 k_u 为17.87，k_i 为3.896。

根据求得的 k_u、k_i 值和式（11-31）和式（11-32），可以进而求得桥臂电感值模拟比 k_L 和子模块电容模拟比 k_C 的数值分别为4.587和0.2182。

根据 k_L、k_C 及舟山工程实际参数，即可求得仿真平台下子模块电容 C 和桥臂电感 L_0 的参数要求，结果如表11-6所示。

表 11-6　　　　　　　　舟山工程和实验平台的参数值

试验对象	C (μF)	L_0 (mH)
舟山工程	480	90
仿真平台	2200	17

考虑到桥臂电抗一般由多个电感串联而成，结合器件采购中的限制，特将表11-6中的桥臂电感 L_0 由17mH调整为15mH，综合仿真平台的参数整定结果，形成了表11-7所示的低压物理平台参数表。

表 11-7　　　　　　　　自均压 MMC 低压物理平台参数表

试验对象	U_d (V)	I_d (A)	S (VA)	U_{ac} (V)	I_{ac} (A)	C (μF)	L_0 (mH)
仿真平台	24	0.25	6.462	11.75	0.3175	2200	15

2. 自均压 MMC 低压物理实验平台

依据修正后的参数表，搭建了单端自均压 MMC 物理模型，模型包括 A、B、C 三相，每相包含 20 个新型子模块，形成的自均压 MMC 低压物理实验平台如图 11-27 所示，平台中的主要器件包括空气开关、隔离电源、直流电源、控制器，驱动器、自均压 MMC 桥臂和桥臂电抗器等。

3. 实验结果及分析

为了对 MMC 的自均压功能有进一步的认识，在搭建的自均压 MMC 低压物理实验平台上进行了一系列简单的物理实验。然而

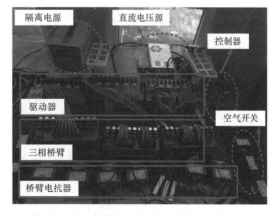

图 11-27　自均压 MMC 低压物理实验平台

在物理平台设计之初，综合考虑实验室实验条件以及参与人员人身安全问题后，确定的物理

平台电压等级较低。就现有物理平台而言，直流电压为 24V，子模块电容电压额定值为 2.4V，此时一般在理论推导中加以忽略的二极管压降在子模块电容电压占有相当的比例，因此物理实验中出现了诸多限制条件。在这一背景下，按照开环 CPS-SPWM 对低压物理平台进行触发，图 11-28、图 11-29 展示了该调制策略下自均压 MMC 的交流侧电压输出以及三相子模块电容电压波形。

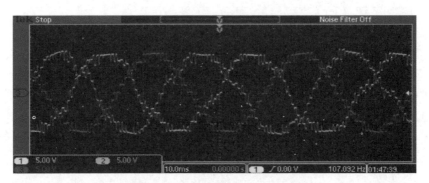

图 11-28　自均压 MMC 的交流侧电压

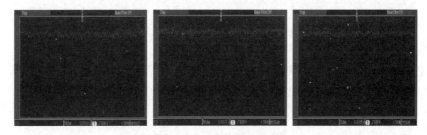

图 11-29　三相子模块电容电压波形

由图 11-28、图 11-29 不难发现，在开环 CPS-SPWM 的调制策略下，自均压 MMC 能够在脱离均压控制的情况下，保持三相子模块电容电压的大致均衡同时保证交流侧的电压输出，这从物理层面验证了自均压 MMC 的自均压功能。

11.5　新型自均压钳位故障拓扑

考虑到半桥 MMC 换流器结构不具备钳位直流故障的能力，同时受到上述自均压 MMC 的启发，以下进一步设计了基于全桥 MMC 的可自均压且可钳位直流故障的新型 MMC 拓扑结构，并简要说明其钳位故障时的开关动作情况。

如图 11-30 所示为全桥子模块改进前后的拓扑结构，根据图 11-2 的设计，将传统全桥子模块结构进行改造，在子模块电容正极或者负极引出新增端子 n_3，相邻子模块间的 n_3 端子互相连接，提供一条子模块电容间的能量传递

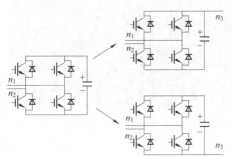

图 11-30　全桥子模块改进前后的拓扑结构

通路。

基于上述对全桥子模块进行的改造以及 11.1.3 节对自均压模型的搭建认识，设计出一种既具备自均压能力又同时具备钳位直流故障能力的模块化多电平换流器，具体拓扑结构如图 11-31 所示，其中 A、C 相的子模块在电容的正极引出第三个端子并串联 IGBT 器件，B 相子模块在电容的负极引出第三个端子并串联 IGBT 器件。

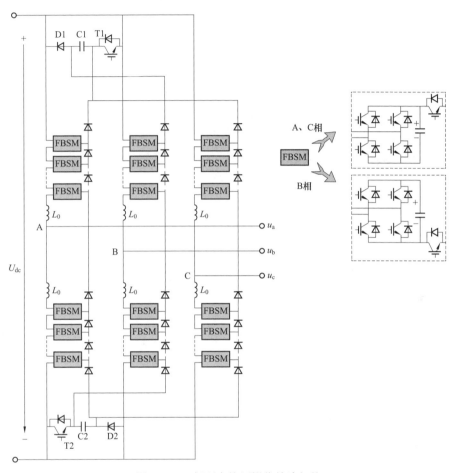

图 11-31　新型自均压钳位故障拓扑

值得注意的是，与 11.1.3 节的自均压拓扑相比较，除了新增辅助器件［辅助二极管（如 D1、D2）、辅助电容（C1、C2）、辅助 IGBT 模块（T1、T2）和各子模块间的辅助二极管］以外，每个子模块的新增第三个端子处还各增加了一组 IGBT 和反并联二极管组，主要目的是为了当故障发生的时候阻断电容间的流动电流。当直流侧发生直流故障时，可将各子模块新增第三个端子上的 IGBT 断开，从而断开各子模块间电容的能量传递回路，以至于将故障时的换流站退化到传统全桥 MMC，借助全桥子模块的闭锁操作，达到钳位故障作用。图 11-32 为切断子模块电容能量传递回路后的新型拓扑钳位故障状态下的拓扑结构，其中虚线表示处于断开状态的线路。

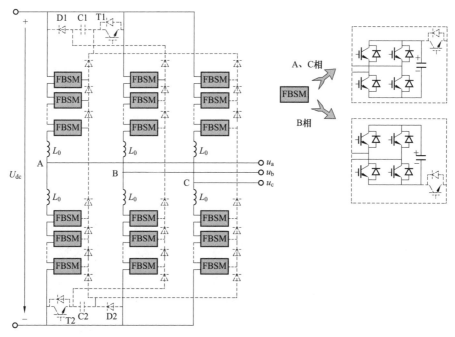

图 11-32　新型拓扑在钳位故障状态下的拓扑结构

11.6　本章小结

本章立足于 MMC 子模块电容均压问题，从拓扑角度入手，通过引入新增端子和辅助二极管使子模块电容间具备了能量传输通路，提出了具备自均压能力的二极管钳位型 MMC 拓扑。为了使该拓扑具备应用于柔性直流电网的可行性，本章还设计出了与之对应的触发策略，并从理论分析、模型仿真、物理实验等多个层面对自均压 MMC 的均压功能和均压效果进行了验证。结果表明，该换流器不依赖均压控制，能依靠各个子模块的投入、切除过程，自发地维持相间、相内子模块电容电压的均衡，可以大幅减小阀控复杂度，降低对控制器板卡以及高度高精度模块电压传感器的需求，具备良好的应用前景。

参 考 文 献

[1] 管敏渊，徐政．MMC 型 VSC-HVDC 系统电容电压的优化平衡控制［J］．中国电机工程学报，2011，31（12）：9-14．

[2] 赵昕，赵成勇，李广凯，等．采用载波移相技术的模块化多电平换流器电容电压平衡控制［J］．中国电机工程学报，2011，31（21）：48-55．

[3] 李笑倩，宋强，刘文华，等．采用载波移相调制的模块化多电平换流器电容电压平衡控制［J］．中国电机工程学报，2012，32（9）：49-55．

［4］Gao C，Jiang X，Li Y，et al. A DC-Link Voltage Self-Balance Method for a Diode-Clamped Modular Multilevel Converter With Minimum Number of Voltage Sensors ［J］. IEEE Transactions on Power Electronics，2013，28（5）：2125-2139.

［5］Ilves K，Taffner F，Norrga S，et al. A Submodule Implementation for Parallel Connection of Capacitors in Modular Multilevel Converters ［J］. Power Electronics IEEE Transactions on，2015，30（7）：3518-3527.

［6］Goetz S M，Peterchev A V，Weyh T. Modular Multilevel Converter With Series and Parallel Module Connectivity：Topology and Control ［J］. IEEE Transactions on Power Electronics，2014，30（1）：203-215.

［7］李探，赵成勇，李路遥，等. MMC-HVDC 子模块故障诊断与就地保护策略 ［J］. 中国电机工程学报，2014，34（10）：1641-1649.

［8］孙银锋，吴学光，李国庆，等. 基于等时间常数的模块化多电平换流器柔直换流阀动模系统设计 ［J］. 中国电机工程学报，2016，36（9）：2428-2437.

［9］刘航，赵成勇，周家培，等. 具备自均压能力的模块化多电平换流器拓扑 ［J］. 中国电机工程学报，2017，37（19）：5707-5716.

［10］Xu J，Feng M，Liu H，et al. The Diode-clamped Half-bridge MMC Structure with Internal Spontaneous Capacitor Voltage Parallel-balancing Behaviors ［J］. International Journal of Electrical Power & Energy Systems，2018，100：139-151.

第12章 新型MMC电磁暂态通用等效建模和实现

近年来，具备特殊功能、适应不同应用场景的新型MMC子模块不断涌现，首先面临的就是电磁暂态等值建模问题。在MMC的等效建模过程中，需要实现对桥臂中大量级联子模块的等效，同时保证消去的节点信息可以被精确反解，这对具有复杂内部结构和多个外部端子的子模块构成的MMC带来了很大挑战。为此，本章将分别针对单、双端口MMC提出电磁暂态通用等效建模方法，并进一步拓展，提出针对任意多端口的拓扑自动识别及通用等效建模方法并实现。

12.1 单端口子模块MMC

单端口子模块即子模块仅有一个端口（两个端子）与外电路进行连接，如半桥型子模块、全桥型子模块、箝位双子模块等。本节将针对单端口子模块以戴维南等效模型和嵌套快速同时求解算法为基础，提出一种通用等效建模方法[1]，以下简称通用建模方法。

12.1.1 通用建模方法

图12-1为任一单端口子模块的示意图。

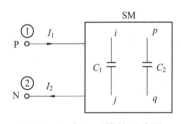

图12-1 任一子模块示意图

先对子模块的节点进行编号处理。现设子模块共有 n 个节点。在编号时，首先应分离出内部和外部节点，令正端子P和负端子N为外部节点，分别对应第1号和第2号节点，其余节点为内部节点；其次对电容节点做编号处理，子模块内部可以有单电容或多电容，一般子模块内部电容个数为一个或者两个，三个及以上的电容并不常见。为了通用性起见，先设子模块内部有2个电容 C_1 和 C_2，且将两个电容两端的节点均先分别编号。C_1 的正负两个极板的编号分别为 i、j ($i=1, 2, \cdots, n$; $j=1, 2, \cdots, n$; $i \neq j$)，C_2 的正负两个极板的编号分别为 p、q ($p=1$, $2, \cdots, n$; $q=1, 2, \cdots, n$; $p \neq q$)。若两个电容有极板相连的情况，考虑到不会出现两个电容并联的情况，这里不妨设 $j=q$，即将节点 j 和节点 q 连接在一起（即短路），因此需要对原网络的 j 和 q 点进行短路收缩处理。对于不定导纳矩阵，将第 q 行加到第 j 行上去，再将第 q 列加到第 j 列上去，最后划掉第 q 行和第 q 列，对于矩阵 V，直接将 V_q 划掉，对于矩阵 J 和 I，将第 q 行的元素加到第 j 行上去，然后划掉第 q 行的元素。

对离散化后的电容进行处理。电容离散化后可以转化为诺顿的等效形式，即一个电导并联一个电流源，设电容 C_1 的诺顿等效电导为 $k_1 G_{C1}$，诺顿等效电流源为 $k_1 I_{CEQ1}$ ($t-\Delta T$)，电容 C_2 的诺顿等效电导为 $k_2 G_{C2}$，诺顿等效电流源为 $k_2 I_{CEQ2}$ ($t-\Delta T$)。k_1 和 k_2 可根据具体的电容个数取 0 或 1，电容存在时取 1，不存在时取 0。

对任一子模块列写由不定导纳矩阵构成的节点电压方程，如式（12-1）所示。式（12-1）可表示为 $YV = J + I$ 的形式。

$$
\begin{bmatrix}
y_{11} & y_{12} & y_{13} & \cdots & y_{1i} & \cdots & y_{1j} & \cdots & y_{1p} & \cdots & y_{1q} & \cdots & y_{1n} \\
y_{21} & y_{22} & y_{23} & \cdots & y_{2i} & \cdots & y_{2j} & \cdots & y_{2p} & \cdots & y_{2q} & \cdots & y_{2n} \\
y_{31} & y_{32} & y_{33} & \cdots & y_{3i} & \cdots & y_{3j} & \cdots & y_{3p} & \cdots & y_{3q} & \cdots & y_{3n} \\
\vdots & \vdots & \vdots & \ddots & \vdots & & \vdots & & \vdots & & \vdots & & \vdots \\
y_{i1} & y_{i2} & y_{i3} & \cdots & y'_{ii}+k_1G_{C1} & \cdots & y'_{ij}-k_1G_{C1} & \cdots & y_{ip} & & y_{iq} & & y_{in} \\
\vdots & \vdots & \vdots & & \vdots & \ddots & \vdots & & \vdots & & \vdots & & \vdots \\
y_{j1} & y_{j2} & y_{j3} & \cdots & y'_{ji}-k_1G_{C1} & \cdots & y'_{jj}+k_1G_{C1} & \cdots & y_{jp} & & y_{jq} & & y_{jn} \\
\vdots & \vdots & \vdots & & \vdots & & \vdots & \ddots & \vdots & & \vdots & & \vdots \\
y_{p1} & y_{p2} & y_{p3} & \cdots & y_{pi} & & y_{pj} & \cdots & y'_{pp}+k_2G_{C2} & \cdots & y'_{pq}-k_2G_{C2} & \cdots & y_{pn} \\
\vdots & \vdots & \vdots & & \vdots & & \vdots & & \vdots & \ddots & \vdots & & \vdots \\
y_{q1} & y_{q2} & y_{q3} & \cdots & y_{qi} & & y_{qj} & & y'_{qp}-k_2G_{C2} & \cdots & y'_{qq}+k_2G_{C2} & \cdots & y_{qn} \\
\vdots & \vdots & \vdots & & \vdots & & \vdots & & \vdots & & \vdots & \ddots & \vdots \\
y_{n1} & y_{n2} & y_{n3} & \cdots & y_{ni} & \cdots & y_{nj} & \cdots & y_{np} & & y_{nq} & \cdots & y_{nn}
\end{bmatrix}
\begin{bmatrix}
V_1 \\ V_2 \\ V_3 \\ \vdots \\ V_i \\ \vdots \\ V_j \\ \vdots \\ V_p \\ \vdots \\ V_q \\ \vdots \\ V_n
\end{bmatrix}
$$

$$
=
\begin{bmatrix}
0 \\ 0 \\ 0 \\ \vdots \\ k_1 I_{CEQ1}(t-\Delta T) \\ \vdots \\ -k_1 I_{CEQ1}(t-\Delta T) \\ \vdots \\ k_2 I_{CEQ2}(t-\Delta T) \\ \vdots \\ -k_2 I_{CEQ2}(t-\Delta T) \\ \vdots \\ 0
\end{bmatrix}
+
\begin{bmatrix}
I_1 \\ -I_2 \\ 0 \\ \vdots \\ 0 \\ \vdots \\ 0 \\ \vdots \\ 0 \\ \vdots \\ 0 \\ \vdots \\ 0
\end{bmatrix}
\tag{12-1}
$$

矩阵 J 表示电容离散化后产生的等效电流源的注入电流，其中省略号部分全为 0。矩阵 I 表示外部注入的电流，以电流流入为参考正方向。

矩阵 Y 中的 y_{hl}（h 和 l 的值为 i、j、p、或 q）代表去掉电容的离散化等效支路时对应节点的自导纳与互导纳。对于单电容的子模块，可以令 k_1 为 1，k_2 为 0。

式（12-1）是由不定导纳矩阵构成的方程，为了方便求解子模块的诺顿等效电路等效电导和等效电流源参数，这里以节点 2 为参考节点，即对于不定导纳矩阵，去掉第 2 行和第 2 列变为定导纳矩阵，对于矩阵 V，J，I，均去掉第二行对应的元素，则最后可写成分块矩阵的形式，如式（12-2）所示

$$\begin{pmatrix} Y_{11} & \vdots & Y_{12} \\ \cdots & \cdots & \cdots \\ Y_{21} & \vdots & Y_{22} \end{pmatrix} \begin{pmatrix} V_{\mathrm{EX}} \\ \cdots \\ V_{\mathrm{IN}} \end{pmatrix} = \begin{pmatrix} J_{\mathrm{EX}} \\ \cdots \\ J_{\mathrm{IN}} \end{pmatrix} + \begin{pmatrix} I_{\mathrm{EX}} \\ \cdots \\ I_{\mathrm{IN}} \end{pmatrix} \tag{12-2}$$

利用嵌套快速同时求解法的思想对式（12-2）进行处理，即用外部节点的信息来表示内部节点的信息，仅保留外部节点，消去内部节点。

$$Y_{11} V_{\mathrm{EX}} + Y_{12} V_{\mathrm{IN}} = J_{\mathrm{EX}} + I_{\mathrm{EX}} \tag{12-3}$$

$$Y_{21} V_{\mathrm{EX}} + Y_{22} V_{\mathrm{IN}} = J_{\mathrm{IN}} + I_{\mathrm{IN}} = J_{\mathrm{IN}} \tag{12-4}$$

从式（12-4）中可以解出 V_{IN}，如果能求出 V_{EX}，则可以求解各子模块电容电压

$$V_{\mathrm{IN}} = Y_{22}^{-1}(J_{\mathrm{IN}} - Y_{21} V_{\mathrm{EX}}) \tag{12-5}$$

将式（12-5）代入式（12-3）可以得到

$$(Y_{11} - Y_{12} Y_{22}^{-1} Y_{21}) V_{\mathrm{EX}} = I_{\mathrm{EX}} + J_{\mathrm{EX}} - Y_{12} Y_{22}^{-1} J_{\mathrm{IN}} \tag{12-6}$$

在式（12-6）中，令

$$Y_{\mathrm{EX}} = Y_{11} - Y_{12} Y_{22}^{-1} Y_{21} \tag{12-7}$$

$$J_{\mathrm{EX}}^{\mathrm{Tsf}} = J_{\mathrm{EX}} - Y_{12} Y_{22}^{-1} J_{\mathrm{IN}} \tag{12-8}$$

则最终可以得到等式

$$Y_{\mathrm{EX}} V_{\mathrm{EX}} = I_{\mathrm{EX}} + J_{\mathrm{EX}}^{\mathrm{Tsf}} \tag{12-9}$$

子模块以节点 2 为参考点，因此矩阵 Y_{11} 中只有一个元素，式（12-9）也由一个矩阵方程变为了一个实数方程。此时，很明显地可以看出式（12-9）为诺顿等效电路的表达式，Y_{EX} 为诺顿等效电导，而 $J_{\mathrm{EX}}^{\mathrm{Tsf}}$ 为诺顿等效电流源，且该式经过简单的变形即可变为戴维南等效形式。

通过以上的方法处理任一子模块，都可得到其戴维南等效电路的参数，随后将所有子模块串联叠加后可得到图 12-2 所示的单个桥臂戴维南或者诺顿等效电路。

随后通过电磁暂态程序求解得到桥臂的电流 I_{ARM}，而由于子模块串联，对任一子模块来说 $I_{\mathrm{ARM}} = I_1 = I_2$，则可通过式（12-9）求出任一子模块的 V_{EX}，代入（12-5）中则可以求出的 V_{IN} 的值，即可反解更新子模块电容电压的值。

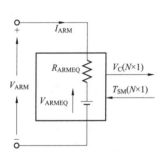

图 12-2　MMC 单个桥臂的戴维南等效电路

12.1.2　通用建模方法在双半桥的应用

本节以双半桥子模块（D-HBSM）为例，拓扑结构如图 12-3（a）所示，若采用传统方法对 D-HBSM 进行建模，很难求出其戴维南参数的解析解，其计算复杂度将非常高。本节利用 12.1.1 通用模型对其进行建模。

设子模块共 6 个节点，节点 1 和 2 为外部节点，$k_1 = 1$，$k_2 = 1$，电容节点为 $i = 1$，$j = 3$，$p = 4$，$q = 2$，其余节点分别为 5 和 6，没有出现共用极板的情况，无需进行短路收缩。

对任一双半桥子模块，以节点 2 为参考节点，则可设 $V_2 = 0$，按式（12-1）的形式列写节点电压方程如式（12-10）所示

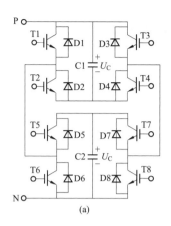
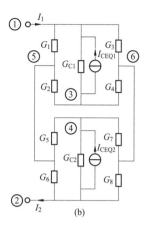

图 12-3 双半桥子模块及其等效电路

（a）子模块拓扑；（b）等效电路图

$$
\begin{bmatrix}
G_1 + G_3 + G_{C1} & -G_{C1} & 0 & -G_1 & -G_3 \\
-G_{C1} & G_2 + G_4 + G_{C1} & 0 & -G_2 & -G_4 \\
0 & 0 & G_5 + G_7 + G_{C2} & -G_5 & -G_7 \\
-G_1 & -G_2 & -G_5 & G_1 + G_2 + G_5 + G_6 & 0 \\
-G_3 & -G_4 & -G_7 & 0 & G_3 + G_4 + G_7 + G_8
\end{bmatrix}
\begin{bmatrix}
V_1 \\
V_3 \\
V_4 \\
V_5 \\
V_6
\end{bmatrix}
$$

$$
=
\begin{bmatrix}
I_{CEQ1}(t - \Delta T) \\
-I_{CEQ1}(t - \Delta T) \\
I_{CEQ2}(t - \Delta T) \\
0 \\
0
\end{bmatrix}
+
\begin{bmatrix}
I_1 \\
0 \\
0 \\
0 \\
0
\end{bmatrix}
\tag{12-10}
$$

对式（12-10）进行计算可得到 D-HBSM 的诺顿等效参数。诺顿（戴维南）等效参数的最终结果是一个以矩阵运算来表示的表达式，而不需要事先解出最终的解析解，只需要知道子模块的节点导纳矩阵即可。

12.1.3 仿真验证

12.1.3.1 MMC-HVDC 仿真模型

在 PSCAD/EMTDC 中分别搭建双端 11 电平改进双半桥型 MMC 的 EMTDC 仿真模型（完全由详细器件搭建）和 12.1.2 提出的模型，用以对比测试模型的精度和加速比，进而验证模型的通用性。整流站 MMC1 采用定直流电压、定无功控制，逆变站 MMC2 采用定有功、定无功控制。测试系统详细参数如表 12-1 中 D-HBSM 列所示。

表 12-1　　　　　　　　　　11 电平双端 MMC 系统参数

	参数	D-HBSM	P-FBSM
系统	交流电压有效值（kV）	230	230
	基波频率（Hz）	50	50
	变压器变比（kV）	230/210	230/205.13
	变压器额定容量（MVA）	350	450
	变压器漏抗（%）	15	15
	额定有功功率（MW）	300	300
	额定直流电压（kV）	400	400
	线路长度（km）	50	—
换流器	桥臂电抗（H）	0.06	0.09
	平波电抗（H）	0.15	0.1
	桥臂子模块数	10	10
	子模块额定电压（kV）	40	40
	子模块电容（μF）	600	600

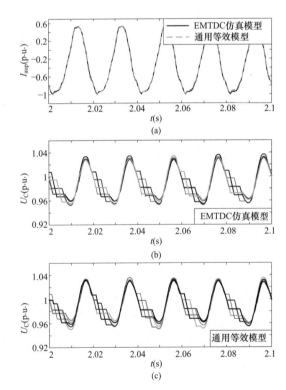

图 12-4　稳态波形对比

（a）A 相上桥臂电流；

（b）EMTDC 仿真模型子模块电容电压；

（c）通用模型子模块电容电压

在测试系统中分别设置了对称和不对称故障。双端 MMC-HVDC 测试系统运行状态如下：

（1）系统在 $t=1\text{s}$ 时达到了额定运行状态。

（2）在 $t=3\text{s}$ 时整流（定电压）侧的交流系统发生三相（或单相）接地短路故障，故障持续 0.2s 后消失，随后系统恢复正常运行。

（3）在 $t=5\text{s}$ 时整流侧发生永久性直流双极短路故障。

（4）直流故障后 2ms 即 $t=5.002\text{s}$ 时换流站闭锁，直到 6s 仿真结束。

12.1.3.2　模型仿真精度分析

1. 稳态运行分析

图 12-4 为稳态波形对比。从图 12-4 中可以看出，本节提出的模型和 EMTDC 仿真模型的子模块电容电压纹波幅值是一致的，且二者的纹波脉络几乎保持一致，仿真精度很高。同时也可以看出 10 个电容的电压纹波的重合度较高，均压效果较好，从而证明了 12.1.1 节所提到的均压算法的

合理性与可行性。

图 12-5 为总谐波畸变率对比。由图 12-5 可以看出，两种模型的 THD 实时波形并不是重合的。而由前文的对比可以看出，在各种工况下两种模型的波形是几乎完全重合的。虽然如此，但 THD 模块的滑窗特性使得在仿真中任何轻微的相位差都可能造成实时的 THD 波形尖峰的不一致，但两种模型波形尖峰的高度和平均值是基本一致的。从图 12-5 中也可以看出虚短点的谐波畸变度是要明显高于 PCC 点的谐波畸变度的，这是因为桥臂电抗和变压器都有着滤波的作用。

2. 整流侧交流系统三相接地故障分析

在 $t=3s$ 时整流侧交流系统发生三相接地短路故障，持续 0.2s 后消失，系统逐渐恢复正常运行。图 12-6 为整流侧交流系统三相接地故障波形对比。

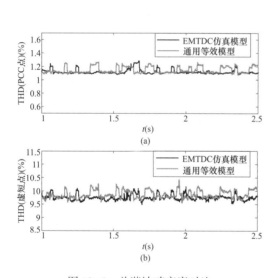

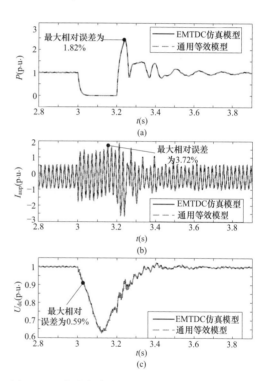

图 12-5　总谐波畸变度对比
（a）PCC 点总谐波畸变度；（b）虚短点总谐波畸变度

图 12-6　整流侧交流系统三相接地故障波形对比
（a）有功功率；（b）A 相上桥臂电流；（c）直流电压

从图 12-6 中可以看出，整流侧交流系统三相接地故障时，整流侧的各重要参量的暂态过程的波形都吻合的很好，仿真精度很高。

3. 直流双极短路故障分析

在 $t=5s$ 时在整流侧发生永久性直流双极短路故障，故障后 2ms 两侧换流站均闭锁，直至仿真结束。图 12-7 为直流双极短路故障波形对比。

由图 12-7 可知，在直流故障期间，各重要参量的波形均吻合得很好，仿真精度很高。经计算，此时直流电压、直流电流、A 相上桥臂电流的最大相对误差分别为 0.18%、0.26% 和 2.5%。对于子模块电容电压，由于其特殊结构，在闭锁后，若桥臂电流方向为正，则所有电容投入，若桥臂电流方向为负，则每个子模块只有一个电容投入，即只有一半的电容投入，因此会有一半的电容时刻处于充电过程中，因此这些电容的电压要比另外一半高。

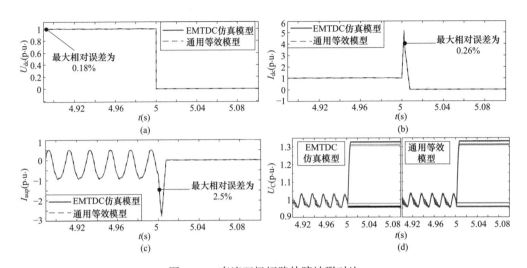

图 12-7　直流双极短路故障波形对比

(a) 直流电压；(b) 直流电流；(c) A 相上桥臂电流；(d) 子模块电容电压

4. 整流侧交流系统单相接地故障分析

在 $t=3\text{s}$ 时整流侧交流系统发生单相接地短路故障，持续 0.2s 后消失，系统逐渐恢复正常运行。图 12-8 为整流侧交流系统单相接地故障波形。

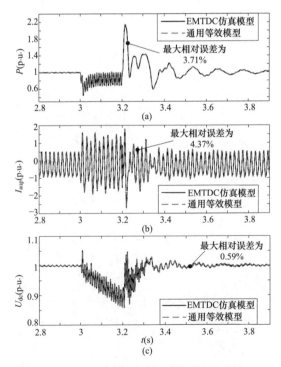

图 12-8　整流侧交流系统单相接地故障波形对比

(a) 有功功率；(b) A 相上桥臂电流；(c) 直流电压

从图 12-8 中可以看出，整流侧交流系统单相接地故障时，整流侧的各重要参量的暂态过程的波形都吻合得很好，仿真精度很高。由于交流侧单相接地，系统不对称运行并且功率产生缺额，因此传输功率下降并产生较大波动，直流电压下降，桥臂电流产生较大波动，故障消失后逐渐恢复正常。

12.1.3.3 CPU 仿真时间对比

分别搭建 11 电平、49 电平、101 电平、201 电平的单端双半桥子模块 MMC 系统的 EMTDC 仿真模型和通用模型，并对二者的 CPU 用时进行对比，计算对应的加速比，如表 12-2 所示。仿真总时长为 1s，仿真步长为 20μs。

表 12-2　　　　　　　　　　　　　　仿真时间对比

电平数	EMTDC 仿真模型（s）	通用模型（s）	加速比
11	71.3	4.4	15.8
49	8344	8.3	1005.3
101	63 078	14.4	4350.2
201	364 156	30.1	12 098.2

图 12-9 为双对数坐标系下，不同电平数单端双半桥子模块 MMC 的 EMTDC 仿真模型与通用模型仿真时间示意图。

由图 12-9 可知，单端 D-HBSM MMC 通用模型的 CPU 仿真用时的双对数曲线斜率接近 1，说明通用模型的 CPU 仿真用时随电平数近似呈线性增加，而 EMTDC 仿真模型的曲线斜率明显大于 1，EMTDC 仿真模型的 CPU 仿真用时随电平数呈非线性增加。而从表 12-2 也可以看出，在相同电平数下，单端 D-HBSM MMC-EMTDC 仿真模型的 CPU 仿真用时要明显长于对应的单端 D-HBSM MMC 通用模型，且当电平数越高这一差距将越明显。

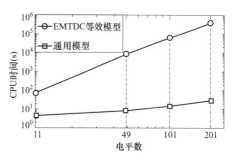

图 12-9　EMTDC 仿真模型与通用模型仿真时间示意图

12.2　双端口子模块 MMC

本节针对这些新型双端口子模块构成的 MMC 在高电平数下电磁暂态仿真速度极其缓慢的问题，提出一种适用于双端口 MMC 的通用电磁暂态高效建模方法[2]。

12.2.1　通用建模方法

目前国内外已提出的新型双端口子模块拓扑均包含 1 个子模块电容及 4 个外部节点，将这些新型双端口子模块内部的 IGBT 及其反并联二极管用一可变电导 G 等效代替，采用后退欧拉法将 t 时刻单个子模块电容 C 离散化为一个电导 G_C 与一个历史电流源 I_{CEQ} $(t-\Delta T)$ 并联，从而可以将它们的伴随电路

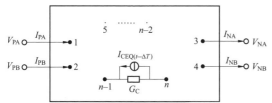

图 12-10　新型双端口子模块伴随电路

统一表示成图 12-10 的形式。

由图 12-10 可知，该子模块共有 n 个节点，其中第 1~4 节点为子模块的 4 个外部节点，第 5~n 节点为内部节点，第 $n-1$、n 个节点为子模块电容的两个端点。前一个子模块的 3、4 节点与后一个子模块的 1、2 节点对应相连，多个双端口子模块通过这种方式级联构成双端口 MMC 的 6 个桥臂。

针对图 12-10 所示的任意新型双端口子模块构成的 MMC，本节提出了一种通用电磁暂态高效建模方法，该方法在实现对外部等效的同时，能够完整保留单个桥臂的各种内部信息。该方法在每个仿真步长内的主要步骤如下：

（1）首先根据图 12-10 所示双端口子模块伴随电路列写出这一时刻全部双端口子模块各自对应的节点电压方程，之后等效消去各子模块的全部内部节点（第 5~n 节点），各子模块分别等效为只剩 4 个外部节点的等效电路。在此基础上，利用双端口子模块 MMC 单个桥臂内前一个子模块的 3、4 节点与后一个子模块的 1、2 节点对应相连，对应节点的电压、电流相等这一规律，将单个桥臂内第 1、2 个子模块的中间互联节点等效消去，得到只剩 4 个外部节点的等效电路 2，之后采用同样的方法等效消去电路 2 与第 3 个子模块的中间互联节点得到电路 3，循环迭代最后将单个桥臂内全部 N 个子模块之间的中间互联节点全部等效消去得到只剩 4 个外部节点的单个桥臂等效电路 N。该等效电路相比于实际的 MMC 单个桥臂共等效消去（$Nn-2N-2$）个节点，以 201 电平为例，消去节点数为 $200×6-400-2=798$，数目已经非常可观。

（2）将 MMC 六个桥臂全部用单个桥臂等效电路 N 替换，完成双端口子模块 MMC 电磁暂态等效模型的搭建，之后由电磁暂态仿真软件的解算器对整个双端口子模块 MMC 电磁暂态等效模型进行求解，更新得到此时等效模型各桥臂的 4 个外部节点的节点电压、电流值。

（3）步骤（2）中解算器无法直接求得各个桥臂被等效消去的内部节点的电压、电流值，此时可根据步骤（1）中的电路 $N-1$ 及第 N 个子模块的等效电路参数，由步骤（2）求得的各个桥臂等效电路 N 的 4 个外部节点的节点电压、电流值反解更新出电路 $N-1$ 与第 N 个子模块之间被等效消去的中间互联节点的电压、电流值。依此类推，循环迭代可将各个桥臂内全部 N 个子模块之间的中间互联节点的电压、电流值求出，这样各个桥臂内每个子模块的 4 个外部节点的电压、电流值均已知，由此可进一步反解更新出每个子模块被等效消去的全部内部节点的电压、电流值，进而完成每个子模块电容电压的更新。之后进入下一仿真步长，重复步骤（1）。

12.2.2 通用建模方法在并联全桥子模块的应用

单端的并联全桥子模块（P-FBSM）MMC 拓扑结构如图 12-11 所示。

单端 P-FBSM MMC 由六个桥臂构成，每一个桥臂都由 N 个 P-FBSM 及桥臂电抗器 L_{ARM} 级联构成，每一个相单元包括上下两个桥臂。其中，u_{dc} 为直流侧电压，A、B、C 三个端子接换流器交流侧的 A、B、C 三相。

若采用传统方法对 P-FBSM 进行建模，很难求出其戴维南参数的解析解，其计算复杂度将非常高。下面利用 12.2.1 节通用模型对其进行建模。

12.2.2.1 单个 P-FBSM 等效模型

将单个 P-FBSM 的 8 个 IGBT 及其反并联二极管分别用一可变电导（G_1~G_8）等效代替。在 PSCAD/EMTDC 中，当 IGBT 导通时，可变电导 G 取 $G_{ON}=100S$；当 IGBT 关断时，

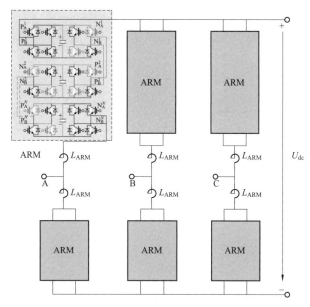

图 12-11　并联全桥子模块 MMC 示意图

可变电导 G 取 $G_{OFF} = 1\mathrm{e}^{-6}\mathrm{S}$。同时采用后退欧拉法对单个 P-FBSM 的子模块电容 C 进行离散化，也可采用梯形积分法离散化，梯形积分法比后退欧拉法下的仿真精度要高但二者差别不大，且考虑到后退欧拉法相比于梯形积分法不需要存储上一时刻的数值，因而采用后退欧拉法离散化子模块电容，以进一步提高仿真速度。t 时刻电容 C 离散化为一个电导 G_{C} 与一个历史电流源 I_{CEQ}（$t-\Delta T$）并联。最终得到 t 时刻单个 P-FBSM 的伴随电路如图 12-12 所示。

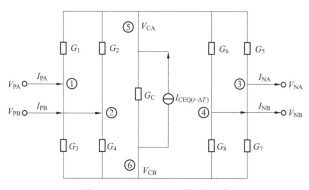

图 12-12　P-FBSM 伴随电路

由图 12-12 可知，单个 P-FBSM 共有 6 个节点，其中 1~4 节点为外部节点、5~6 节点为内部节点。假设 1~6 节点的节点电压分别为 V_{PA}、V_{PB}、V_{NA}、V_{NB}、V_{CA}、V_{CB}，1~4 节点的节点注入电流分别为 I_{PA}、I_{PB}、$-I_{NA}$、$-I_{NB}$，正方向规定为流入节点为正。类似单端口的推导方法，以大地为参考节点，可以得到对 t 时刻单个 P-FBSM 伴随电路列节点电压方程如式（12-11）所示

$$
\begin{bmatrix}
G_1 + G_3 & 0 & 0 & 0 & -G_1 & -G_3 \\
0 & G_2 + G_4 & 0 & 0 & -G_2 & -G_4 \\
0 & 0 & G_5 + G_7 & 0 & -G_5 & -G_7 \\
0 & 0 & 0 & G_6 + G_8 & -G_6 & -G_8 \\
-G_1 & -G_2 & -G_5 & -G_6 & \begin{matrix} G_1 + G_2 \\ + G_5 \\ + G_6 + G_C \end{matrix} & -G_C \\
-G_3 & -G_4 & -G_7 & -G_8 & -G_C & \begin{matrix} G_3 + G_4 \\ + G_7 \\ + G_8 + G_C \end{matrix}
\end{bmatrix}
\cdot
\begin{bmatrix}
V_{PA} \\ V_{PB} \\ V_{NA} \\ V_{NB} \\ V_{CA} \\ V_{CB}
\end{bmatrix}
$$

$$
=
\begin{bmatrix}
0 \\ 0 \\ 0 \\ 0 \\ I_{CEQ}(t - \Delta T) \\ -I_{CEQ}(t - \Delta T)
\end{bmatrix}
+
\begin{bmatrix}
I_{PA} \\ I_{PB} \\ -I_{NA} \\ -I_{NB} \\ 0 \\ 0
\end{bmatrix}
\tag{12-11}
$$

其中 $G_1 \sim G_8$ 的取值由 t 时刻 P-FBSM 的运行状态决定。G_C、I_{CEQ} $(t-\Delta T)$ 的取值如式 (12-12) 所示，其中 $V_C(t)$、$V_C(t-\Delta T)$ 分别为 t 时刻、$t-\Delta T$ 时刻子模块电容 C 的电容电压

$$
V_C(t) = V_C(t - \Delta T) + I_C(t) \cdot R_C
$$

$$
G_C = \frac{1}{R_C} = \frac{C}{\Delta T}
$$

$$
I_{CEQ}(t - \Delta T) = G_C \cdot V_C(t - \Delta T) \tag{12-12}
$$

式 (12-11) 可以改写为以下形式

$$
YV = J + I \tag{12-13}
$$

式 (12-13) 中，$V = [V_{PA}, V_{PB}, \cdots, V_{CB}]^T$，$J$ 为历史电流源向量 $[0, 0, 0, 0, I_{CEQ}(t-\Delta T), -I_{CEQ}(t-\Delta T)]^T$，$I = [I_{PA}, I_{PB}, -I_{NA}, -I_{NB}, 0, 0]^T$ 是外部系统注入节点的电流向量。将式 (2-3) 中的各矩阵按内外节点进行分块如式 (12-14) 所示

$$
Y = \begin{bmatrix} Y_{11} & Y_{12} \\ Y_{21} & Y_{22} \end{bmatrix}, \quad
V = \begin{bmatrix} V_{IF} \\ V_{IN} \end{bmatrix} =
\begin{bmatrix} V_{PA} \\ V_{PB} \\ V_{NA} \\ V_{NB} \\ V_{CA} \\ V_{CB} \end{bmatrix}, \quad
J = \begin{bmatrix} 0 \\ J_{IN} \end{bmatrix} =
\begin{bmatrix} 0 \\ 0 \\ 0 \\ 0 \\ I_{CEQ}(t - \Delta T) \\ -I_{CEQ}(t - \Delta T) \end{bmatrix}, \quad
I = \begin{bmatrix} I_{IF} \\ 0 \end{bmatrix} =
\begin{bmatrix} I_{PA} \\ I_{PB} \\ -I_{NA} \\ -I_{NB} \\ 0 \\ 0 \end{bmatrix}
$$
$$\tag{12-14}$$

式中，V_{IF} 为 4 个外部节点（1~4 节点）的节点电压向量；V_{IN} 为子模块内部节点（5~6 节点）的节点电压向量。

结合式（12-14）、式（12-13）可以改写为式（12-15）的形式

$$\begin{bmatrix} Y_{11} & Y_{12} \\ Y_{21} & Y_{22} \end{bmatrix} \begin{bmatrix} V_{IF} \\ V_{IN} \end{bmatrix} = \begin{bmatrix} 0 \\ J_{IN} \end{bmatrix} + \begin{bmatrix} I_{IF} \\ 0 \end{bmatrix} \tag{12-15}$$

将式（12-15）展开得到式（12-16）、式（12-17）

$$Y_{11}V_{IF} + Y_{12}V_{IN} = I_{IF} \tag{12-16}$$

$$Y_{21}V_{IF} + Y_{22}V_{IN} = J_{IN} \tag{12-17}$$

将式（12-17）改写得到 V_{IN} 的表达式，如式（12-18）所示

$$V_{IN} = Y_{22}^{-1} \left[J_{IN} - Y_{21}V_{IF} \right] \tag{12-18}$$

再将式（12-18）代入式（12-16）消去内部节点，得到 4 个外部节点（1~4 节点）的等效节点电压方程如式（12-19）所示

$$Y_{IF}V_{IF} = J_{IF}^{Tsf} + I_{IF} \tag{12-19}$$

其中

$$Y_{IF} = Y_{11} - Y_{12}Y_{22}^{-1}Y_{21} \tag{12-20}$$

$$J_{IF}^{Tsf} = -Y_{12}Y_{22}^{-1}J_{IN} \tag{12-21}$$

式（12-19）即为单个 P-FBSM 消去内部节点（5~6 节点）等效为只有 4 个外部节点（1~4 节点）的等效电路（以大地为参考节点）后对应的节点电压方程。t 时刻单个 P-FBSM 的运行状态已知，因此 Y_{IF} 已知；$t-\Delta T$ 时刻的电容电压 $V_C(t-\Delta T)$ 也已知，由式（12-12）、式（12-21）可计算出 J_{IF}^{Tsf}，从而完成了单个 P-FBSM 等效模型的搭建。单个子模块的内部节点（5~6 节点）虽然被等效消去，不存在于该 4 节点等效电路中，但是内部节点的节点电压信息并未丢失，可根据式（12-18）进行求解。

12.2.2.2　任意两个相邻 P-FBSM 等效模型

1. 单个 P-FBSM 等效节点电压方程按左右分块改写

将 P-FBSM MMC 单个桥臂内全部的 P-FBSM 都进行上一节的等效，得到单个桥臂内全部的 P-FBSM 各自对应的等效模型。将式（12-14）代入式（12-19）中，得到式（12-22）

$$Y_{IF} \begin{bmatrix} V_{PA} \\ V_{PB} \\ V_{NA} \\ V_{NB} \end{bmatrix} = \begin{bmatrix} J_{IF\_PA}^{Tsf} \\ J_{IF\_PB}^{Tsf} \\ J_{IF\_NA}^{Tsf} \\ J_{IF\_NB}^{Tsf} \end{bmatrix} + \begin{bmatrix} I_{PA} \\ I_{PB} \\ -I_{NA} \\ -I_{NB} \end{bmatrix} \tag{12-22}$$

为了便于之后对任意两个相邻 P-FBSM 进行连接节点的消去，本节先对单个 P-FBSM 等效节点电压方程即式（12-22），按左（PA、PB 即 1、2 节点）、右（NA、NB 即 3、4 节点）节点进行分块，其中 4×4 矩阵 Y_{IF} 将分成 4 个 2×2 的子矩阵，如式（12-23）所示

$$Y_{IF} = \begin{bmatrix} Y_{LL} & Y_{LR} \\ Y_{RL} & Y_{RR} \end{bmatrix} \tag{12-23}$$

V_{IF}、I_{IF}、J_{IF}^{Tsf} 也按左、右节点进行分块，各自分为两个 2×1 的子矩阵，式（12-24）所示

$$V_L = \begin{bmatrix} V_{PA} \\ V_{PB} \end{bmatrix}, \quad V_R = \begin{bmatrix} V_{NA} \\ V_{NB} \end{bmatrix}, \quad I_L = \begin{bmatrix} I_{PA} \\ I_{PB} \end{bmatrix}, \quad I_R = \begin{bmatrix} I_{NA} \\ I_{NB} \end{bmatrix}, \quad J_L = \begin{bmatrix} J_{IF\_PA}^{Tsf} \\ J_{IF\_PB}^{Tsf} \end{bmatrix}, \quad J_R = \begin{bmatrix} J_{IF\_NA}^{Tsf} \\ J_{IF\_NB}^{Tsf} \end{bmatrix}$$

$$\tag{12-24}$$

将式（12-23）、式（12-24）代入式（12-22）中，得到式（12-25）

$$\begin{bmatrix} Y_{LL} & Y_{LR} \\ \hline Y_{RL} & Y_{RR} \end{bmatrix} \begin{bmatrix} V_L \\ \hline V_R \end{bmatrix} = \begin{bmatrix} I_L \\ \hline -I_R \end{bmatrix} + \begin{bmatrix} J_L \\ \hline J_R \end{bmatrix}$$ (12-25)

之后将左节点（PA、PB 即 1、2 节点）、右节点（NA、NB 即 3、4 节点），各自的节点电压、电流放在一起，严格按左（L）、右（R）进行分块，式（12-25）改写为式（12-26）

$$\begin{bmatrix} Y_{LL} & -\begin{pmatrix} 1 & 0 \\ 0 & 1 \end{pmatrix} & Y_{LR} & \begin{pmatrix} 0 & 0 \\ 0 & 0 \end{pmatrix} \\ \hline Y_{RL} & \begin{pmatrix} 0 & 0 \\ 0 & 0 \end{pmatrix} & Y_{RR} & \begin{pmatrix} 1 & 0 \\ 0 & 1 \end{pmatrix} \end{bmatrix} \begin{bmatrix} V_L \\ I_L \\ \hline V_R \\ I_R \end{bmatrix} = \begin{bmatrix} J_L \\ \hline J_R \end{bmatrix}$$ (12-26)

对式（12-26）中的各子矩阵重新命名如式（12-27）、式（12-28）所示

$$\begin{bmatrix} A_{LL} & A_{LR} \\ \hline A_{RL} & A_{RR} \end{bmatrix} = \begin{bmatrix} Y_{LL} & -\begin{pmatrix} 1 & 0 \\ 0 & 1 \end{pmatrix} & Y_{LR} & \begin{pmatrix} 0 & 0 \\ 0 & 0 \end{pmatrix} \\ \hline Y_{RL} & \begin{pmatrix} 0 & 0 \\ 0 & 0 \end{pmatrix} & Y_{RR} & \begin{pmatrix} 1 & 0 \\ 0 & 1 \end{pmatrix} \end{bmatrix}$$ (12-27)

$$X_L = \begin{bmatrix} V_L \\ \hline I_L \end{bmatrix}, \qquad X_R = \begin{bmatrix} V_R \\ \hline I_R \end{bmatrix}$$ (12-28)

将式（12-27）、式（12-28）代入式（12-26）中，得式（12-29）

$$\begin{bmatrix} A_{LL} & A_{LR} \\ \hline A_{RL} & A_{RR} \end{bmatrix} \begin{bmatrix} X_L \\ \hline X_R \end{bmatrix} = \begin{bmatrix} J_L \\ \hline J_R \end{bmatrix}$$ (12-29)

式（12-29）与式（12-22）是等效的，只是形式不同，都是消去两个内部节点后的单个 P-FBSM 等效节点电压方程。

2. 任意两个相邻 P-FBSM 连接节点的消去

本小节将以 P-FBSM MMC 单个桥臂内第 1、2 个 P-FBSM 为例，说明任意两个相邻 P-FBSM 连接节点的消去。第 1、2 个 P-FBSM 按左右分块后的等效节点电压方程分别如式（12-30）、式（12-31）所示，式（12-30）、式（12-31）中各变量的上标 1、2 分别表示的是单个桥臂内第 1、2 个 P-FBSM 的序号

$$\begin{bmatrix} A_{LL}^1 & A_{LR}^1 \\ \hline A_{RL}^1 & A_{RR}^1 \end{bmatrix} \begin{bmatrix} X_L^1 \\ \hline X_R^1 \end{bmatrix} = \begin{bmatrix} J_L^1 \\ \hline J_R^1 \end{bmatrix}$$ (12-30)

$$\begin{bmatrix} A_{LL}^2 & A_{LR}^2 \\ \hline A_{RL}^2 & A_{RR}^2 \end{bmatrix} \begin{bmatrix} X_L^2 \\ \hline X_R^2 \end{bmatrix} = \begin{bmatrix} J_L^2 \\ \hline J_R^2 \end{bmatrix}$$ (12-31)

如图 12-12 所示，第 1 个 P-FBSM 的右节点（N_A^1、N_B^1）与第 2 个 P-FBSM 的左节点（P_A^2、P_B^2）直接相连，根据图 12-12 规定的 P-FBSM 外部节点的节点电压、电流的方向可知，第 1 个 P-FBSM 的右节点与第 2 个 P-FBSM 对应的左节点的节点电压、电流相等，如式（12-32）所示

$$X_{RL} = X_R^1 = X_L^2$$ (12-32)

将式（12-32）代入式（12-30）、式（12-31）中联立展开得到式（12-33），再将式

（12-33）改写为矩阵方程形式如式（13-34）所示

$$\begin{cases} A_{LL}^1 X_L^1 + A_{LR}^1 X_{RL} = J_L^1 \\ A_{RR}^2 X_R^2 + A_{RL}^2 X_{RL} = J_R^2 \\ A_{RL}^1 X_L^1 + A_{RR}^1 X_{RL} = J_R^1 \\ A_{LR}^2 X_R^2 + A_{LL}^2 X_{RL} = J_L^2 \end{cases} \tag{12-33}$$

$$\begin{bmatrix} A_{LL}^1 & 0 & A_{LR}^1 \\ 0 & A_{RR}^2 & A_{RL}^2 \\ A_{RL}^1 & 0 & A_{RR}^1 \\ 0 & A_{LR}^2 & A_{LL}^2 \end{bmatrix} \begin{bmatrix} X_L^1 \\ X_R^2 \\ X_{RL} \end{bmatrix} = \begin{bmatrix} J_L^1 \\ J_R^2 \\ J_R^1 \\ J_L^2 \end{bmatrix} \tag{13-34}$$

将式（13-34）按第 3、4 行展开得到式（12-35），之后再由式（12-35）求得 X_{RL} 的计算表达式如式（12-36）所示

$$\begin{bmatrix} A_{RL}^1 & 0 \\ 0 & A_{LR}^2 \end{bmatrix} \begin{bmatrix} X_L^1 \\ X_R^2 \end{bmatrix} + \begin{bmatrix} A_{RR}^1 \\ A_{LL}^2 \end{bmatrix} X_{RL} = \begin{bmatrix} J_R^1 \\ J_L^2 \end{bmatrix} \tag{12-35}$$

$$X_{RL} = \begin{bmatrix} A_{RR}^1 \\ A_{LL}^2 \end{bmatrix}^{-1} \begin{bmatrix} J_R^1 \\ J_L^2 \end{bmatrix} - \begin{bmatrix} A_{RR}^1 \\ A_{LL}^2 \end{bmatrix}^{-1} \begin{bmatrix} A_{RL}^1 & 0 \\ 0 & A_{LR}^2 \end{bmatrix} \begin{bmatrix} X_L^1 \\ X_R^2 \end{bmatrix} \tag{12-36}$$

将式（13-34）按第 1、2 行展开得到式（12-37），之后将式（12-36）代入式（12-37）中，消去两个 P-FBSM 的连接节点对应的变量 X_{RL}，得到式（12-38）

$$\begin{bmatrix} A_{LL}^1 & 0 \\ 0 & A_{RR}^2 \end{bmatrix} \begin{bmatrix} X_L^1 \\ X_R^2 \end{bmatrix} + \begin{bmatrix} A_{LR}^1 \\ A_{RL}^2 \end{bmatrix} X_{RL} = \begin{bmatrix} J_L^1 \\ J_R^2 \end{bmatrix} \tag{12-37}$$

$$\left\{ \begin{bmatrix} A_{LL}^1 & 0 \\ 0 & A_{RR}^2 \end{bmatrix} - \begin{bmatrix} A_{LR}^1 \\ A_{RL}^2 \end{bmatrix} \begin{bmatrix} A_{RR}^1 \\ A_{LL}^2 \end{bmatrix}^{-1} \begin{bmatrix} A_{RL}^1 & 0 \\ 0 & A_{LR}^2 \end{bmatrix} \right\} \cdot \begin{bmatrix} X_L^1 \\ X_R^2 \end{bmatrix} = \begin{bmatrix} J_L^1 \\ J_R^2 \end{bmatrix} - \begin{bmatrix} A_{LR}^1 \\ A_{RL}^2 \end{bmatrix} \begin{bmatrix} A_{RR}^1 \\ A_{LL}^2 \end{bmatrix}^{-1} \begin{bmatrix} J_R^1 \\ J_L^2 \end{bmatrix} \tag{12-38}$$

对式（12-38）中各矩阵重新命名，如式（12-39）、式（12-40）所示

$$\begin{bmatrix} A_{LL}^{1-2} & A_{LR}^{1-2} \\ A_{RL}^{1-2} & A_{RR}^{1-2} \end{bmatrix} = \begin{bmatrix} A_{LL}^1 & 0 \\ 0 & A_{RR}^2 \end{bmatrix} - \begin{bmatrix} A_{LR}^1 \\ A_{RL}^2 \end{bmatrix} \begin{bmatrix} A_{RR}^1 \\ A_{LL}^2 \end{bmatrix}^{-1} \begin{bmatrix} A_{RL}^1 & 0 \\ 0 & A_{LR}^2 \end{bmatrix} \tag{12-39}$$

$$\begin{bmatrix} J_L^{1-2} \\ J_R^{1-2} \end{bmatrix} = \begin{bmatrix} J_L^1 \\ J_R^2 \end{bmatrix} - \begin{bmatrix} A_{LR}^1 \\ A_{RL}^2 \end{bmatrix} \begin{bmatrix} A_{RR}^1 \\ A_{LL}^2 \end{bmatrix}^{-1} \begin{bmatrix} J_R^1 \\ J_L^2 \end{bmatrix} \tag{12-40}$$

式（12-39）、式（12-40）中的上标"1-2"表示将第 1、2 两个 P-FBSM 消去连接节点等效成一个模块。将式（12-39）、式（12-40）代入式（12-38）中替换掉相应矩阵，式（12-38）由此可改写为式（12-41）

$$\begin{bmatrix} A_{LL}^{1-2} & A_{LR}^{1-2} \\ A_{RL}^{1-2} & A_{RR}^{1-2} \end{bmatrix} \begin{bmatrix} X_L^1 \\ X_R^2 \end{bmatrix} = \begin{bmatrix} J_L^{1-2} \\ J_R^{1-2} \end{bmatrix} \tag{12-41}$$

式（12-41）即为第 1、2 两个 P-FBSM 消去二者的连接节点等效成一个仅含 4 个节点（都为外部节点）的等效电路（以大地为参考节点）对应的节点电压方程。由式（12-41）可以确定该 4 节点等效电路，（以大地为参考节点）的左节点是第 1 个 P-FBSM 的左节点

（P_A^1、P_B^1），右节点是第 2 个 P-FBSM 的右节点（N_A^2、N_B^2）。第 1、2 两个 P-FBSM 二者的连接节点虽然被等效消去，不存在于该 4 节点等效电路中，但是连接节点的节点电压、电流信息并未丢失，可根据式（12-36）进行求解。

本小节提出的任意两个相邻 P-FBSM 之间连接节点的消去方法及对应的公式，虽是以单个桥臂内第 1、2 两个相邻 P-FBSM 为例推导的，但对于单个桥臂内其他任意两个相邻 P-FBSM 也是完全适用的，只需将各公式中变量的上标序号由 1、2、1-2，对应修改为 i、$(i+1)$、$i-(i+1)$ 即可，其他完全相同。其中 i、$(i+1)$ 分别为单个桥臂第 i、$(i+1)$ 个 P-FBSM 的序号。为便于叙述，本节用 $i-j$ 表示将单个桥臂（假设共有 N 个 P-FBSM）内第 i、$i+1$、$\cdots$、j 个 P-FBSM（$1 = < i \cdots < = j <= N$）彼此之间的全部连接节点消去后得到的一个 4 节点等效电路。

对比式（12-41）和式（12-30）、式（12-31）可知，将单个桥臂内第 1、2（i、$i+1$ 也是同理）两个 P-FBSM 之间的连接节点消去后得到的 4 节点等效电路 1-2（$i-i+1$ 也是同理），其按左右分块改写的节点电压方程与单个桥臂内第 1、2（i、$i+1$ 也是同理）两个 P-FBSM 按左右分块改写的节点电压方程在形式和各矩阵阶数上完全相同。因此，若要将 1-2（$i-i+1$ 也是同理）与其相邻的单个桥臂内第 3 个 P-FBSM 之间的连接节点消去，本小节提出的任意两个相邻 P-FBSM 之间连接节点的消去方法及对应的公式也是完全适用的，只需在使用时将各公式中变量的上标序号由 1、2、1-2 对应修改为 1-2、3、1-3 即可，其他完全相同。依此类推，若要将 $i-j$ 与其相邻的单个桥臂内第 $j+1$ 个 P-FBSM 的中间连接节点消去，本小节提出的任意两个相邻 P-FBSM 之间连接节点的消去方法及对应的公式也是完全适用的，只需在使用时将各公式中变量的上标序号对应修改即可，其他完全相同。

12.2.2.3　P-FBSM MMC 单个桥臂等效模型

将 P-FBSM MMC 单个桥臂内全部的 P-FBSM 都进行等效，得到单个桥臂内全部的 P-FBSM 各自对应的等效节点电压方程，在此基础上，再对单个桥臂内全部的 P-FBSM 的等效节点电压方程进行 11.2.3.2 节的按左右分块改写，为随后单个桥臂等效模型的建立做好准备。之后采用任意两个相邻 P-FBSM 之间连接节点的消去方法，将单个桥臂内第 1、2 个 P-FBSM 之间的连接节点消去得到 1-2，之后采用同样的方法将 1-2 与单个桥臂内第 3 个 P-FBSM 之间的连接节点消去得到 1-3，依此类推顺序逐步消去，最后得到单个桥臂的 4 节点等效电路 1-N。

单个桥臂的 4 节点等效电路 1-N 按左右分块改写的等效节点电压方程如式（12-42）所示，形式与式（12-41）相同

$$
\begin{bmatrix}
A_{LL}^{1-N} & A_{LR}^{1-N} \\
\hline
A_{RL}^{1-N} & A_{RR}^{1-N}
\end{bmatrix}
\begin{bmatrix}
X_L^1 \\
X_R^N
\end{bmatrix}
=
\begin{bmatrix}
J_L^{1-N} \\
J_R^{1-N}
\end{bmatrix}
\tag{12-42}
$$

该公式并非严格意义上的等效节点电压方程，而是按照本节定义的按左右分块改写的等效节点电压方程，无法直接由式（12-42）确定单个桥臂的 4 节点等效电路 1-N。因此需要将式（12-42）重新改写回严格意义上的等效节点电压方程。

对式（12-42）中的 A 矩阵进行分块，如式（12-43）所示

$$
\begin{bmatrix}
A_{LL}^{1-N} & A_{LR}^{1-N} \\
\hline
A_{RL}^{1-N} & A_{RR}^{1-N}
\end{bmatrix}
=
\left[
\begin{array}{cc|cc}
a_{LL}^{1-N} & \alpha_{LL}^{1-N} & a_{LR}^{1-N} & \alpha_{LR}^{1-N} \\
\hline
a_{RL}^{1-N} & \alpha_{RL}^{1-N} & a_{RR}^{1-N} & \alpha_{RR}^{1-N}
\end{array}
\right]
\tag{12-43}
$$

将式（12-28）、式（12-43）代入式（12-42）中得到式（12-44）

$$\begin{bmatrix} -\alpha_{\mathrm{LL}}^{1-N} & \alpha_{\mathrm{LR}}^{1-N} \\ -\alpha_{\mathrm{RL}}^{1-N} & \alpha_{\mathrm{RR}}^{1-N} \end{bmatrix}^{-1} \begin{bmatrix} a_{\mathrm{LL}}^{1-N} & a_{\mathrm{LR}}^{1-N} \\ a_{\mathrm{RL}}^{1-N} & a_{\mathrm{RR}}^{1-N} \end{bmatrix} \begin{bmatrix} V_{\mathrm{L}}^{1} \\ V_{\mathrm{R}}^{N} \end{bmatrix} = \begin{bmatrix} -\alpha_{\mathrm{LL}}^{1-N} & \alpha_{\mathrm{LR}}^{1-N} \\ -\alpha_{\mathrm{RL}}^{1-N} & \alpha_{\mathrm{RR}}^{1-N} \end{bmatrix}^{-1} \begin{bmatrix} J_{\mathrm{L}}^{1-N} \\ \cdots \\ J_{\mathrm{R}}^{1-N} \end{bmatrix} + \begin{bmatrix} I_{\mathrm{L}}^{1} \\ -I_{\mathrm{R}}^{N} \end{bmatrix} \quad (12\text{-}44)$$

对式（12-44）中的各矩阵重新命名，如式（12-45）～式（12-47）所示

$$Y_{\mathrm{IF}}^{1-N} = \begin{bmatrix} -\alpha_{\mathrm{LL}}^{1-N} & \alpha_{\mathrm{LR}}^{1-N} \\ -\alpha_{\mathrm{RL}}^{1-N} & \alpha_{\mathrm{RR}}^{1-N} \end{bmatrix}^{-1} \begin{bmatrix} a_{\mathrm{LL}}^{1-N} & a_{\mathrm{LR}}^{1-N} \\ a_{\mathrm{RL}}^{1-N} & a_{\mathrm{RR}}^{1-N} \end{bmatrix} \quad (12\text{-}45)$$

$$J_{\mathrm{IF}}^{1-N} = \begin{bmatrix} -\alpha_{\mathrm{LL}}^{1-N} & \alpha_{\mathrm{LR}}^{1-N} \\ -\alpha_{\mathrm{RL}}^{1-N} & \alpha_{\mathrm{RR}}^{1-N} \end{bmatrix}^{-1} \begin{bmatrix} J_{\mathrm{L}}^{1-N} \\ \cdots \\ J_{\mathrm{R}}^{1-N} \end{bmatrix} \quad (12\text{-}46)$$

$$V_{\mathrm{IF}}^{1-N} = \begin{bmatrix} V_{\mathrm{L}}^{1} \\ V_{\mathrm{R}}^{N} \end{bmatrix} = \begin{bmatrix} V_{\mathrm{PA}}^{1} \\ V_{\mathrm{PB}}^{1} \\ V_{\mathrm{NA}}^{N} \\ V_{\mathrm{NB}}^{N} \end{bmatrix}, \quad I_{\mathrm{IF}}^{1-N} = \begin{bmatrix} I_{\mathrm{L}}^{1} \\ -I_{\mathrm{R}}^{N} \end{bmatrix} = \begin{bmatrix} I_{\mathrm{PA}}^{1} \\ I_{\mathrm{PB}}^{1} \\ -I_{\mathrm{NA}}^{N} \\ -I_{\mathrm{NB}}^{N} \end{bmatrix} \quad (12\text{-}47)$$

将式（12-45）～式（12-47）代入式（12-44）中，得到式（12-48）

$$Y_{\mathrm{IF}}^{1-N} V_{\mathrm{IF}}^{1-N} = J_{\mathrm{IF}}^{1-N} + I_{\mathrm{IF}}^{1-N} \quad (12\text{-}48)$$

12.2.3 仿真验证

在 PSCAD/EMTDC 中分别搭建了 11 电平双端 P-FBSM MMC 的详细模型和等效模型，模型的架构如图 12-13 所示。逆变站 MMC1 采用定有功、定无功控制，整流站 MMC2 采用定直流电压、定无功控制，系统详细参数如 12-1 所示。

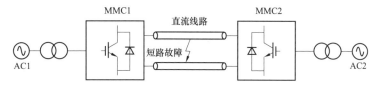

图 12-13 双端 P-FBSM MMC 测试系统

考虑到 P-FBSM MMC 详细模型在较高电平数时仿真速度极其缓慢，为节省仿真时间，本节采用图 12-13 双端 P-FBSM MMC 系统中的 MMC1 搭建了 25、49、73、145、289、577 电平的单端 P-FBSM MMC 的详细模型和等效模型，系统详细参数如表 121 中 P-FBSM 列所示。仿真总时长 1s，仿真步长 20μs。

11 电平双端 P-FBSM MMC 测试系统启动方案如下：

（1）在 $t=0\sim0.5\mathrm{s}$，双端 P-FBSM MMC 闭锁充电，进入启动第一阶段；

（2）在 $t=0.5\sim1\mathrm{s}$，令双端 P-FBSM MMC 全部的 P-FBSM 的 T7 和 T8 导通，其他 IGBT 全部关断，进入启动第二阶段；

（3）在 $t=1\mathrm{s}$，双端 P-FBSM MMC 解锁；

（4）在 $t=1\sim1.5\mathrm{s}$，整流、逆变侧均为定直流电压控制，直流电压斜率上升至 400kV，无功定值为 0；

（5）在 $t=1.5\mathrm{s}$，接通直流侧，同时逆变侧转换为定有功控制；

（6）在 $t=1.5\sim2\mathrm{s}$，逆变侧有功斜率上升至 $-300\mathrm{MW}$，启动过程基本结束。

12.2.3.1 仿真精度对比

本节将对双端 11 电平 P-FBSM MMC 的详细模型和等效模型在启动、稳态、功率阶跃、直流故障处理以及直流故障恢复 5 种运行状态下的仿真精度进行对比。本节所有的仿真波形图纵坐标均为标幺值。

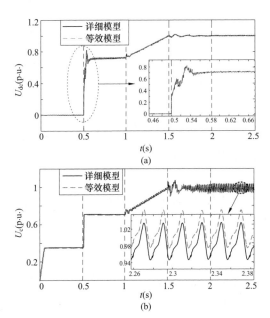

图 12-14　MMC 模型精度验证

（a）直流电压；（b）电容电压

1. 启动阶段

图 12-14（a）、（b）分别为 P-FBSM MMC 启动时，直流电压 U_{dc} 和整流侧 A 相上桥臂单个 P-FBSM 的电容电压 U_{C} 的波形图。

由图 12-14（a）可知，在 P-FBSM MMC 整个启动过程中，详细模型与等效模型的直流电压 U_{dc} 波形始终吻合得很好。即使在启动第一、二阶段的切换时刻出现了阶跃和尖峰，但两种模型的直流电压 U_{dc} 波形依然高度吻合。由图 12-14（b）可知，在 P-FBSM MMC 整个启动过程中，详细模型和等效模型同一个 P-FBSM 的电容电压 U_{C} 波形依然高度吻合。

2. 稳态运行

在 $t=3.0\mathrm{s}$ 时，双端 P-FBSM MMC 进入稳态运行状态。图 12-15 为稳态电压、电流波形。

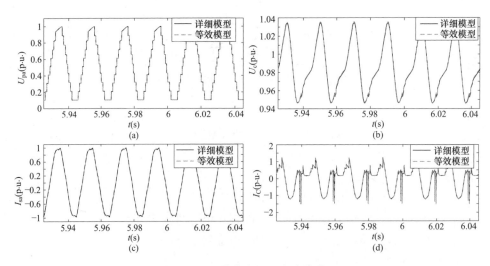

图 12-15　稳态电压、电流波形

（a）进入稳态后 P-FBSM MMC 整流侧 A 相上桥臂电压 U_{pa}；（b）整流侧 A 相上桥臂单个 P-FBSM 电容电压 U_{C}；

（c）逆变侧 A 相交流电流 I_{sa}；（d）整流侧 A 相上桥臂单个 P-FBSM 电容电流 I_{C}

由图 12-15 可知，在 P-FBSM MMC 稳态运行期间详细模型与等效模型的桥臂电压 U_{pa}、电容电压 U_C、交流电流 I_{sa} 和电容电流 I_C 的波形均重合得很好，仿真精度很高。

3. 功率阶跃

在 $t=7s$ 时，逆变侧发生功率阶跃（有功功率由 -300MW 阶跃至 -260MW），之后有功一直维持 -260MW。图 12-16 为功率阶跃阶段各状态量波形图。

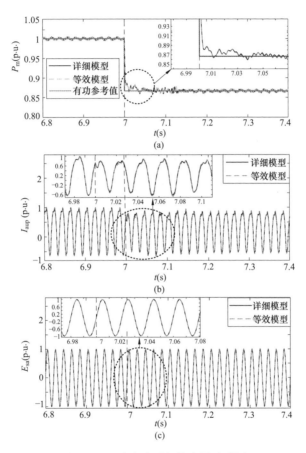

图 12-16 功率阶跃各状态量波形图

（a）P-FBSM MMC 有功功率 P_m；（b）逆变侧 A 相上桥臂电流 I_{aup}；
（c）整流侧 A 相交流电压 E_{sa} 的仿真波形图

由图 12-16 可知，在双端 P-FBSM MMC 发生功率阶跃的整个过程中，详细模型与等效模型的有功功率 P_m、桥臂电流 I_{aup}、交流电压 E_{sa} 的仿真波形均高度吻合，具有很高的仿真精度。

4. 直流故障处理

在 $t=11.3s$ 时，整流侧发生瞬时直流双极短路故障，3ms 后闭锁，之后保持闭锁状态直至 $t=11.56s$ 解锁。图 12-17 为直流故障处理过程。

由图 12-17 可知，在 P-FBSM MMC 直流故障处理期间，详细模型与等效模型的直流电压 U_{dc}、电容电压 U_C、直流电流 I_{dc}、交流电流 I_{sa} 的波形均重合得很好，具有很高的仿真精度。

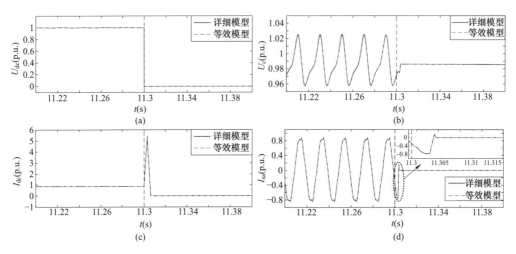

图 12-17　直流故障处理

（a）直流故障处理期间 P-FBSM MMC 整流侧直流电压 U_{dc}；（b）逆变侧 A 相上桥臂单个 P-FBSM 电容电压 U_C；

（c）整流侧直流电流 I_{dc}；（d）整流侧 A 相交流电流 I_{sa}

5. 直流故障恢复

在 $t = 11.5s$ 时，整流侧的直流双极短路故障被切除，在 $t = 11.56s$ 时换流器解锁，之后一直保持解锁状态直至 $t = 14s$ 仿真结束。图 12-18 为直流故障过程。

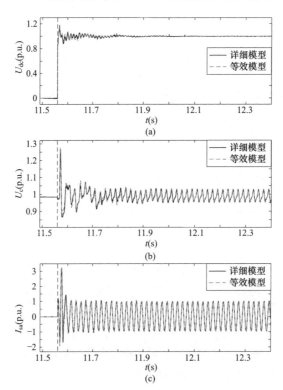

图 12-18　直流故障

（a）直流故障恢复期间 P-FBSM MMC 整流侧直流电压 U_{dc}；（b）逆变侧 A 相上桥臂单个 P-FBSM 电容电压 U_C；

（c）整流侧 A 相交流电流 I_{sa}

由图 12-18 可知，在 P-FBSM MMC 直流故障恢复期间，详细模型与等效模型的直流电压 U_{dc}、电容电压 U_C、交流电流 I_{sa} 的波形均重合得很好，具有很高的仿真精度。

综上，本节提出的 P-FBSM MMC 等效模型相比于对应的详细模型在启动、稳态、暂态等运行工况下均能取得很高的仿真精度，从而有效地验证了本节提出的 P-FBSM MMC 等效模型的精确性。

12.2.3.2　加速比验证

本节分别对搭建的 25、49、73、145、289、577 电平单端 P-FBSM MMC 详细模型和等效模型的 CPU 用时进行了仿真对比，并计算了对应的仿真加速比，如表 12-3 所示。

表 12-3　　　　　　　　　　详细模型与等效模型仿真时间对比

子模块数（个）	详细模型（s）	等效模型（s）	加速比
24	74.1	5.2	14.2
48	456.9	8.9	51.3
72	1125.1	10.6	106.1
144	5122.5	23.5	217.9
288	26 722.8	45.2	591.2
576	110 235.6	88.5	1245.6

图 12-19 为双对数坐标系下，不同电平数的单端 P-FBSM MMC 详细模型与对应的等效模型仿真时间示意图。

由图 12-19 可知，随着 P-FBSM 个数的不断增加，单端 P-FBSM MMC 详细模型与对应的等效模型的 CPU 仿真用时均呈线性增加，电平数越高仿真用时越长。但是在相同电平数下，单端 P-FBSM MMC 详细模型的 CPU 仿真用时要明显长于对应的单端 P-FBSM MMC 等效模型，且当 P-FBSM 个数越多这一差距将越明显。

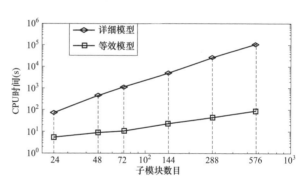

图 12-19　P-FBSM MMC 详细模型与等效模型仿真时间示意图

由表 12-3 可知，在 73 电平时，对应的加速比已经达到了 2 个数量级，随着电平数进一步升高，在 577 电平时，加速比为 1245.6，达到了 3 个数量级，这充分说明了本节提出的 P-FBSM MMC 等效模型相比于对应的详细模型能够有效地降低电磁暂态仿真用时，极大地提高仿真研究的效率，且电平数越高，仿真加速比越大。

12.3　多类型 MMC 拓扑的自动识别

在电磁暂态仿真软件中进行建模编程时，结点电压方程中的电导元素是每个步长都要改变的，大大增加了用户的编程工作量。本节提出多类型子模块拓扑的快速自动识别方法，可以由仿真软件通过矩阵运算即可得到子模块对应的节点电压方程，无需预先求出节点电压方程中各矩阵对应元素的解析表达式[3]。

12.3.1 识别方法

为了不失一般性，假定任意新型子模块拓扑中最多包含两个电容，将电容进行积分离散

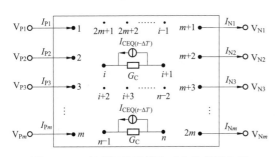

图 12-20　任意拓扑子模块对应的伴随电路

化为诺顿等效形式，并使用阻值可变的电阻来代替开关器件，可得任意子模块的伴随电路如图 12-20 所示。图 12-20 共含 n 个节点，其中第 $1\sim2m$ 个节点为子模块的外部连接节点，其余均为子模块内部节点，第 $i\sim n$ 号节点为电容节点。

以图 12-20 为例，假设任意拓扑子模块伴随电路中共含 n 个节点、b 条支路（其中电容虽然被离散化为一个电导和电流源并联，但依然视为一条支路）。首先对子模块伴随电路中各节点和支路分别从 $1\sim n$、$1\sim b$ 进行编号，并规定各支路方向，其中电容支路的方向取电容的正方向、其余支路方向可任意取，如此便可得到该子模块对应的有向图，进而构造子模块对应的 n 行 b 列关联矩阵 A_a，A_a 的行数对应有向图的节点数、列数对应有向图的支路数。

除关联矩阵 A_a 外，还需基于有向图构造任意拓扑子模块对应的支路导纳矩阵 Y_b 和支路电流源列向量 I_S，其中 Y_b 为 b 阶对角矩阵，其元素为全部内部电流源置零后各支路导纳值，其表达式如下所示；I_S 为 b 维列向量，其元素为各支路诺顿等效电流源值

$$Y_b = \text{diag}[G_1, \ G_2, \ \cdots, \ G_{C1}, \ \cdots, \ G_{C2}, \ \cdots, \ G_b] \tag{12-49}$$

$$\dot{I}_S = [\cdots \quad I_{CEQ1}(t - \Delta T) \quad \cdots \quad I_{CEQ2}(t - \Delta T) \quad \cdots]^T \tag{12-50}$$

由任意拓扑子模块对应的关联矩阵 A_a、支路导纳矩阵 Y_b 和支路电流源列向量 I_S 根据式（12-49）和式（12-50）构造任意拓扑子模块对应的节点电压方程（以大地为参考节点），如式（12-51）所示

$$Y = A_a Y_b A_a^T \tag{12-51}$$

$$J = A_a I_S \tag{12-52}$$

$$YV = J + I \tag{12-53}$$

最终式（12-53）可以写为如下分块矩阵的形式

$$\begin{bmatrix} Y_{11} & Y_{12} \\ Y_{21} & Y_{22} \end{bmatrix} \begin{bmatrix} V_{EX} \\ V_{IN} \end{bmatrix} = \begin{bmatrix} J_{EX} \\ J_{IN} \end{bmatrix} + \begin{bmatrix} I_{EX} \\ I_{IN} \end{bmatrix} \tag{12-54}$$

Y、V、J、I 分别为任意拓扑子模块对应的 n 阶节点导纳矩阵、n 维节点电压列向量、n 维历史电流源列向量、n 维节点注入电流列向量，其中 J、I 正方向规定为流入节点为正。下标 EX 表示外部节点，下标 IN 表示内部节点。

12.3.2 双端口 MMC 子模块拓扑识别

任意双端口子模块拓扑只含 4 个外部节点，由图 12-20 可知 m 的取值为 2，其对应的伴随电路如图 12-10 所示。

设图 12-10 中子模块共包含 n 个节点，其中第 1~4 节点为子模块的外部节点，其他节点为内部节点，其中第 i、$i+1$ 和第 $n-1$、n 个节点分别为两个子模块电容对应的端点。前一个子模块的 3、4 节点与后一个子模块的 1、2 节点对应相连，N 个双端口子模块级联构成双端口 MMC 桥臂。

本节以并联全桥子模块为例，拓扑结构如图 12-11 所示，说明本节提出的拓扑识别方法对任意双端口子模块 MMC 具备通用性。图 12-21 为 P-FBSM 伴随电路的有向图。

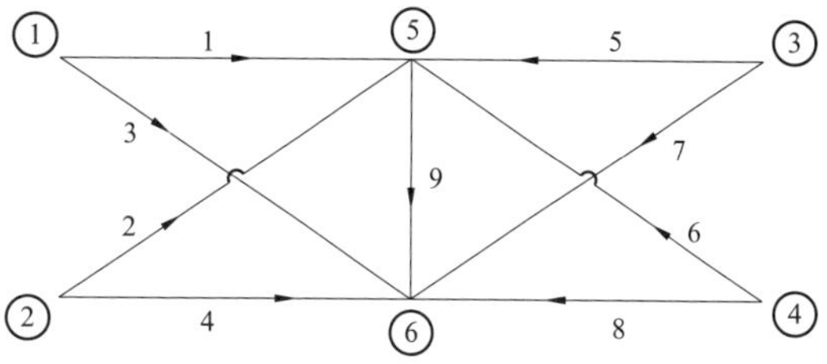

图 12-21　P-FBSM 有向图

根据 12.2.2 节的相关内容，可得到 P-FBSM 对应的关联矩阵、支路导纳矩阵和支路电流源列向量分别为

$$A_{\mathrm{a}} = \begin{bmatrix} 1 & 0 & 1 & 0 & 0 & 0 & 0 & 0 & 0 \\ 0 & 1 & 0 & 1 & 0 & 0 & 0 & 0 & 0 \\ 0 & 0 & 0 & 0 & 1 & 0 & 1 & 0 & 0 \\ 0 & 0 & 0 & 0 & 0 & 1 & 0 & 1 & 0 \\ -1 & -1 & 0 & 0 & -1 & -1 & 0 & 0 & 1 \\ 0 & 0 & -1 & -1 & 0 & 0 & -1 & -1 & -1 \end{bmatrix} \tag{12-55}$$

$$Y_{\mathrm{b}} = \mathrm{diag}\,[\,G_1,\ G_2,\ G_3,\ G_4,\ G_5,\ G_6,\ G_7,\ G_8,\ G_{\mathrm{C}}\,] \tag{12-56}$$

$$\dot{I}_{\mathrm{S}} = [\,0\quad 0\quad 0\quad 0\quad 0\quad 0\quad 0\quad 0\quad I_{\mathrm{CEQ}}(t-\Delta T)\,]^{\mathrm{T}} \tag{12-57}$$

从而得到 P-FBSM 对应的节点电压方程（以大地为参考节点）为

$$\begin{bmatrix} G_1+G_3 & 0 & 0 & 0 & -G_1 & -G_3 \\ 0 & G_2+G_4 & 0 & 0 & -G_2 & -G_4 \\ 0 & 0 & G_5+G_7 & 0 & -G_5 & -G_7 \\ 0 & 0 & 0 & G_6+G_8 & -G_6 & -G_8 \\ -G_1 & -G_2 & -G_5 & -G_6 & \begin{matrix}G_1+G_2\\+G_5\\+G_6+G_{\mathrm{C}}\end{matrix} & -G_{\mathrm{C}} \\ -G_3 & -G_4 & -G_7 & -G_8 & -G_{\mathrm{C}} & \begin{matrix}G_3+G_4\\+G_7\\+G_8+G_{\mathrm{C}}\end{matrix} \end{bmatrix} \cdot \begin{matrix} V_{\mathrm{IF}}\left\{\begin{matrix}V_{\mathrm{PA}}\\V_{\mathrm{PB}}\\V_{\mathrm{NA}}\\V_{\mathrm{NB}}\end{matrix}\right.\\ V_{\mathrm{IN}}\left\{\begin{matrix}V_{\mathrm{CA}}\\V_{\mathrm{CB}}\end{matrix}\right.\end{matrix}$$

$$= \begin{matrix} \\ \\ \\ J_{\mathrm{IN}}\left\{\begin{matrix} \end{matrix}\right.\end{matrix}\begin{bmatrix}0\\0\\0\\0\\ \hline I_{\mathrm{CEQ}}(t-\Delta T)\\ -I_{\mathrm{CEQ}}(t-\Delta T)\end{bmatrix} + I_{\mathrm{IF}}\left\{\begin{bmatrix}I_{\mathrm{PA}}\\I_{\mathrm{PB}}\\-I_{\mathrm{NA}}\\-I_{\mathrm{NB}}\\ \hline 0\\0\end{bmatrix}\right. \tag{12-58}$$

从上式出发，采用双端口 MMC 拓扑通用建模方法，就可以实现由 P-FBSM 构成的 MMC

的快速、精确建模。

12.4 多类型 MMC 拓扑的通用等效建模

单端口 MMC 拓扑通用的等效建模方法，在求解子模块戴维南等效电路时无需获得符号解析解，可以极大提高新拓扑的建模效率。然而，它都要求桥臂电流流过全部子模块的正负端子，以便通过对子模块戴维南电路求和以获得桥臂的等效电路。双端口 MMC 通用等效建模方法，可以在实现对外部等效的同时，完整保留消去节点的全部信息。但它针对的是对称双端口子模块结构，不适用于子模块外部端口数量大于二的多端口 MMC 或子模块两侧结构不对称的多端口 MMC 情况。

本节将提出一种多类型子模块 MMC 通用建模方法，可以实现任意新型换流器拓扑的快速、精确仿真。

12.4.1 建模过程

针对图 12-19 所示的任意拓扑子模块构成的 MMC，本节提出一种如图 12-22 所示的换流器桥臂内部节点通用消去算法，该方法在单个仿真步长内的计算步骤如下：

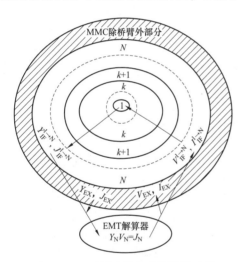

图 12-22 通用建模方法的计算过程

（1）采用 12.3 节所述方法，系统识别子模块拓扑之后，自动获得这一时刻全部子模块各自对应的全节点电压方程。在此基础上，采用嵌套快速同时求解算法消去各子模块的全部内部节点（第 $2m+1 \sim n$ 节点），此时得到的模块称为 BLOCK1，各子模块分别变成只剩 $2m$ 个外部节点的等效电路，最终得到如下形式的矩阵方程

$$Y_{EX} V_{EX} = I_{EX} + J_{EX}^{Tsf} \qquad (12-59)$$

Y_{EX} 为 $2m$ 阶矩阵，V_{EX}，I_{EX}，J_{EX}^{Tsf} 均为 $2m$ 阶列向量。该式以大地为参考节点。快速嵌套同时求解法的本质是将计算网络分解为多个子网络，并且对每一个子网络进行单独求解，也即对模型进行分割降阶，可大幅提高仿真效率。

（2）假设任意两个子模块 A、B 已经全部根据步骤（1）中方法消去内部节点，得到等效节点电压方程，如下式所示

$$Y_{EX}^{A} = \begin{bmatrix} y_{11}^{A} & \cdots & y_{1\,2m}^{A} \\ \vdots & \ddots & \vdots \\ y_{2m\,1}^{A} & \cdots & y_{2m\,2m}^{A} \end{bmatrix}, \quad V_{EX}^{A} = \begin{bmatrix} v_{1}^{A} \\ \vdots \\ v_{2m}^{A} \end{bmatrix}, \quad I_{EX}^{A} = \begin{bmatrix} I_{1}^{A} \\ \vdots \\ I_{2m}^{A} \end{bmatrix}, \quad J_{EX}^{TsfA} = \begin{bmatrix} J_{1}^{A} \\ \vdots \\ J_{2m}^{A} \end{bmatrix} \qquad (12-60)$$

$$Y_{EX}^{B} = \begin{bmatrix} y_{11}^{B} & \cdots & y_{1\,2m}^{B} \\ \vdots & \ddots & \vdots \\ y_{2m\,1}^{B} & \cdots & y_{2m\,2m}^{B} \end{bmatrix}, \quad V_{EX}^{A} = \begin{bmatrix} v_{1}^{B} \\ \vdots \\ v_{2m}^{B} \end{bmatrix}, \quad I_{EX}^{A} = \begin{bmatrix} I_{1}^{B} \\ \vdots \\ I_{2m}^{B} \end{bmatrix}, \quad J_{EX}^{TsfA} = \begin{bmatrix} J_{1}^{B} \\ \vdots \\ J_{2m}^{B} \end{bmatrix} \qquad (12-61)$$

随后应对子模块 A 和 B 进行级联消去内部节点，级联时应首先将 A、B 两个子模块看作一个网络，得到如下等式

$$
\begin{bmatrix}
y_{11}^{\mathrm{A}} & \cdots & y_{1\,2m}^{\mathrm{A}} & & & \\
\vdots & \ddots & \vdots & & \mathbf{0} & \\
y_{2m\,1}^{\mathrm{A}} & \cdots & y_{2m\,2m}^{\mathrm{A}} & & & \\
& & & y_{11}^{\mathrm{B}} & \cdots & y_{1\,2m}^{\mathrm{B}} \\
& \mathbf{0} & & \vdots & \ddots & \vdots \\
& & & y_{2m\,1}^{\mathrm{B}} & \cdots & y_{2m\,2m}^{\mathrm{B}}
\end{bmatrix}
\begin{bmatrix}
v_1^{\mathrm{A}} \\ \vdots \\ v_{2m}^{\mathrm{A}} \\ v_1^{\mathrm{B}} \\ \vdots \\ v_{2m}^{\mathrm{B}}
\end{bmatrix}
=
\begin{bmatrix}
I_1^{\mathrm{A}} \\ \vdots \\ I_{2m}^{\mathrm{A}} \\ I_1^{\mathrm{B}} \\ \vdots \\ I_{2m}^{\mathrm{B}}
\end{bmatrix}
+
\begin{bmatrix}
J_1^{\mathrm{A}} \\ \vdots \\ J_{2m}^{\mathrm{A}} \\ J_1^{\mathrm{B}} \\ \vdots \\ J_{2m}^{\mathrm{B}}
\end{bmatrix}
\tag{12-62}
$$

利用子模块 A 的第 $m+1\sim 2m$ 节点与子模块 B 第 $1\sim m$ 节点对应相连时，对应节点的电压相等且电流大小相等方向相反（以流入为正方向）这一规律，利用短路收缩的方法对式（12-62）进行处理，即将其中导纳阵的第 $2m+1\sim 3m$ 行分别加到第 $m+1\sim 2m$ 行中，第 $2m+1\sim 3m$ 列分别加到第 $m+1\sim 2m$ 列中，分别将 I_{EX} 和 $J_{\mathrm{EX}}^{\mathrm{Tsf}}$ 两个列向量各自的第 $2m+1\sim 3m$ 行加到各自的第 $m+1\sim 2m$ 行中，随后将导纳阵中的第 $2m+1\sim 3m$ 行和第 $2m+1\sim 3m$ 列均划掉，将 I_{EX} 和 $J_{\mathrm{EX}}^{\mathrm{Tsf}}$ 两个列向的第 $2m+1\sim 3m$ 行均划掉，得到一个由两个子模块级联构成的模块 BLOCK2 对应的节点电压方程，如下所示

$$
\begin{bmatrix}
y_{11}^{\mathrm{A}} & \cdots & y_{1\,m+1}^{\mathrm{A}} & \cdots & y_{1\,2m}^{\mathrm{A}} & & & \mathbf{0} \\
\vdots & \ddots & \vdots & & \vdots & & & \\
y_{m+1\,1}^{\mathrm{A}} & \cdots & y_{m+1\,m+1}^{\mathrm{A}}+y_{11}^{\mathrm{B}} & \cdots & y_{m+1\,2m}^{\mathrm{A}}+y_{1\,m}^{\mathrm{B}} & y_{1\,m+1}^{\mathrm{B}} & \cdots & y_{1\,2m}^{\mathrm{B}} \\
\vdots & & \vdots & \ddots & \vdots & \vdots & \ddots & \vdots \\
y_{2m\,1}^{\mathrm{A}} & \cdots & y_{2m\,m+1}^{\mathrm{A}}+y_{m\,1}^{\mathrm{B}} & \cdots & y_{2m\,2m}^{\mathrm{A}}+y_{m\,m}^{\mathrm{B}} & y_{m\,m+1}^{\mathrm{B}} & \cdots & y_{m\,2m}^{\mathrm{B}} \\
& & y_{m+1\,1}^{\mathrm{B}} & \cdots & y_{m+1\,m}^{\mathrm{B}} & y_{m+1\,m+1}^{\mathrm{B}} & \cdots & y_{m+1\,2m}^{\mathrm{B}} \\
\mathbf{0} & & \vdots & \ddots & \vdots & \vdots & \ddots & \vdots \\
& & y_{2m\,1}^{\mathrm{B}} & \cdots & y_{2m\,m}^{\mathrm{B}} & y_{2m\,m+1}^{\mathrm{B}} & \cdots & y_{2m\,2m}^{\mathrm{B}}
\end{bmatrix}
\begin{bmatrix}
v_1^{\mathrm{A}} \\ \vdots \\ v_{m+1}^{\mathrm{A}} \\ \vdots \\ v_{2m}^{\mathrm{A}} \\ v_{m+1}^{\mathrm{B}} \\ \vdots \\ v_{2m}^{\mathrm{B}}
\end{bmatrix}
$$

$$
=
\begin{bmatrix}
I_1^{\mathrm{A}} \\ \vdots \\ I_{m+1}^{\mathrm{A}}+I_1^{\mathrm{B}} \\ \vdots \\ I_{2m}^{\mathrm{A}}+I_m^{\mathrm{B}} \\ I_{m+1}^{\mathrm{B}} \\ \vdots \\ I_{2m}^{\mathrm{B}}
\end{bmatrix}
+
\begin{bmatrix}
J_1^{\mathrm{A}} \\ \vdots \\ J_{m+1}^{\mathrm{A}}+J_1^{\mathrm{B}} \\ \vdots \\ J_{2m}^{\mathrm{A}}+J_m^{\mathrm{B}} \\ J_{m+1}^{\mathrm{B}} \\ \vdots \\ J_{2m}^{\mathrm{B}}
\end{bmatrix}
\tag{12-63}
$$

由于互联节点的电流大小相等方向相反，因此式（12-63）中，$I_{m+1}^{\mathrm{A}}+I_1^{\mathrm{B}}\sim I_{2m}^{\mathrm{A}}+I_m^{\mathrm{B}}$ 均为 0。将子模块 A 的第 $m+1\sim 2m$ 节点与子模块 B 第 $1\sim m$ 节点对应相连后，整个网络即 BLOCK2 只剩下了 $3m$ 个节点，即（12-63）为 $3m$ 阶矩阵方程，其中第 $m+1\sim 2m$ 号节点又变为了 BLOCK2 的内部节点，随后调整（12-63）中行列的顺序，将内部节点和外部节点分块，之后再次利用嵌套快速同时求解算法将 BLOCK2 的内部节点（两个子模块的中间互联节点）等效消去，最终得到 BLOCK2 只剩 $2m$ 个外部节点的等效电路 MODULE 2，其又具有了式

265

（12-62）的形式。之后采用相同的方法构造 MODULE 2 与第 3 个子模块级联形成的模块——BLOCK 3 对应的节点电压方程，并将其内部节点等效消去得到 MODULE 3，以此类推最终将单个桥臂内全部 N 个子模块之间的中间互联节点全部等效消去得到只剩 $2m$ 个外部节点的单个桥臂等效电路 MODULEN。上述过程中每个 MODULE 模块的等效节点电压方程都具有（12-62）的形式。

（3）将 MMC 六个桥臂全部用单个桥臂等效电路 MODULEN 替换，构造任意拓扑子模块 MMC 电磁暂态等效模型，之后由电磁暂态仿真软件的解算器对整个任意拓扑子模块 MMC 电磁暂态等效模型进行求解，更新得到此时等效模型各桥臂的 $2m$ 个外部节点的电压和电流值。

（4）步骤（3）中无法直接求出各个桥臂被等效消去的内部节点电压、电流值，但由步骤（3）可知可得整个桥臂等效电路（MODULEN）的外部节点的电压和电流值，也即 MODULEN 的 V_{EX} 和 I_{EX} 可以在仿真软件中直接得到，在得到形如（11-64）的等效节点电压过程中，其内部节点的节点电压 V_{IN} 是可以通过 V_{EX} 的值来表达的，即

$$V_{IN} = Y_{22}^{-1}(J_{IN} - Y_{21}V_{EX}) \tag{12-64}$$

因此可以根据式（12-64）先求解出 MODULEN 的内部节点电压，也即 MODULE（$N-1$）和第 N 个子模块互联节点的电压，也即求出了 MODULE（$N-1$）和第 N 个子模块的外部节点的电压，随后根据此外部节点电压又可以再次利用式（12-69）求出第 N 个子模块所有内部节点的电压（子模块电容电压随即求出）和 MODULE（$N-2$）的内部节点电压。依此类推，可将各个桥臂内全部 N 个子模块之间的中间互联节点的电压值解出，由此可进一步反解更新出各子模块被等效消去的全部内部节点的电压值，从而实现了每个子模块电容电压的更新。之后进入下一仿真步长，重复步骤（1）。

相比于详细模型的直接对超高阶矩阵求逆，本节提出的迭代法快速消去内部节点的本质是通过大量低阶子网络的求解来代替一个超高阶网络的求解，将模型的计算复杂度从指数增长转变为近似线性增长，可大幅提高仿真效率。

12.4.2 通用建模方法在对称多端口中的应用

本节将以单端口、双端口 MMC 为例，说明任意对称子模块 MMC 通用等效建模方法的具体应用。

在对单端口 MMC 进行建模时，可以依然沿用 12.4.1 节中所述的建模方法，但是由于单端口子模块的特殊结构，利用 12.4.1 中的方法建模略显复杂，可将建模过程进一步简化。在步骤（1）消去内部节点得到等效节点电压方程的过程中，可直接以其中一个外部节点为参考节点列写节点电压方程，这样最终得到的等效节点电压方程为 1 阶矩阵，子模块的戴维南等效参数可以被直接求出，因此可以直接构造子模块的戴维南等效电路，在子模块互联的过程中直接对各子模块对应的戴维南等效电路叠加求和，即可得到单个桥臂的戴维南等效电路，而无需步骤（2）中的短路收缩过程，其余步骤不变。

12.4.3 通用建模方法在不对称多端口中的应用

对于子模块外部端子数为偶数的情况，子模块的左右两侧端子结构对称，可以直接使用12.3.2 节所述方法进行快速通用建模。如果子模块外部端子数为奇数，例如子模块左侧包

含 2 个引出端子，右侧包含 3 个引出端子，这种类型子模块在构造 MMC 桥臂时，需要对序号数为偶数的子模块镜像布置，以保证任意相邻子模块互联时端子数目一致。

具体而言，在对这类子模块构造的 MMC 进行等效建模时，输进程序的子模块拓扑需要人为定义为包含 2 个相邻子模块对接的拓扑，可以保证这个组合模块的两侧具有相同的端子数目，例如该模块可以为 2 端子（2-3-3-2）或为 3 端子（3-2-2-3）。后续建模过程可以参考 12.4.1 节进行，除了每个步长中需要消去的模块内部节点数增多外，建模过程与对称多端口 MMC 基本相同。

12.5 本章小结

本章针对单、双端口子模块 MMC，分别提出了电磁暂态通用建模方法。该方法统一了戴维南模型的建模和参数的求解过程，无需得出各参数的解析解，具有很强的通用性。以增强型双半桥子模块和并联全桥子模块为例搭建等效模型，仿真结果表明所开发模型具备精确仿真稳态和交直流严重故障的能力。在任意换流器拓扑的快速自动识别方法的基础上，针对多类型 MMC 拓扑，提出了一种对单、双端口 MMC 具备兼容性的通用等效建模方法，能够在对外部等效的同时完整保留单个桥臂的内部电容电压和电流信息。本章所提出的多类型换流器的快速等效建模方法可以满足未来不断涌现的新型换流器的仿真需求，可以大幅提高采用新拓扑的直流电网的仿真效率。

参 考 文 献

［1］赵禹辰，徐义良，赵成勇，等．单端口子模块 MMC 电磁暂态通用等效建模方法［J］．中国电机工程学报，2018，38（16）：4658-4667+4971.

［2］徐义良，赵成勇，赵禹辰，等．双端口子模块 MMC 电磁暂态通用等效建模方法［J］．中国电机工程学报，2018，38（20）：6079-6090.

［3］许建中，徐义良，赵禹辰，等．多类型子模块 MMC 电磁暂态通用建模和实现方法［J/OL］．电网技术：1-10.2018.

附录 A 缩略词汇表

CBU	Circuit Breaker Unit	断路单元
CPS-SPWM	Carrier Phase Shift-Sinusoidal Pulse Width Modulation	载波移相正弦脉宽调制
CSSM	Clamped Single Sub-Module	单钳位子模块
DCCB	Direct Current Circuit Breaker	直流断路器
DCFI DC/DC	DC/DC converter with DC Fault Isolation applicable for DC grid	高压大功率直流电网用 DC/DC 变换器
D-HBSM	Double Half-Bridge Sub-Module	双半桥子模块
FBSM	Full-Bridge Sub-Module	全桥子模块
HB DC/DC	Half-Bridge DC/DC converter	半桥式 DC/DC 变换器
HBSM	Half-Bridge Sub-Module	半桥子模块
HVDC	High Voltage Direct Current	高压直流输电
ICM	Inductor Inserting Module	并联电感控制模块
IGBT	Insulated Gate Bipolar Transistor	绝缘栅双极型晶体管
LCS	Load Commuted Switch	负载换向开关
MMC	Modular Multilevel Converter	模块化多电平换流器
MOA	Metal-Oxide Arrester	金属氧化物避雷器
MOV	Metal-Oxide Varistors	金属氧化物压敏电阻
PCC	Point of Common Coupling	公共连接点
P-FBSM	Paralleled Full-Bridge Sub-Module	并联全桥子模块
pu	per unit	标幺值
RCDS	Residual Current Discharging Section	剩余电流泄放开关
RIM	Resistance Inserting Module	串联附加电阻模块
SCR	Short Circuit Ratio	短路比
SM	Sub-Module	子模块
THD	Total Harmonic Distortion	总谐波畸变率
TIV	Transient Interruption Voltage	瞬时电压
UFD	Ultra-Fast Disconnector	超快速隔离开关

索　引

A

ABB 研发的混合式高压直流断路器　111
ABB 研发的混合式高压直流断路器
的工作方式　112

B

半桥 MMC 分极控制策略　164
半桥 MMC 坐标变换　182
半桥型子模块　34
半全混合 MMC 可靠性曲线　187
半全混合 MMC 拓扑　174
并联全桥 MMC 拓扑　197
并联全桥子模块　198
并联全桥子模块 MMC 示意图　251
波动程度指标　225
不对称数学模型　160
不对称数学模型内部电流　162
不控充电阶段　141
不控充电阶段充电电流通路　143

C

采用直流电流突变量的检测方法　65
传统半桥子模块拓扑　216
传统全桥拓扑　198
CPS-SPWM　231
CSSM　123

D

单端 11 电平 MMC 实物图　96
单端口子模块　242
单极故障下辅助直流断路器的动态响应图　87
单钳位模块型往复限流式高压直流
断路器拓扑　123

单钳位子模块　123
等成本微增率子模块冗余配置方法　192
等微增率子模块冗余配置方法　188
低损耗通路成本　116
电力电子断流支路成本　117
电流差值检测　136
电流产热系数　41
电流突变检测　136
电流应力　221
电流转移　127
电压偏置率　160
电压应力　220
调制及均压方法　144
定直流电压/有功功率控制修正　172
动态分配均压控制示意图　202
短路失效故障　223
断路单元　99
断路阀段 MOA 能量吸收波形　119
断路器工作过程　124
断路器故障暂态波形　129, 130
对称单极柔性直流电网　60
对称单极直流电网　18
对称单极直流电网 MMC 参数　60
对称单极直流电网双极短路故障计算　19
多端直流系统　1
多类型子模块 MMC 通用建模方法　264
DC-DC 变换器　1
DC/DC 变换器拓扑故障隔离模式　99
DC/DC 变换器拓扑正常工作模式　99
DCFI DC/DC 短路电流　103
DCFI DC/DC 和 HB DC/DC 技术
特性对比　103
D-HBSM　196
D-HBSM 拓扑　197

D-HBSM 自均压特性　197

E

二极管钳位自均压 MMC 工作原理　218
二极管钳位自均压 MMC 拓扑　217

F

阀段间均压　208
分断延时　127
辅助断路方案　80
辅助断路方案拓扑　80
辅助二极管短路故障示意图　224
辅助二极管故障　224
辅助判据　69
负载换向开关　81
FBSM　34
FBSM 拓扑　175

G

改造后的半桥子模块拓扑　217
高过渡电阻单极接地故障　61
高压直流断路器的新型时序配合方法　134
功率指令变化的影响　62
故障穿越方式对比　157
故障穿越方式协调配合方法　158
故障穿越期间交流电流和直流电流波形　213
故障电流计算　9
故障定位系数　74
故障隔离过程分析　82
故障隔离型 DC-DC 变换器拓扑　98
故障过电流抑制　36
故障过渡电阻　58
故障后网络矩阵修正　11
故障极判别　53
故障极判据　69
故障类型判别　53
故障判断方法的保护逻辑　137
故障判断方法灵敏度　139
故障启动判据　52

故障前初始网络矩阵构建　9
故障清除　93
故障清除操作流程　81
故障识别判据　53, 54, 68
故障限流器　24
过电流抑制的评价标准　41
过渡电阻对纵联保护的影响　73

H

含隔离开关的新型子模块拓扑　223
含限流器和直流断路器动作的故障
电流计算　29
含限流设备动作的故障电流计算　24
后备保护的启动判据　54
后退欧拉法　147
换流器故障清除控制时序　92
换流器故障自清除过程波形图　94
换流器故障自清除期间的系统级
动态响应仿真波形　95
换流站双极短路故障等效电路　153
混合 MMC 的可靠性计算　179
混合 MMC 可靠性分析　177
混合 MMC 可靠性建模　176
混合 MMC 控制框图　155
混合式高压直流断路器　111
混合式高压直流断路器开断过程波形
示意图　112
混合式直流断路器拓扑工作原理　102
混合型 MMC 启动控制策略流程图　144
混合 MMC 子模块电容电压线性排序算法　145
混合 MMC 坐标变换　184
HB DC/DC 短路电流　102
HBSM　34
HBSM 拓扑　175

I

IGBT 模块短路故障　223
IGBT 模块短路故障示意图　223
IGBT 模块开路故障　223

IGBT 模块开路故障示意图 224
IGBT 型高压直流断路器操作模式 114
IGBT 型高压直流断路器拓扑 113

J

机械式高压直流断路器 111
基于单端测量的快速主保护 52
基于改进电压梯度算法的保护启动判据 68
基于 IGBT 器件的直流限流断路器 113
基于直流平波电抗器电压的检测方法 49
集中程度指标 225
夹角余弦法 67
交流侧故障的影响 63
交流侧故障仿真分析 72
交流侧故障过电流抑制 39
交直流电压偏置耦合机理 160
金属氧化物避雷器 24
仅考虑冗余子模块的可靠性 179
近端故障站出口穿越方式 156
近端故障站线路穿越方式 157
经济性分析 108
晶闸管辅助关断机理 120
晶闸管型直流断路器拓扑 119
具备处理直流故障能力的 DC/DC 变换器 98
具备电容间能量传递通路的 MMC 子模块 216
具备自均压能力的 MMC 拓扑 218

K

开关函数 S 226
开关函数域 226
开路失效故障 223
考虑限流器和直流断路器动作的直流
电网故障电流计算流程 29
考虑限流器中 MOA 特性的故障电流 27
考虑直流断路器动作的故障电流特性分析 29
考虑子模块相关性时的可靠性 179
可靠性 175
可控充电阶段 143
快速隔离开关 81

快速主保护验证 56

L

离散化子模块电容 147

M

模块化多电平换流器 3
MMC 3
MMC 分极控制内环电流控制器 165
MMC 分极控制整体控制框图 167
MMC 换流站等效电路 5
MMC 内部电流分量 161
MMC 无功功率分布图 166
MMC 系统的有功功率平衡 164
MMC 自励预充电启动 141

N

内环电流控制器设计 164
逆变侧交流三相短路故障 46

P

P-FBSM 198
P-FBSM 拓扑 198
P-FBSM 伴随电路 251
P-FBSM 不同状态的电流通路 200
P-FBSM MMC 单个桥臂等效模型 256

Q

其他扰动对定位的影响分析 77
桥臂平均峰值电流 41
桥臂瞬时电流 41
区内故障时正极直流系统故障附加网络 66
区内故障暂态特征 65
区外故障时正极直流系统故障附加网络 66
区外故障暂态特征 66
全桥型子模块 34
全桥子模块改进前后的拓扑结构 238
全桥 MMC 坐标变换 182
全网穿越方式 156

R

任意拓扑子模块对应的伴随电路 262
柔性直流电网的基本构网方式 153
柔性直流电网直流短路故障机理 153
R_0 矩阵 10

S

三端辐射状直流电网等效电路 8
三端环状柔性直流电网 49
三相接地短路故障过电流机理 39
剩余电流泄放开关 81
实节点 7
使用晶闸管开断的全固态高压直流断路器 111
数据同步误差对纵联保护的影响 73
双半桥 MMC 拓扑 196
双半桥子模块 196
双端 P-FBSM MMC 测试系统 257
双端口子模块 249
双端口 MMC 子模块拓扑识别 262
双极短路故障初始阶段的估计 R-L
等效电路 74
双极短路故障定位方法 74
双极短路故障过电流机理 34
双极柔性直流电网结构 55
四端双极柔性直流电网 55
四端双极性 MMC 组成的直流电网模型 82
四端双极直流电网仿真模型 92
四端直流电网 MMC 参数 55
四端直流电网仿真参数 93
SM 5

T

梯形积分法 147
通态损耗 116

W

外环定交流电压/无功功率控制器 166
外环定直流电压/有功功率控制器 166

网侧清除方案 3
网状柔性直流电网结构 59
无闭锁穿越直流故障原理 212

X

系统启动及功率阶跃波形图 94
限流电抗器边界效应 49
限流电抗器参数的影响 63
限流阀段 MOA 能量吸收波形 119
限流和关断过程中的电流波形 122
限流混合式直流断路器操作模式 120
限流混合式直流断路器拓扑 120
限流阶段等效电路 126
限流阶段运算电路 126
线路分布电容对纵联保护的影响 73
线性排序 148
线性排序均压算法 145
相邻新型子模块接线图 217
新型换流器冗余方案 220
新型混合 MMC 207
新型混合 MMC 闭锁故障穿越策略 210
新型混合 MMC 及子模块拓扑 208
新型混合 MMC 联合均压策略 208
新型混合 MMC 无闭锁故障穿越策略 211
新型双端口子模块伴随电路 249
新型 MMC 拓扑的实验波形结果图 96
新型子模块故障保护策略 222
新型自均压钳位故障拓扑 239
虚节点 8
虚拟元件 37

Y

源侧清除方案 3

Z

载波移相正弦脉宽调制 231
增强型辅助断路 MMC 89
增强型辅助断路 MMC 结构 89
增强型辅助断路 MMC 拓扑 92

增强型拓扑 92

张北柔性直流电网工程 2

张北四端直流电网 MMC 参数 15

张北直流电网模型 14

整流侧交流三相短路故障 45

整流侧交流系统三相接地故障波形 247

正常运行 93

正常运行等效电路 125

正常运行时直流系统等值电路 65

直流侧不对称运行工况 171

直流侧双极短路故障 43

直流电网 1

直流电网的关键设备 1

直流电网分区 13

直流电网故障电流 5

直流电网故障电流馈入示意图 154

直流电网拓扑 7

直流电压不变时子模块配置原则 169

直流电压可变时子模块配置原则 168

直流断路器 1

直流断路器的时序配合 133

直流断路器开断的影响 64

直流断路器配合的故障判断方法 136

直流断路器时序配合方法对比 135

直流故障 2

直流故障等效电路 125

直流故障电流特性 21

直流故障电流突变量暂态特征 65

直流故障隔离时序 101

直流故障清除方案 3

直流架空线路等效电路 7

直流输电 2

直流双极短路故障波形 248

直流线路两端电流突变量波形 68

直流线路区内、外故障仿真分析 70

直流线路双极短路故障 100

直流线路纵联保护方案 68

重合闸判定 95

子模块 5

子模块电容电压计算方法 146

子模块电容电压均压性能指标 225

子模块电容故障 223

子模块混合型不对称 MMC 结构 167

子模块自均压控制策略 201

自均压 MMC 的开关函数域 227

自均压 MMC 调制策略 228

自励式闭锁启动方法 141

纵联保护方案 69

纵联保护方案流程图 70

阻尼电阻短路故障示意图 224

阻尼电阻故障 224

最近电平逼近调制 228

符号

11 电平双端 MMC-HVDC 系统 42

6 端直流电网 131

320kV 混合式直流断路器实验 3